"十四五"时期国家重点出版物出版专项规划项目

新 能 源 先 进 技 术 研 究 与 应 用 系 列

新型电力系统中移动储能经济与低碳运行调度

Economy and Low–Carbon Operation Scheduling of
Mobile Energy Storage in New Power Systems

孙伟卿　鲁卓欣　马美玲　施　婕　夏耀杰　著

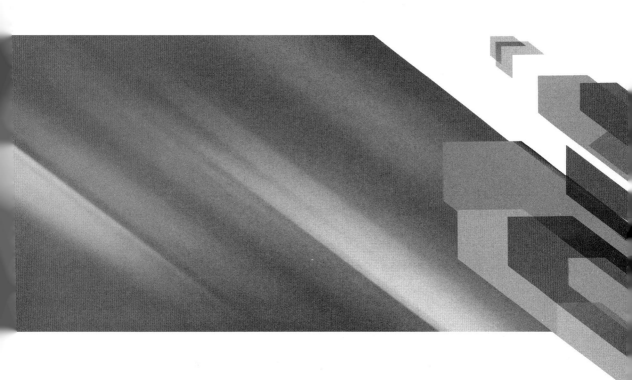

哈尔滨工业大学出版社

HITP　HARBIN INSTITUTE OF TECHNOLOGY PRESS

内 容 简 介

构建"源网荷储"协同互动的新型电力系统将助力我国"双碳"目标的实现。移动储能因其时空灵活、易于扩展、环保高效等优点,在实现电力系统能量平衡和稳定运行方面具有广泛的应用前景和潜力。本书由浅入深,分 8 章介绍移动储能技术状况及其在电力－交通耦合环境下的优化配置与调度策略。

本书内容丰富、视野广阔,结合了移动储能的发展现状与作者所在科研团队的最新研究成果,无论是对初步接触移动储能应用技术的学生,还是对具有一定知识积累的专业技术人员,都具有较高的参考价值。本书既是储能技术应用领域的学术著作,又可作为电气工程及其自动化、储能科学与工程、新能源科学与工程等专业本科高年级学生或研究生学习用书。

图书在版编目(CIP)数据

新型电力系统中移动储能经济与低碳运行调度/孙伟卿等著.—哈尔滨:哈尔滨工业大学出版社,2025.3.
—(新能源先进技术研究与应用系列).—ISBN 978－7－5767－1739－6

Ⅰ.TM715;TK018

中国国家版本馆 CIP 数据核字第 2025K6Z286 号

策划编辑	王桂芝	
责任编辑	赵凤娟	张永文
出版发行	哈尔滨工业大学出版社	
社　　址	哈尔滨市南岗区复华四道街 10 号　　邮编 150006	
传　　真	0451－86414749	
网　　址	http://hitpress.hit.edu.cn	
印　　刷	哈尔滨起源印务有限公司	
开　　本	787 mm×1 092 mm　1/16　印张 12.75　字数 270 千字	
版　　次	2025 年 3 月第 1 版　2025 年 3 月第 1 次印刷	
书　　号	ISBN 978－7－5767－1739－6	
定　　价	78.00 元	

(如因印装质量问题影响阅读,我社负责调换)

前　言

　　伴随着能源清洁化转型的推进,可再生能源在电力系统中的渗透率不断升高,其自身存在的随机性、间歇性和波动性等特点将会使电网面临系统规划、稳定运行、供电安全及电能质量等诸多问题。配置储能可以通过充放电实现电能在时间尺度上的转移,是提升电网调度灵活性,促进可再生能源消纳的关键技术之一。2024年2月,《国家发展改革委国家能源局关于新形势下配电网高质量发展的指导意见》指出,"根据不同应用场景,科学安排新型储能发展规模",这是提升电网灵活性与新能源消纳能力的关键措施之一。考虑到城市配电网建设空间有限、分布式可再生能源分布多而广等因素,移动储能系统是一种创新的能源储存解决方案,其调控兼具时间与空间灵活特性,可为电网提供削峰填谷、智能充售、应急救援等多种服务。

　　在"碳达峰、碳中和"目标下,亟须推广先进储能技术,加强储能领域专业人才培养。2020年9月,西安交通大学开设了全国首个"储能科学与工程"专业。至本书完稿时,全国共有包括北京科技大学、华北电力大学、哈尔滨工业大学、上海理工大学在内的82所院校开设了"储能科学与工程"本科专业。2022年8月,《教育部办公厅 国家发展改革委办公厅 国家能源局综合司关于实施储能技术国家急需高层次人才培养专项的通知》发布,要求聚焦我国对储能领域核心技术领军人才的迫切需求,创新产学研协同人才培养模式,为我国储能领域核心技术突破培养和储备一批创新能力强、具备国际视野和引领产业快速发展的领军人才,形成储能领域高层次人才辈出新格局,为实现我国储能领域高水平科技自立自强和关键核心技术自主可控的战略目标奠定基础。

　　本书共分8章,分别讲述了移动储能技术发展现状、移动储能优化配置方法、道路拥堵环境下的移动储能经济调度方法、电力－交通耦合环境下移动储能的经济调度方法、基于等效重构法实现电力－交通结构的移动储能的经济调度与低碳调度、移动储能与配电网动态重构的协同调度等。全书内容涵盖了移动储能的技术原理、应用场景、配置方法、控制策略等多个领域,有助于本专业领域的学生或工程人员快速掌握移动储能技术在新型电力系统建设中的应用。

本书是作者在国家自然科学基金(51777126)、江苏省储能变流及应用工程技术研究中心实验室基金(NYN51201801326、NYN51202101352)等科研项目的支持下,基于所取得的成果撰写而成的。上海理工大学硕士研究生刘唯、乔彦昆为本书的撰写及修改工作提供了大力支持,在此一并表示感谢。另外,作者在撰写本书的过程中参阅了相关文献,在此向这些文献的作者致以诚挚的谢意。

由于作者水平有限,在理论和技术方面还有很多不足,本书未能将更多的国内外最新成果涵盖其中,衷心希望广大读者批评指正,我们将努力对本书做进一步完善。

作者

2024 年 12 月

目　　录

第1章 绪 论

1.1 新型电力系统运行特性与调控需求

传统化石能源开发与利用带来了日益严重的环境污染和气候变化问题,未来将面临资源枯竭的危险。联合国政府间气候变化专门委员会(Intergovernmental Panel on Climate Change,IPCC)指出,大力发展可再生能源已成为应对全球气候变化、推动高碳能源结构向低碳能源供应过渡的主要解决方案。因此,大规模开发利用新能源成为世界各国发展的共识。按照《巴黎协定》温升控制目标,预计到2050年,全球约80%的电力供应将来自可再生能源。为建设新型电力系统,有待从技术革新、市场驱动、政策推进等多方位出发,落实电源结构低碳化转型和电力系统全环节的碳排放管理。

(1)新型电力系统电源结构。

国际可再生能源署发布的《2023年可再生能源装机容量统计报告》数据显示,2022年是迄今为止可再生能源发电能力增量最大的一年,全球可再生能源发电装机总量达3 372 GW,新增可再生能源发电能力近295 GW,可再生能源发电存量增加了9.6%,占全球新增发电量的83%。中国可再生能源装机总量在全球占比34.84%,在可再生能源装机容量方面领跑全世界。根据国家能源局发布的可再生能源并网运行情况,截至2022年底,我国可再生能源装机12.13亿kW,水电、风电、光伏分别占全国发电总装机容量的16.1%、14.3%、15.3%,可再生能源发电量也在稳步增长。数据显示,2022年全年国内可再生能源发电量高达2.7万亿kW·h,占全社会用电量的30.8%,水电、风电、光伏发电量分别占全社会用电量的15.3%、8.6%、4.8%。由此可见,可再生能源的清洁能源替代作用日益凸显。其中,风电发电量7 627亿kW·h,光伏发电4 273亿kW·h,二者作为可再生能源发展的"主力军",近年来装机容量增加较快。2013—2022年风光新能源发展趋势如图1.1所示。

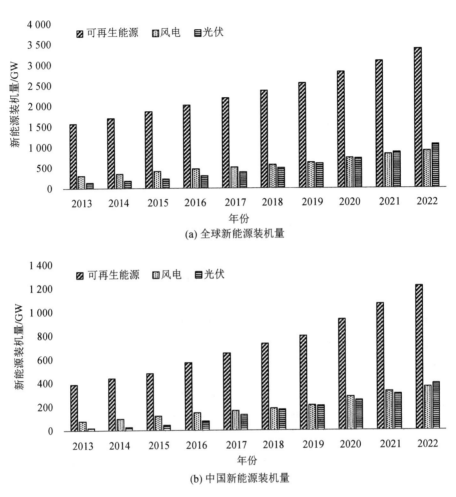

(a) 全球新能源装机量

(b) 中国新能源装机量

图 1.1　2013—2022 年风光新能源发展趋势

（数据来源：国际可再生能源署，国家能源局，中国电力企业联合会）

（2）电力系统碳排放管理。

中国提出了到 2030 年二氧化碳排放量将达到峰值，并力争到 2060 年实现碳中和的目标。实现"双碳"目标的根本在于减少碳排放。电力系统的碳排放管理策略可分为系统内部策略与政策激励策略。

系统内部策略包括发展电力系统碳排放轨迹追踪、碳捕集与利用存储技术等。碳排放的统计核算明确了电力系统各环节的碳排放责任，为碳减排提供支撑。电网排放因子源于 IPCC 提出的一种碳排放估算方法，其含义为：企业购入电力产生的二氧化碳排放量，可用购入电量乘电网排放因子得出。通过电网排放因子，将发电侧的直接碳排放，分摊到使用电力的消费侧。目前，美国、澳大利亚、加拿大、英国、新西兰等国家定期发布电网平均排放因子。2022 年 4 月，国家发展改革委、国家统计局和生态环境部印发了《关于加快建立统一规范的碳排放统计核算体系实施方案》，统筹推进排放因子测算精度与覆盖范围,建立碳排放因子数据库。我国在 2017 年 12 月由国家发展改革委首次发布了全国碳排放因子数据,全国碳市场启动后,生态环境部在 2022 年和 2023 年两度更新全国电网碳排放因子数值(表 1.1)。

表 1.1　全国电网碳排放因子数值

发布时间	碳排放因子 /tCO$_2$ · (MW · h)$^{-1}$
2017.12	0.610 1
2022.03	0.581 0
2023.02	0.570 3

　　碳捕集、利用与封存(CCUS)技术是指将二氧化碳从能源利用、工业过程等排放源或空气中捕集分离,通过罐车、管道、船舶等输送到适宜的场地加以利用或封存,可以实现化石能源利用近零排放。《中国碳捕集利用与封存技术发展路线图(2019 版)》《中国二氧化碳捕集利用与封存(CCUS)年度报告(2021)—— 中国 CCUS 路径研究》对我国 CCUS 技术现状进行了总结与梳理,提出了政策建议与发展路径。国际可再生能源署、IPCC 对 CCUS 在全球范围内的减排潜力进行了评估,2070 年全球要实现净零排放,CCUS 技术将贡献 15% 的累积减排量;2100 年要实现 1.5 ℃ 温升控制目标,全球 CCUS 累积减排 $5.5 \times 10^{11} \sim 1.017 \times 10^{12}$ t 二氧化碳。在碳中和情景下,2060 年我国 CCUS 捕集量可达约 1.6×10^9 t 二氧化碳。

　　政策激励策略主要从碳定价机制出发,包括通过设置碳税、碳排放额度、碳交易等激励电力供应商和消费者,使其向有利于碳减排的方向发展。截至 2020 年 4 月,全球实行碳排放权交易政策的国际气候协议缔约国有 31 个,其余包括部分欧盟国家、韩国、美国等。实行碳税政策的缔约国有 30 个,主要包括北欧各国、日本、加拿大等。2021 年 7 月 16 日,我国碳排放权交易市场启动上线交易,发电行业成为首个纳入全国碳市场的行业,首批纳入发电行业重点排放单位 2 162 家。

1.2　新型电力系统中的储能技术

　　伴随着能源清洁化转型的推进,可再生能源在系统中的渗透率不断提高,其自身存在的随机性、间歇性和波动性等特点将会使电网面临系统规划、稳定运行、供电安全及电能质量等诸多问题。传统电力系统受限于设备容量和调节能力,难以适应新型电力设备灵活调控及可再生能源的大规模消纳需求,部分地区存在严重的弃风弃光问题。考虑到技术难度和高昂的建设费用,通过大规模改造电网来促进可再生能源的消纳是一项艰难的举措。配置储能可以通过充放电实现电能在时间尺度上的转移,是提升电网调度灵活性,促进可再生能源消纳的关键技术之一。此外,储能还可作为有效地实现需求侧管理、提高设备利用率、降低供电成本、提高系统运行稳定性的一种手段。

目前,我国已有 20 多个省市出台相关政策规定,可再生能源需按一定装机比例配备储能。2021 年 4 月,国家发展改革委和国家能源局提出需要完善储能参与辅助市场规则,健全新型储能的价格机制,加快推动储能发展。现阶段在电网侧和用户侧应用最广泛的是固定式储能系统(stationary energy storage system,SESS),通过在配电网中添加固定位置运行、大容量的储能设备,在补偿可再生能源间歇性的同时提高系统收益。此外,通过向配电网补充或吸收无功功率,SESS 还可提高系统电压质量。然而在大规模的电力系统中,随着分布式可再生能源不断增加,当新能源渗透率高导致电网发生阻塞时,单一 SESS 会难以应对电网中不同时间和空间中的新能源功率间歇性,需要配置大量分布式 SESS 来支撑电网的稳定性和可靠性。由于电网中不同时段不同区域使用储能充放电的需求变化较大,如果每个地点都安装 SESS,将会导致储能的利用率低,投资成本高。此外,根据储能系统的设备制造特征,其单位成本随其尺寸的增大而减小。因此,电力系统在 SESS 配置中需考虑其充放电需求和配置经济性的均衡。为充分利用储能资源,需要结合电力系统运行需求与规划条件,对储能选址和容量进行优化设计。同时,通过多类型储能及大规模电动汽车充电站等调控资源协同优化,进一步改善了电力系统运行状态。

1.3　移动储能技术概述

针对 SESS 投资成本高、运行效率偏低的问题,兼顾可控性和灵活性的移动储能系统(mobile energy storage system,MESS)技术是一种新兴解决方案。MESS 是一种车载或可拖动的、配备有标准化物理接口以允许即插即用操作的集装箱电池系统,具有公用事业规模的容量,可通过卡车从一个站点运输到另一个站点,灵活地接入电网,为电网提供削峰填谷、智能充售、应急救援等多种服务。依托于近年来快速发展的电池储能制造技术,小体积、大容量、低成本电化学储能设备和氢储能设备为移动储能的研究与应用奠定了基础。移动储能类型、优点及常见应用场景见表 1.2。

表 1.2　移动储能类型、优点及常见应用场景

移动储能类型	优点	常见应用场景
磷酸铁锂电池	安全性优 循环寿命长 金属资源储量丰富 成本较低且环保	车载移动储能
氢储能	跨能源网络协同优化的理想互联媒介 跨区域长距离储能	电动公交系统以及综合能源系统

MESS 的基本结构图如图 1.2 所示,其车载集装箱内配备了电池系统和用于能量管理、功率转换、功率控制的系统,还包含变压器等系统平衡设备。《IEEE 固定式和移动式电池储能系统以及与电力系统集成的应用的设计、运行和维护指南》对 MESS 的设计、运行和维护提供了指导,该标准强调了包括防振、防碰撞和防水能力在内的安全措施的重要性。

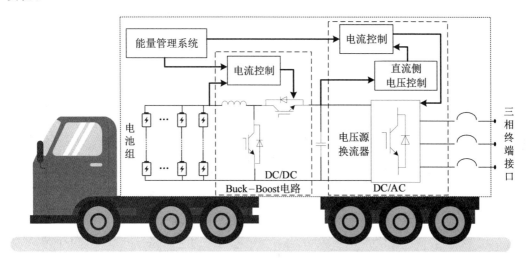

图 1.2 MESS 的基本结构图

MESS 通常由公用事业单位拥有和控制,根据调度指令到达指定接入点与电网进行电能交互,相比于 SESS 具有可移动、调度灵活、接入便捷等特点,相比于电动汽车等移动式储能资源在电池规模和可调控性方面更具有优势,其在电力系统中的应用受到了广泛关注。目前,移动储能在电力系统中多用于参与防灾应急调控,提升电网在面临极端故障时的弹性。在灾前预防阶段,基于电网遭受极端故障的场景预测对移动储能充放电站选址和电池投资容量进行协同优化,或通过"$N-1$ 原则"(又称"单一故障安全准则")应急分析与对灾后能源需求的预测,制订移动储能的预防性调度策略。在灾后恢复阶段,移动储能可作为应急电源参与配网协同调度,在配网线路尚未完成修复时为关键负荷临时供电,提升电网恢复速度并降低恢复成本。

此外,在电网正常运行状态下,利用闲置的移动储能电池作为灵活性辅助资源参与电网优化运行。考虑到新能源与负荷在地理位置上分布不均,配网设备更新滞后,输电容量约束导致局部地区新能源消纳困难。通过调控中心的直接调控或电碳价格的间接激励,基于移动储能的车载能源网络可用于输送电能。一方面,移动储能调度作为输电线路扩建的辅助策略,可减少电网规划投资成本;另一方面,基于移动储能的时空优化调度,可实现分布式可再生能源电量的多地区协同消纳,推动电力系统的清洁化转型,提高电力系统运行的经济性。此外,通过移动储能的有功无功协同优化调度还可改善电力系统电压波动、网损等运行状态量。

1.4 移动储能技术工程应用

要实现MESS的工程应用，不仅要从系统层面对MESS进行优化配置和统筹调度，还需对MESS的实际拓扑结构和关键技术进行设计，包括拓扑结构和充放电控制系统、模块化技术、快速接入技术、集群控制技术及相关试验方案。近年来随着移动储能技术的不断成熟，国内外多地对移动储能技术进行了部署与示范应用。

国外对MESS的商业应用探索已持续10余年，在参与电力调度、可再生能源消纳、电力辅助服务、应急管理等方面取得显著应用效果。国外MESS应用部分典型案例见表1.3。

表 1.3　国外移动储能应用案例

年份	国家	投资方	移动储能规模	应用场景与效果
2012	美国	中国比亚迪公司 美国公用事业合作伙伴	500 kW·h	可再生能源消纳
2014	西班牙	西班牙能源集团 日本东芝公司	500 kW/776 kW·h	调峰和调压
2016	美国	爱迪生联合电气公司	500 kW/800 kW·h	电网经济性与韧性
2020	荷兰	法国 ENGIE 集团 英国能源聚合商 Kiwi Power	—	调频
2020	德国	意昂集团	500 kW/1 000 kW·h	可再生能源消纳
2021	美国	储能开发商 NOMAD Transportable Power Systems	1 MW/2 MW·h、500 kW/ 1.3 MW·h 和 250 kW/ 660 kW·h	多目标能源管理
2022	荷兰	移动储能系统供应商和租赁商公司 Greener Power Solutions	20 MW·h	能源管理

续表1.3

年份	国家	投资方	移动储能规模	应用场景与效果
2022	美国	储能开发商 NOMAD Transportable Power Systems 公用事业厂商 Green Mountain Power	2 MW·h	能源灵活调控与应急管理

在国内,国网福建省电力有限公司较早开始了对移动式储能技术的探索与应用。2012 年 5 月,国内首个接入配电网末端的移动式储能电站投运,用于缓解福建省安溪县茶叶制作产生的季节性用电负荷。2016 年 2 月,我国第一台 MESS 直流融冰装置研制成功并应用,开展了我国第一个在高山地区进行直流融冰的应用。近年来,国内移动储能技术迅速发展,在我国多个地区开展了相关示范应用和商业应用。国内 MESS 应用部分典型案例见表 1.4。

表 1.4 国内 MESS 应用部分典型案例

时间	地点	移动储能规模	应用场景与效果
2016	西北某地风电场	MW 级	提高风电场的稳态功率调节能力与暂态支撑能力
2019.07	河北省秦皇岛园博园	1 MW/2 MW·h	保电测试,实现并离网无缝切换
2019.09	江苏省镇江港	200 MW·h 储能电站,包含 135 个移动充电单元	满足港口的水面过驳作业及仓储物流作业需求
2019.11	河北省雄安新区	455.3 kW·h	助力配电网增容,避免变压器在运行周期内出现重载问题,有效地支撑了区域保电能力
2020.08	湖南省	150 kW	支持并网削峰填谷和离网孤岛运行两种工作模式,既可实现电能质量治理,也可作为应急保障电源
2020.12	浙江省金华市	34 MW·h	结合主网调峰、调频需求与配电网不停电作业、应急保电以及短时增容的需求,实现优化共享和电能质量监管
2020.01	酉阳土家族苗族自治县	160 kW·h	高峰时段应急供电

续表1.4

时间	地点	移动储能规模	应用场景与效果
2022.04	湖北省武汉市	500 kW/500 kW·h	日常保电工作
2022.07	山西省右玉县	10 MW/9 MW·h	提高电网对大规模风电的消纳能力

综上所述,MESS在电网中的多功能应用验证了其具有拆卸方便、调度灵活、绿色环保、能耗低等优点。随着未来MESS能量密度和充放电速率的提高,以及分布式可再生能源发电等智能电网技术的不断成熟,MESS将成为构建能源互联网、推动电力体制改革、促进新能源业态发展的核心基础。

本章参考文献

[1] KJELLSTRÖM E, NIKULIN G, STRANDBERG G, et al.European climate change at global mean temperature increases of 1.5 and 2 ℃ above pre-industrial conditions as simulated by the EURO－CORDEX regional climate models[J]. Earth system dynamics, 2018, 9(2): 459-478.

[2] International Renewable Energy Agency. Renewable capacity statistics 2023[EB/OL]. [2024-11-04]. https://www.irena.org/－/media/Files/IRENA/Agency/Publication/2023/Mar/IRENA_RE_Capacity_Statistics_2023.pdf.

[3] PEÑASCO C, ANADÓN L D, VERDOLINI E.Systematic review of the outcomes and trade-offs of ten types of decarbonization policy instruments[J].Nature climate change, 2021, 11(3): 274.

[4] MAGDY G, MOHAMED E A, SHABIB G, et al.Microgrid dynamic security considering high penetration of renewable energy[J].Protection and control of modern power systems, 2018, 3(1): 23-33.

[5] 孙伟卿,张婕,叶磊,等.考虑广义储能的电力系统运行弹性优化[J].系统仿真学报, 2021, 33(4): 962-972.

[6] MURTY V, KUMAR A.Retraction note: multi-objective energy management in microgrids with hybrid energy sources and battery energy storage systems[J]. Protection and control of modern power systems, 2022, 7: 11.

[7] KOOK K S, MCKENZIE K J, LIU Y, et al. A study on applications of energy storage for the wind power operation in power systems[C]. Piscataway: IEEE, 2006: 5.

[8] ABDELTAWAB H, MOHAMED Y A R I.Mobile energy storage sizing and

allocation for multi-services in power distribution systems[J].IEEE access，2019，7：176613-176623.

[9] SULAIMAN M A，HASAN H. Development of Lithium-ion Battery as Energy Storage for Mobile Power Sources Applications[C]. Melville：AIP Conference Proceedings，2009：38-47.

[10] CURTIS T L，SMITH L，BUCHANAN H，et al. A circular economy for lithium-ion batteries used in mobile and stationary energy storage：drivers，barriers，enablers，and US policy considerations[R]. Golden，CO，USA：National Renewable Energy Lab(NREL)，2021.

[11] BAN M F，BAI W C，SONG W L，et al.Optimal scheduling for integrated energy-mobility systems based on renewable-to-hydrogen stations and tank truck fleets[J].IEEE transactions on industry applications，2022，58(2)：2666-2676.

[12] HASSAN I，RAMADAN H S，SALEH M A，et al. Hydrogen storage technologies for stationary and mobile applications：Review，analysis and perspectives[J]. Renewable and sustainable energy reviews，2021，149：111311.

[13] ABDELTAWAB H H，MOHAMED Y A R I.Mobile energy storage scheduling and operation in active distribution systems[J].IEEE transactions on industrial electronics，2017，64(9)：6828-6840.

[14] IEEE. IEEE guide for design，operation，and maintenance of battery energy storage systems，both stationary and mobile，and applications integrated with electric power systems：IEEE Std 2030.2.1－2019[S]. New York：The Institute of Electrical and Electronics Engineers，2019.

[15] KIM J，DVORKIN Y.Enhancing distribution system resilience with mobile energy storage and microgrids[J].IEEE transactions on smart grid，2019，10(5)：4996-5006.

[16] JIANG X Y，CHEN J，WU Q W，et al.Two-step optimal allocation of stationary and mobile energy storage systems in resilient distribution networks[J].Journal of modern power systems and clean energy，2021，9(4)：788-799.

[17] ZAMANI G M，TARAFDAR H M，GHASSEM Z S.Preventive scheduling of a multi-energy microgrid with mobile energy storage to enhance the resiliency of the system[J].Energy，2023，263：125597.

[18] NAZEMI M，DEHGHANIAN P，LU X N，et al.Uncertainty-aware deployment of mobile energy storage systems for distribution grid resilience[J].IEEE

transactions on smart grid，2021，12(4)：3200-3214.

[19] YAO S H，WANG P，LIU X C，et al.Rolling optimization of mobile energy storage fleets for resilient service restoration[J].IEEE transactions on smart grid，2020，11(2)：1030-1043.

[20] LI P，GUAN X H，WU J，et al.Modeling dynamic spatial correlations of geographically distributed wind farms and constructing ellipsoidal uncertainty sets for optimization-based generation scheduling[J].IEEE transactions on sustainable energy，2015，6(4)：1594-1605.

[21] ZHANG Y P，AI X M，FANG J K，et al.Data-adaptive robust optimization method for the economic dispatch of active distribution networks[J].IEEE transactions on smart grid，2019，10(4)：3791-3800.

[22] BERTSIMAS D，LITVINOV E，SUN X A，et al.Adaptive robust optimization for the security constrained unit commitment problem[J].IEEE transactions on power systems，2013，28(1)：52-63.

[23] VERÁSTEGUI F，LORCA Á，OLIVARES D E，et al.An adaptive robust optimization model for power systems planning with operational uncertainty[J]. IEEE transactions on power systems，2019，34(6)：4606-4616.

[24] 阮贺彬，高红均，刘俊勇，等.考虑DG无功支撑和开关重构的主动配电网分布鲁棒无功优化模型[J].中国电机工程学报，2019，39(3)：685-695.

[25] DING T，LV J J，BO R，et al.Lift-and-project MVEE based convex hull for robust SCED with wind power integration using historical data-driven modeling approach[J].Renewable energy，2016，92：415-427.

[26] QIU H F，GU W，XU Y L，et al.Multi-time-scale rolling optimal dispatch for AC/DC hybrid microgrids with day-ahead distributionally robust scheduling[J]. IEEE transactions on sustainable energy，2019，10(4)：1653-1663.

[27] 曲年欣.低压配电台区中移动储能设备的研究与开发[D].西安：西安理工大学，2020.

[28] 张浩，黄玮.移动储能技术在配电网的应用探讨[J].国网技术学院学报，2020，23(2)：13-16.

[29] 李建林，黄健，许德智.移动式储能应急电源关键技术研究[J].浙江电力，2020，39(5)：10-14.

[30] 李佳曼，万文军，苏伟，等.大容量储能移动并网测试装置设计及试验[J].广东电力，2020，33(10)：9-15.

［31］国内首个接入配电网末端、功率最大的移动储能电站投运［J］.华东电力，2012，40(6)：1026.

［32］福建电力成功应用移动储能直流融冰系统［J］.农村电气化，2016(3)：62.

［33］李建林，程伟，侯小贺，等.方舱式移动储能系统提升风电场调控技术研究及工程示范［EB/OL］.(2016-04-12)［2024-11-04］. https://kns.cnki.net/kcms2/article/abstract? v ＝ 4mdsUcMtJE23FfYc07zr0LweQMxy6SOUt371sJdrlW4HknQjKLDoOwjs0Xat6v1sjSd2gq8RlAbpw1XTFipFMxznkgJqp9R4w5YsGhJ4eAv3kFyF-_sg6pGW430EbkXnTbiQ9xdga76if3PpmLRW6kL96opkUmfc0shmPL_1QzaCWgfk5bIPLNWQiuaYqw5l&uniplatform ＝ NZKPT&language ＝ CHS.

［34］移动锂电储能电源车护航新能源并网实现商业化首秀［J］.大众用电，2020，35(9)：54.

［35］国网重庆市电力公司.国网重庆电力：组合式移动储能车在酉阳花田投运［J］.农电管理，2022(2)：5.

［36］程淇，肖珠珠，龙群.国网湖北电力交付使用多功能液冷移动储能电源车［N］.国家电网报，2022-04-13(3).

［37］李建林，张则栋，李雅欣，等.碳中和目标下移动式储能系统关键技术［J］.储能科学与技术，2022，11(5)：1523-1536.

第 2 章　储能现状与技术要点

2.1　储能技术的发展现状

新型电力系统中的移动储能具有灵活部署和快速响应的能力,对于平衡电网负荷、提高能源效率、增强电力系统的稳定性和灵活性具有重要作用。近年来,储能技术在国家重要规划文件中多次被提及,政策导向清晰,规划节点明确。《"十四五"可再生能源发展规划》为储能发展指明了方向,确立了新型储能的独立市场地位,推动了储能在多场景的应用。电力储能对推动能源绿色转型、保障能源安全等具有重要意义,规模化储能技术应用的市场前景广阔。

储能技术具有建设周期短、布局灵活等优势,应对新能源出力的波动和多源负荷的需求,能够快速响应、动态调节提供频率和电压支撑,提升系统的韧性。美国国家可再生能源实验室的一项研究表明,当光伏的渗透率超过 50% 时,在实现系统安全的前提下,最大限度地消纳光伏发电所需的储能容量与光伏的渗透率增长之间呈现正相关性。我国的光伏发电渗透率已经达到 6% 以上,储能的容量需求也将持续增长。

中国电力企业联合会统计数据表明,截至 2022 年底,用户侧储能电站在建 34 座、装机 0.12 GW/0.23 GW·h,累计投运 131 座、装机 0.48 GW/1.81 GW·h,累计投运总能量同比增长 49%。其中,工商业、备用电源累计投运总能量在用户侧储能电站累计投运总能量中占比分别为 49.61%、48.06%。

截至 2023 年底,我国新型储能的并网容量已达到了 3 139 万 kW/6 687 万 kW·h,平均储能时长达到了 2.1 h。全年新增装机规模约 2 260 万 kW/4 870 万 kW·h,是"十三五"末装机规模的 10 倍,较 2022 年底增长超过 260%。其中,新能源发展较快的华北、西北等区域,新型储能的容量占全国总容量的 27% 和 29%。

2023 年 2 月 24 日,我国首个移动式大容量全场景电池储能站——南方电网河北保定电池储能站正式投入商运,其应用了高压级联链式储能变流器拓扑,将电池组通过模块级联方式直接接入 10 kV 高压交流系统,功率 6 MW,容量超过 7.2 MW·h,转换效率达到 98%。该储能站采取集装箱设计,各电池加装运输底座,成为我国第一座无须配套变压器的移动式电池储能站,可随时灵活"动"起来。其投运标志着我国高压级联关键技术研究取得成功,有效解决了电池储能站应用场景固定限制的难题。2024 年 5 月 30 日,全球首个百兆瓦时级组串式构网型储能电站性能测试在新疆完成。

2.1.1　储能技术的应用场景

新型储能技术,特别是电化学储能领域的突破,对于推动移动储能技术的发展具有重大意义。在"双碳"战略背景下,新能源应用规模逐渐增大,新型储能技术作为重要抓手,已逐渐应用于可再生能源平滑并网、峰荷管理、调频及电能质量改善等多个场景。这些技术不仅提供了多样化的选择,还极大地增强了新型电力系统的灵活性和稳定性。

储能技术在不同的应用场景所发挥的作用也不同。电池储能系统在智能电网发、输、变、配、用各个环节得到了广泛应用。从整个电力系统的角度看,储能的应用场景可以分为发电侧、电网侧和用户侧三大场景。

1.发电侧储能

从发电侧的角度看,储能的需求终端是发电厂。发电侧对储能的需求场景类型较多,包括可再生新能源并网、容量机组、电力调峰、动态运行、辅助服务等 5 类场景。其中,可再生能源并网是主要场景。

发电侧储能与常规电厂、风电场、光伏电站等电源厂站相连接,主要应用于风力、光伏等绿色电站,在自动发电控制(AGC)调频电站中,新型储能技术能够快速响应电网频率变化,保障电网稳定运行。通过风、光、水、火、储多能互补的模式,可以有效平衡风能和太阳能发电的间歇性和不稳定性,平滑新能源功率曲线,增强系统的调节能力,促进新能源大规模开发、外送和就地消纳,提升火电机组涉网性能,等等。

在新能源快速发展背景下,发电侧调峰调频需求变大,火电机组作为传统电网调频的主要方式,调频性能及质量无法满足系统稳定性要求,不利于电能质量的提高。由于用电负荷在不同时间具有差异,煤电机组需要承担调峰工作,这使得火电机组无法达到满发状态,影响机组运行的经济性。而且,长期作用下会增加火电机组磨损,缩短机组设备使用寿命,还会增加煤耗成本。而储能,特别是电化学储能,调频速度快,电池可以灵活地在充放电状态之间转换,因此成为良好的调频资源。系统调频的负荷分量变化周期在分秒级,对响应速度要求更高(一般为秒级响应),对负荷分量的调整方式一般为 AGC。但是,系统调频是典型的功率型应用,其要求在较短时间内进行快速的充放电,采用电化学储能时需要有较大的充放电倍率,因此会减少一些类型电池的寿命,从而影响其经济性。

此外,储能装置可以辅助火电机组参与深度调峰,在不同工况下可扮演不同的角色参与系统调峰。通过改善储能充放电策略,在负荷低谷时吸收电能充电,在高峰时输出电能放电,辅助火电机组参与深度调峰,提高火电机组经济效益。针对火电机组响应时滞长的问题,在发电侧应用储能进行辅助调频,通过改善储能充放电策略,利用储能系统的替代效应可以将煤电的容量机组释放出来,从而提高火电机组的利用率,增加其经济性,达到调频效果,改善电网稳定性,该方法适用于火电装机容量较大的省市。

2. 电网侧储能

在电网侧,新型储能技术主要用于服务电力系统运行,以协助电力调度机构向电网提供电力辅助服务、保障电网的稳定运行、延缓或替代输变电设施升级改造等为主要目的建设储能电站。相对于发电侧储能的应用,电网侧储能的应用类型少,从效果的角度看更多是替代效应。电网侧储能主要安装在输配电侧,在专用站址建设,直接接入公用电网的储能设施,发挥调频调峰调压、事故备用爬坡、缓解电网阻塞、黑启动、延缓输配电设备扩容和维持电网稳定运行等作用,提升系统抵御突发事件和故障后的恢复能力,增强系统的关键节点及电网末端网架薄弱地区的供电保障能力。

储能系统在电网侧的具体应用包括参与电网侧的调峰调频、减小配电容量、节省装备建设投资、减少增容费用,目前在应用领域已逐步规模化。在调峰方面,新能源的接入导致渗透率有所提高,给本就缺少足够调峰电源的电网带来压力,通过储能进行调峰可减小配电容量,进而节省装备建设投资,减少增容费用。在调频方面,储能可在电网调频发生波动时提供有效的功率支撑,当电力系统存在较大的频率波动风险时,可以通过快速充放电储能设备来有效协助系统安全稳定地运行,提升电网的抗干扰能力,特别是在一次调频中发挥巨大作用。随着新能源渗透率不断提高,电网不确定性增大,导致系统潮流分布随机性增强,削弱了电网的传输能力。通过对电网侧储能快速精准调节,可以优化潮流分布,缓解断面潮流越限和输电通道阻塞,降低输变电损耗,提高线路传输能力,保证电网运行的稳定性。电网正常运行时,储能装置可通过支撑母线电压改善系统稳定性,还可提供无功功率支持,参与输配电线路的电压调节,增强光电、风电系统的低电压穿越能力。电力系统发生短路故障、冲击性负荷波动、可再生能源并网等情况时会出现电压波动、闪变的电能质量问题,通过协调控制可再生电源与储能装置,可快速排除故障,恢复供电。储能对电网的补偿效果更优于传统的静止无功补偿器和静止同步补偿装置等补偿设备,还可充当备用电源及黑启动电源,为电力系统提供紧急的有功、无功支撑,维持电网的稳定、安全运行。

3. 用户侧储能

用户侧储能是指在用户内部场地或邻近建设的储能设施。储能系统安装在负荷侧可以保持电能质量,保证供电安全稳定,减少电压波动对电能质量的影响。在负荷侧,新型储能技术主要用于电力自发自用、峰谷价差套利、容量费用管理、减少电网建设运营成本和提升供电可靠性等。调峰／调频电站利用新型储能技术,在电网负荷高峰时提供电力供应,并进行频率调节,依托分布式新能源、智能微网等配置的新型储能,提升电力系统供电的可靠性和用户侧灵活调节能力,参与电力辅助服务及用电分时电价管理。

储能系统在用户侧的具体应用包括:可以按照实际生产计划安排用电,削峰填谷,降低整体电价水平;还可以缓解局部电网受阻塞的问题,延缓输配电系统设施的升级更新。常见的用户侧储能应用场景包括工商业配储(包括产业园等)、备用电源(包括海岛、校园、医院等)等。电力系统中的负荷总量会发生变化,电力部门会将 24 h 划分为高峰、平段、低谷等多个时段,并针对各时段分别制定不同的电价水平,即分时电价。用户分时电价管理和能量时移类似,区别仅在于用户分时电价管理是基于分时电价体系对电力负荷进行调节的,而能量时移是根据电力负荷曲线对发电功率进行调节的。在用户侧安装储能装置后,用户可以按照自己的实际生产计划来安排用电,在电价较低的时段充电和在电价较高的时段放电,使整体的电价水平下降,同时也能在一定程度上达到削峰填谷的目的,间接延缓电网发电装机的投资。

储能系统在电力辅助服务中的应用包括:用户侧储能可独立或听取电网的统一调度参与辅助服务,包括调峰、调频、备用和黑启动等,并获得来自政府相关部门的补贴。例如,国家能源局东北监管局于 2020 年 9 月发布了关于印发《东北电力辅助服务市场运营规则》的通知,确定了电储能参与调峰的规则,鼓励电力用户投资建设电储能系统。该规则提到用户侧安装的电储能系统可以参与在本省范围内开展的调峰辅助服务交易,还可与风电、光伏企业协商开展双边交易。

此外,在紧急情况下,新型储能技术作为应急电源,能够提供必要的临时电力支持。

可见,储能技术在新型电力系统的发、输、变、配、用各个环节得到了广泛应用,大容量电池储能站在电源侧,可平滑新能源出力波动,提供备用容量;在电网侧,可改善输配电网络功率分布,满足设备检修和线路融冰等特殊时期的临时供电需求;在用户侧,能够有效调节季节性区域内负荷,作为电网突发事故、春运等时段性事件的应急电源。

2.1.2　储能技术的相关政策指引

1."源网荷储"一体化

在新型电力系统构建的背景下,"源网荷储"一体化成为业内关注焦点。政策引导与支持新能源车充换电行业发展,推进"源网荷储"一体化和多能互补发展,提升能源清洁利用水平和电力系统运行效率。

2022 年 8 月,国家能源局《关于政协十三届全国委员会第五次会议第 02984 号(经济发展类 196 号)提案答复的函》提到"推进源网荷储一体化和多能互补发展,有助于提升能源清洁利用水平和电力系统运行效率"。尤其是我国新能源汽车正从"充电为主,换电为辅"切换到"充换电并行发展"。国务院、国家发展改革委、工业和信息化部等多部门相继出台相关政策引导与支持新能源车充换电行业的发展,制订行业的目标规划和规范要求,建立健全充换电技术标准体系,形成充换电产业生态,构建充换电政策支持体系。

由于风电、光伏发电出力随机性、间歇性的特点,其电能质量相比传统能源要差,高比例新能源接入电网会造成系统输出功率随机波动。新能源发电侧配储能可以对新能源的波动性、间歇性等进行平滑,提升新能源的电网友好性,推动新能源的高质量发展。当用电负荷较低、新能源发电过剩时,储能电站能及时储存多发的电量,减少弃风、弃光率,并在用电负荷高位时,将储存的电量并网,改善新能源发电消纳问题。可再生能源的大规模并网可能引起传输线过载,可将阻塞的电能储存到储能设备,在线路负荷小于容量时再释放电能。对于给定系统,可综合考虑发电、输电和储能的耦合作用机制,开展"发输储"协同扩容规划或变电站扩容和储能容量配置的协调规划,从而优化系统实时调控能力与传输能力。

值得注意的是,国家能源局 2023 年 2 月发布的《新能源基地跨省区送电配置新型储能规划技术导则》(征求意见稿)作为国家层面首个出台的用以指导新能源储能配置规模的规划技术导则,明确了新型储能为除抽水蓄能外以输出电力为主要形式,并对外提供服务的储能项目。

2.储能参与市场

我国逐步赋予储能参与市场的独立主体地位,并出台了相关政策文件,为新型储能参与市场和调度运行提供指引。在规模方面,我国 27 个省、自治区、直辖市"十四五"新型储能规划建设目标超 8 400 万 kW,全国各地出台的配套政策超过 600 项,预计到 2030 年,全国新型储能的规模将超过 1.5 亿 kW;在市场交易方面,2022 年至 2023 年上半年,国家层面上储能市场交易类的相关政策共计 12 条。其中,《关于进一步推动新型储能参与电力市场和调度运用的通知》为新型储能参与市场和调度运行提供了指引。《电力现货市场基本规则(征求意见稿)》首次在全国层面提及推进电力现货市场,推动储能、分布式发电、负荷聚合商、虚拟电厂和新能源微电网等新兴市场主体参与交易。

2.1.3 安全监管与标准规范

储能安全监管政策的发布和安全标准的完善,标志着储能行业向标准化、规模化发展的新阶段。2022 年至 2023 年上半年,国家层面上储能安全监管类的相关政策共计 10 条,储能安全标准逐渐完善并趋于严格,走向标准化、规模化发展新阶段。其中,2021 年 12 月,国家能源局发布《电力安全生产"十四五"行动计划》;2022 年 4 月,国家发展改革委公布《电力可靠性管理办法(暂行)》;2023 年 11 月,国家能源局综合司发布《国家能源局综合司关于加强电化学储能电站安全监管的通知》。储能电站的安全监管重要性可见一斑。国家市场监督管理总局发布国家标准《电化学储能电站安全规程》(GB/T 42288—2022),将储能安全提升到了政策高度,也使得储能行业能够更加健康、持续发展。

电力储能技术的进一步发展与应用离不开标准的规范与支撑,为了规范相应的基础术语标准,2022 年 12 月,由上海电力科学研究院牵头编制的一项电力行业标准《电力储能基本术语》(DL/T 2528—2022)正式发布,该标准吸收了现有国际、国内储能相关标准中的术语成果,并加以梳理、提炼和改进,规定了储能电站、设备及系统、运维检修与试验、安全环保与职业健康等方面的基本名词术语。这一标准填补了国内电力储能术语空白,为储能领域的标准编制和技术发展提供了规范性指导。

此外,成本高也是目前制约储能发展的最大因素。2022 年 4 月,由中关村储能产业技术联盟主持编制的团体标准《电力储能项目经济评价导则》(T/CNESA 1101—2022)批准发布,该导则给出了 12 种收益计算公式,储能项目经济性评价标准出炉。该项团体标准明确了储能参与不同场景服务如何进行收益测算,为从业者计算储能项目经济性提供方法依据,为有意投资储能的企业提供投资决策支撑,帮助提高投资效率。此外,中关村储能产业技术联盟还提出了解决储能项目经济性问题的可行路径,包括技术降本、提高储能利用率、建立新型储能容量电价机制、创新收益来源等。

高安全、长寿命、低成本被认为是储能行业最重要的三大元素。对于以磷酸铁锂为核心的电化学储能来说,长寿命基本上得到实现,低成本也可能通过规模化得到解决,而安全问题却是从始至终的痛点。对此,国家市场监督管理总局于 2022 年 12 月发布了国家标准《电化学储能电站安全规程》(GB/T 42288—2022),规定了电化学储能电站储能电池、电池管理系统(BMS)、功率转换系统(PCS)、能量管理系统(EMS)等各类设备的运行、维护、检修、试验等方面的安全要求,填补了此前电化学储能电站安全配置相关国际标准的空白。

2.2　移动式电池储能系统

随着储能产业的迅速发展,成本不断下降,能量密度也越来越高,MESS 的优势将会更加显著。随着技术的持续进步和成本的降低,新型储能技术预计将在未来的新型电力系统中扮演更加核心的角色,为电网提供更加高效、灵活的能源管理方案,从而推动整个能源系统持续发展。

移动式储能系统将储能电池、BMS、PCS等以车载集装箱的形式集成,通过EMS实现对储能系统的调度控制。其容量不大,但优势在于位置灵活、易移动且能够长途运输、易于现场安装和操作、响应时间短。此外,移动式大容量电池储能站还可以作为储能产品并网的性能测试平台,为不同储能产品性能对比提供大容量电源。移动式储能系统环境友好,无环境和噪声污染,且功能灵活,能够满足用户多样化需求,适用于包括保电、应急供电以及提升供电能力等不同应用场景,不仅自损耗低,运行和维护成本也比较低,目前已有多地示范应用。

移动式电池储能系统组成结构如图2.1所示。

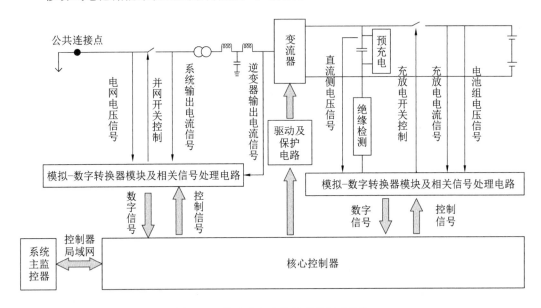

图2.1 移动式电池储能系统组成结构

根据接入电网的方式不同,移动式储能系统可以分为并联、串联以及双回路3种方式。这3种方式不仅能够实现运行过程中并离网无缝切换,还能够实现在线式的系统接入和退出,实现对负荷的不间断供电。

1.并联接入

并联接入的优点是电网正常时通过电网供电系统损耗较小,缺点是系统需要检测到电网跌落后才能投入使用,供电电压有波动。并联式MESS如图2.2所示。

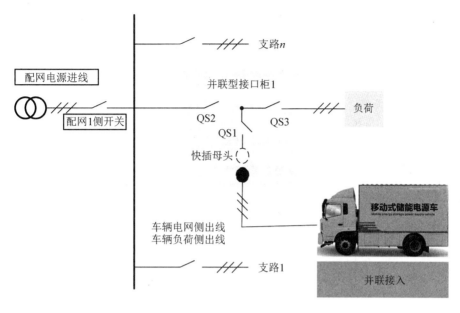

图 2.2　并联式 MESS

2.串联接入

串联接入情况下,一般采用交直流变换背靠背结构,隔离市电对负荷用电的影响,保障对重要用户的可靠供电,具有电网与负荷完全隔离且网侧故障对负荷无影响的优点,缺点是两套 PCS 同时运行系统损耗较大。串联式 MESS 如图 2.3 所示。

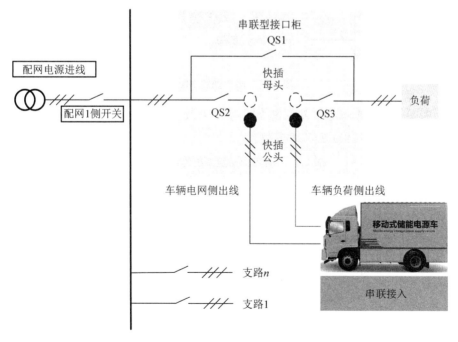

图 2.3　串联式 MESS

3.双回路供电

双回路供电情况下,两台双向变流器均以并联模式运行,同时储能装置支撑两个回路的应急保供电,能够使两个配电网互为备用,但是控制流程会更复杂。双回路式 MESS 如图 2.4 所示。

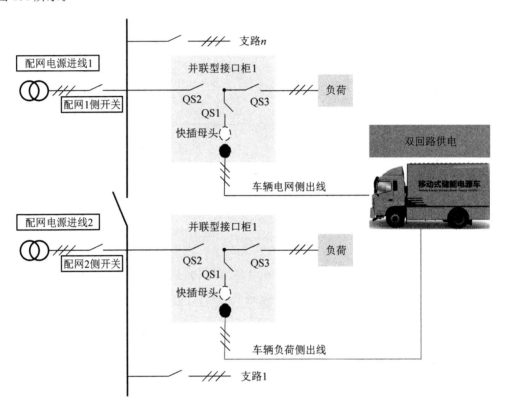

图 2.4 双回路式 MESS

不同类型的储能系统运行方式也不同,表 2.1 列出了 3 种不同储能系统(MESS、飞轮储能系统及柴油发电机组)的技术参数。

表 2.1 3 种不同储能系统的技术参数

技术参数	MESS	飞轮储能系统	柴油发电机组
输出频率稳定精度	±0.1 Hz	±0.1 Hz	±0.5 Hz
输出电压稳定精度	±10 V	±3.8 V	±1 V
电压稳定时间 (负载变动 100%)	< 20 ms	< 50 ms	1 ～ 3 s
频率稳定时间	< 20 ms	< 50 ms	5 ～ 7 s
启动时间	< 20 ms	< 50 ms	5 ～ 30 s
噪声	无	无	75 dB

续表2.1

技术参数	MESS	飞轮储能系统	柴油发电机组
环境友好性	无污染	无污染	含铅、酸等有害物质，二氧化碳排放量大
系统运行方式	单独运行	飞轮储能系统与柴油发电机组配合运行、单独运行	单独运行
保电运行时间	取决于电池容量	支撑时间为 15 s	取决于油料
并离网切换时间	0 ms	0 ms	无法并离网切换
系统调试接入时间	1～2 h	4～6 h	1～2 h
采购成本	400 万元（250 kW/500 kW·h）	400 万元（250 kW/15 s）	110 万元（250 kW）
使用成本	取决于充放电损耗和当前电价	取决于充放电损耗和当前电价	1 kW·h 平均油耗0.26 L,约1.69 元
运维成本	一般 3 个月进行一次充放电	每年约 10 万	前3年2万～3万元/年，之后5万～6万元/年
使用寿命	3 000 次充放电	一般 5～10 年	10 年左右

　　移动式电池储能系统凭借其灵活性和高效性,在新型电力系统中扮演着越来越重要的角色。随着储能技术的发展和成本的降低,这些系统提供了一种环境友好、易于部署的能源解决方案,适用于多种应用场景,包括应急供电和提升供电能力。总体而言,移动式电池储能系统是推动能源系统可持续发展的重要技术之一,其多功能性和高效性使其成为未来电力系统的关键组成部分。

2.3　储能电池的分类

2.3.1　钠离子电池

　　钠离子电池是一种依靠钠离子在正负极间移动完成充放电工作的二次电池。除能量密度较低外,钠离子电池在倍率性能、高低温性能和安全性等方面均不逊于锂离子电池。

钠离子电池的成本优势显著,经济可行性高,包括两个方面:一是材料成本低,正极的主要元素钠、铁、锰、铜等价格低廉,负极主要采用软、硬碳等无定型碳材料,原料来源广泛,正负极集流体均可采用较廉价的铝箔;二是产业链基础完善,技术路线重置成本低,钠离子电池的技术特性和制造工艺与锂离子电池相似,可承袭后者的产业链布局。

2023 年被业内称为钠电池"量产化元年",中国钠电池市场蓬勃发展。2023 年,宁德时代第一代钠离子电池电芯首发落地。该电芯常温下充电 15 min,电量可达 80% 以上,不仅成本更低,产业链也将实现自主可控。2023 年底,国家能源局公示新型储能试点示范项目。入围的 56 个项目中,有两个钠离子电池项目。中国电池产业研究院院长吴辉认为,钠离子电池产业化进程发展较快。据测算,到 2030 年,全球储能的需求量将达到 1.5 TW•h 左右,钠离子电池有望获得较大的市场空间。

中国电工技术学会标准工作委员会专家组成员、储能技术工作组秘书长李建林认为,从全球范围来看,钠的储量远超锂元素,且分布广泛,钠离子电池的成本也比锂离子电池低 30% ～ 40%。与此同时,钠离子电池还有更好的安全性和低温性能,循环寿命高,这让钠离子电池成为解决"一锂独大"痛点的重要技术路线。未来,在两三轮电动车、家庭储能、工商业储能、新能源汽车等多个细分领域,钠电池将成为锂电池技术路线的有力补充。

2024 年 1 月,中国新能源汽车品牌江淮钇为交付全球首款钠电池车。钠离子电池的能量密度是铅酸电池的 3 ～ 5 倍,有望追赶磷酸铁锂电池。钠离子的溶剂化能比锂离子的更低,扩散动力学更快。钠离子的 Stokes 半径比锂离子的小,同浓度电解液的离子电导率更高。钠离子电池的高低温性能优异,可在 −40 ～ 80 ℃ 正常工作,适应多纬度地区的气候条件。钠离子电池的安全性好,其短路时瞬间发热量少,热失控温度高。

2022 年,我国将钠离子电池列入《"十四五"能源领域科技创新规划》,支持钠离子电池前沿技术和核心技术装备攻关。2022 年"储能与智能电网技术"重点专项希望在"十四五"期间将钠离子电池产业链发展至接近锂离子电池产业水平,循环寿命突破 10 000 次,电芯能量密度超 150 W•h/kg,单体造价低于 0.3 元/(kW•h),−40℃ 下容量保持率大于80%。我国钠离子电池研发已取得重要成果,包括过渡金属氧化物/无烟煤基软碳、普鲁士白/硬碳等技术;电芯能量密度为 120 ～ 160 W•h/kg;循环寿命为 1 500 ～ 4 000 次。

在钠离子电池的关键材料中,正极材料是决定电池性能和成本的主要因素之一,目前最受关注的正极材料可分为插入型正极材料和转换型正极材料。虽然转换型正极材料有比插入型材料更高的容量,但是其体积变化大、钠离子动力学缓慢、反应过电位大等问题会严重影响电池的性能。相较于转换型正极材料,插入型材料的产业化趋势更加明显。

当前,钠离子电池负极材料结构稳定性较差,能量密度和使用寿命有待提升。钠离子电池近期研究进展见表 2.2。

表 2.2　钠离子电池近期研究进展

电极材料 （正极 ‖ 负极）	电压范围 /V	最高能量密度 /(W·h·kg^{-1})	最高功率密度 /(W·kg^{-1})	电流密度 /(A·g^{-1})	容量保持率/% （圈）
NVP ‖ HTO	2.5 ~ 3.8	262.3	1 757.0	1.000	86.0(260)
NVP-CNTs ‖ Bi	2.8 ~ 3.7	161.8	2 354.6	1.000	92.1(400)
NVP ‖ NF-TiO$_2$/C	1.5 ~ 3.1	212.0	25 215.0	0.168	91.5(300)
FeHCF NDs/rGO ‖ HC	1.0 ~ 3.2	170.0	17 000.0	0.100	88.2(100)
Na$_3$V$_2$(PO$_4$)$_2$F$_3$@rGO ‖ V$_5$Se$_8$/MWCNTs－2	0.3 ~ 4.0	104.2	646.0	1.000	75.0(1 000)
NVP ‖ P/C@S	1.2 ~ 3.6	225.0	8 215.6	5.500	72.0(500)
MCMBO -NH$_2$ ‖ MCMBO－NH$_2$	1.5 ~ 4.5	235.0	12 500.0	0.100	96.0(500)
NVP/carbon ‖ NHCFs－S－Fe$_7$S$_8$	2.0 ~ 3.8	204.5		1.100	89.0(120)

2.3.2　液流电池

液流电池储能技术以其安全可靠、性价比高、环境友好和长寿命等显著优势，成为储能领域的研究热点。这种技术最早由美国科学家 Thaller 在 1974 年提出，通过在电极上进行电解液中的活性物质电化学氧化还原反应，实现电能与化学能的高效转换。

液流电池系统由电化学电堆、电解液和泵等核心部件组成。其中，电堆作为系统的核心，包含电极、双极板和选择性隔膜等关键组件。通过泵入电解液，利用活性物质在电极表面的电荷转移进行充放电，展现出高安全性、强大的扩容能力和长寿命等优点，非常适合大规模、长时间的储能应用。

液流电池的高安全性体现在电解液不易发生热失控，且电解液与电堆的独立性保证了储存的安全性。其扩容灵活性得益于独立式的系统装置设计，可以通过增加电堆和电解液来分别扩展功率和能量容量。电池的长寿命则归功于电子转移仅在电极表面发生，保持了电池内部结构的完整性，使得循环寿命可达 10 000 次以上，服役寿命长达 10 ～ 20 年。

液流电池技术路线多样，主要包括全钒液流电池、铁铬液流电池和锌溴液流电池等。目前，铁铬液流电池电解液有交叉污染等问题，锌溴液流电池自放电率较高，维护成本较高。全钒液流电池正负极的活性物质均为钒离子，无交叉污染，综合性能好，是目前较为成熟的技术路线。

然而,全钒液流电池在储能市场中的渗透率相对较低,主要受限于较高的初装成本和较低的能量密度与能量效率。当前,全钒液流电池投资成本为 $3.8 \sim 6.0$ 元 $/(W \cdot h)$,约为锂离子电池的 2 倍;膜材料成本约 10 000 元 $/m^2$。全钒液流电池的能量密度和能量效率偏低。受钒离子溶解度和电堆设计的限制,全钒液流电池的能量密度为 $12 \sim 40 \; W \cdot h/kg$;电池需要泵维持电解液流动,能量效率为 $65\% \sim 75\%$。《"十四五"新型储能发展实施方案》提出液流电池的发展目标,即使液流电池的循环寿命超 15 000 次,能量密度突破 $40 \; W \cdot h/L$,能量转换效率高于 80%,膜成本降至 800 元 $/m^2$ 以下。当前液流电池的基础研究集中在隔膜／电极材料改进、电解液优化及新型体系(如锌碘、锌锰和溴钛)等。

现阶段,铁铬液流电池以其绿色环保和电解液成本可控的特点,在示范工程中展现出良好的产业化和市场推广前景,适合大规模应用。尽管存在负极析氢现象等限制因素(负极在充电末期会出现析氢现象,降低电池系统的库仑效率,电解液中氢离子减少会降低电解液的电导率,使液流电池的稳定性变差,降低循环使用寿命),但是未来的发展方向将集中在新型电池关键材料、新型结构设计、低成本、高效率和高能量密度等方面。

锌溴液流电池作为一种基于锌基的氧化还原液流电池,其充电和放电过程涉及电能与化学能的相互转化。充电时,电能转化为化学能并储存在电解液中;放电时,电解液中储存的化学能转化为电能供负载使用。目前,研究的热点集中在关键材料的开发,如新型溴络合剂和高活性介孔碳材料等,以提高电池性能和稳定性。

全钒、铁铬、锌溴液流电池是目前常用的利用多价态转变的电解质溶液储能的电池储能方式。此类电池正、负极两侧电解液组分相同,安全性高,理论能量密度高达 $430 \; W \cdot h/kg$,储能活性物质来源广泛、价格便宜、成本低廉。液流电池在安全性、能量密度和成本方面具有显著优势,尤其在分布式储能和用户侧储能领域展现出广阔的应用前景。尽管目前仍面临一些技术挑战(例如,锌基液流电池中溴在溴化锌水溶液中溶解度高,快速传质到锌表面导致电池产生自放电现象,降低电池系统的库仑效率),但随着关键材料的开发、制造工艺的改进以及成本优势的保持,液流电池有望实现大规模生产,为全球碳中和目标的实现贡献力量。

然而,目前液流电池技术仍需进一步提高大规模储能系统的性能,降低系统成本,适应不同应用场合的运行模式。

在全球持续推进碳中和的背景下,长时储能在储能方面作用重大。截至 2022 年底,全球已建成液流电池储能规模 274.2 MW,在新型储能中占比 0.6%。未来随着体系升级和装机规模增加,液流电池储能的经济优势将日益凸显。液流电池近期研究进展见表 2.3。

表 2.3　液流电池近期研究进展

电极材料	阳极	阴极	平均电压 /V	能量密度 /(W·h·L^{-1})	电流密度 /(mA·cm^{-1})	能量效率 /%
石墨毡	V^{2+}/V^{3+}	VO^{2+}/VO_2^{+}	$0.5 \sim 1.7$		200.0	87.97
步高石墨石墨流板	$Fe(CN)_6^{3-}/$ $Fe(CN)_6^{4-}$	$AQ-1$ $8-3E-OH$	$0 \sim 1.6$	25.20	50.0	83.00
石墨毡	Na-metal	$Na_4Fe(CN)_6 \cdot$ $10H_2O$	$2.50 \sim 3.95$	54.16	1.5	92.00
石墨烯/碳纤维	$Zn(OH)_4^{2-}/Zn$	MnO_4^{-}/MnO_4^{2-}	$5.1 \sim 6.6$	97.80	30.0	85.80
石墨毡	$ZnBr_2$	KI	$0 \sim 1.4$	80.00	80.0	82.00
碳纤维毡	$BrCl_2^{-}/Br^{-}$	TiO^{2+}/Ti^{3+}	$0 \sim 1.8$		40.0	78.20
镍碳毡	$Zn(OH)_4^{2-}/Zn$	$Fe(CN)_6^{3-}/$ $Fe(CN)_6^{4-}$	$0.8 \sim 2.0$	208.90	80.0	84.70
石墨毡	$Zn(OH)_4^{2-}/Zn$	$I-/I_3^{-}$	$1.2 \sim 2.1$	330.50	10.0	80.00

2.3.3　铅蓄电池

据国家统计局提供的数据,2022 年中国铅蓄电池产量为 23 655 万 kV·A·h,同比增加5.6%。2023 年,我国铅蓄电池产量为 24 500 万 kV·A·h,与上年基本持平。从全球铅消费量来看,我国铅蓄电池产量约占全球总量的 40% 以上。2019 年 7 月,生态环境部固体废物与化学品管理技术中心公布了铅蓄电池生产企业共 344 家。截至 2023 年底,通过《铅蓄电池行业规范条件》审核的企业数量已增至约 130 家。目前,活跃在铅蓄电池产销领域的企业数量约 150 家。

铅蓄电池在机动车和电动自行车领域有着广泛的应用。2023 年,我国汽车产销量分别达到 3 016.1 万辆和 3 009.4 万辆,同比增长分别为 11.6% 和 12.0%。根据公安部的统计数据,2023 年全国机动车保有量达到 4.35 亿辆,其中汽车占 3.36 亿辆;全国电动自行车的保有量约为 4 亿辆。

铅蓄电池主要包括铅酸电池和铅碳电池两种类型。铅酸电池由铅及其氧化物制成的电极和硫酸溶液作为电解液构成,而铅碳电池则是在负极材料中加入碳材料,以改进性能的新型电池。

铅酸电池占据了很大的市场份额。美国 Firefly 公司研发了以碳材料或石墨泡沫为基底的铅酸电池,显著提升了电池的循环寿命,并在高低温及快充性能上表现卓越。电池放电电流分布更均匀,活性物质利用率更高。美国 ABC 公司开发了双极性铅酸蓄电池,具有质量轻、能量密度高、快充性能好、循环寿命长、冷起动性能优异等优点,能量密度达到 52 W·h/kg。此外,Czerwiski 等以网状玻璃碳(RVC)为基底,在其表面电镀铅后作为板栅材料,不仅增加了表面积,还显著降低了质量,提高了电池容量和循环寿命。Meyers 等将分散性碳纳米管(dCNT)加入正极活性材料(PAM)中,有效延长了电池的使用寿命。沈浩宇等以聚氨酯泡沫为原材料,经过特殊处理后用于制备铅酸电池,使电池的比能量达到了 43.5 W·h/kg,展现出了良好的应用前景。

铅蓄电池技术成熟,生产成本较低,安全性较好,产业链齐全,应用范围广泛,在电池储能领域占有重要地位。然而,铅作为一种有毒元素,可能对土壤和水源造成严重污染,且回收成本高,工艺难度大。此外,传统铅酸电池存在循环寿命短、能量密度低、性能下降快、充电时间长等问题。铅碳电池也因寄生析氢反应等缺点而限制了其进一步发展。

面向未来,铅蓄电池技术的主要发展方向包括减少铅元素的污染性,开发低污染、快速充放电、高能量密度、长寿命、低成本的新型电池。同时,还需开发先进的回收技术,以降低回收成本,提高回收利用率,推动铅蓄电池行业的可持续发展。

2.3.4 锂离子电池

锂离子电池作为现代储能技术的核心,以其卓越的性能和可逆的氧化还原反应,实现了电能的高效存储与释放。这种典型的二次电池由正负极材料、隔膜及有机锂盐电解质构成,是当今能源存储领域的重要支柱。

锂离子电池根据正极材料的不同,可分为钴酸锂、锰酸锂、磷酸铁锂和三元锂等多种类型。各类型锂离子电池的主要性能参数对比见表 2.4。

表 2.4　各类型锂离子电池的主要性能参数对比

性能	磷酸铁锂 (LiFePO$_4$)	锰酸锂 (LiMn$_2$O$_4$)	钴酸锂 (LiCoO$_2$)	三元锂 (镍钴锰 NCM)
平台电压 /V	3.2	3.7	3.6	3.5
能量密度 /(W·h·kg^{-1})	130～150	100～115	150～200	145～160
比容量 /(A·h·kg^{-1})	130～140	100～115	140～155	160～250
工作温度 /℃	−20～70	−25～60	−22～55	−20～60

续表2.4

性能	磷酸铁锂 （LiFePO$_4$）	锰酸锂 （LiMn$_2$O$_4$）	钴酸锂 （LiCoO$_2$）	三元锂 （镍钴锰 NCM）
自放电率 /％	＜5	＜5	＜5	＜5
循环次数 / 次	≥2 000	300～700	500～1 000	500～1 000
安全性	优	优	差	一般
成本	较低	最低	较高	高
高温性能	很好＞70 ℃	较好	差	较好
低温性能	差	较好	好	较好

在储能领域规模化应用最为广泛的是磷酸铁锂（LiFePO$_4$）电池,其正极采用的是橄榄石型结构的磷酸铁锂,涂敷在铝箔集流体上;负极材料采用石墨,涂敷在铜箔集流体上;正负极材料之间采用聚合物的隔膜进行隔离,锂离子可以通过隔膜而电子不能通过隔膜;电池反应体系内充满了锂离子的有机电解液,用来提供锂离子以实现电荷的流动;电池整体采用金属或者塑料外壳封装。磷酸铁锂电池的工作原理体现在其充电和放电过程中。充电时,正极材料在外界电压的作用下释放电子,同时锂离子进入电解液;负极材料吸附电解液中的锂离子,形成锂单质并嵌入石墨。放电时,负极材料的锂单质释放电子,锂离子重新回到电解液中;正极材料吸收电子,恢复原状。这一过程始终满足电荷守恒,确保了电池的稳定运行。

磷酸铁锂广泛地应用于储能技术中,是目前主要的电化学储能手段,得益于其多方面的优势。一方面得益于新能源电动汽车的发展实现了磷酸铁锂电池高度的规模化、产业化,成本得以大幅下降。另一方面在于磷酸铁锂具有独特的性能优势,主要体现在:一是具有较好的电池循环性能,目前广泛应用于储能领域的 0.5 P磷酸铁锂电池单体电芯的循环次数基本上可保证在 8 000 次以上,同时循环次数高达 12 000 次以上的磷酸铁锂技术也实现了突破;二是具有更好的安全性,磷酸铁锂工作的温度区间较宽,同时具有较高的热失控温度,因此在正常使用工况下不容易发生事故,磷酸铁锂热失控的反应与三元锂相比较温和,即使发生事故,危险性也相对较低;三是磷酸铁锂的原材料较易获得,资源储量丰富,同时电极材料对于环境友好,不会带来环境污染。

2023 年,我国锂离子电池产业迎来了显著增长,总产量达到了 960 GW·h,同比增长31％。其中,动力电池产量约为 778.1 GW·h,同比增长 42.5％;储能电池产量约为113.4 GW·h;消费类电池产量约为 80 GW·h。这些数据不仅表明了锂离子电池产业的蓬勃发展,也凸显了其在新能源领域的广阔前景。

2.4　电池管理系统

电池储能系统由电池组、电池管理系统（BMS）、能量转换器和控制系统等组成。其中，电池组是储能系统的核心部分，负责储存和释放能量；BMS 监测和管理电池组的状态，包括电压、电流、温度等参数，并确保电池组的安全和性能稳定；能量转换器将电池储存的直流能量转换为交流能量，以满足电网或负载的需求；控制系统对储能系统进行监控，实现储能与释能的优化调度。

储能系统工作原理如图 2.5 所示。

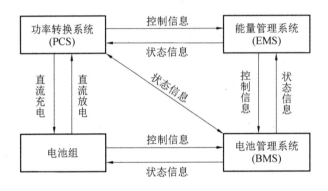

图 2.5　储能系统工作原理

BMS 是电池储能柜中不可或缺的组成部分，它负责对电池系统进行安全、可靠和高效的管理，是电池管理的智能核心。早期的 BMS 主要具备电池电压和温度的监测功能，而现代 BMS 则具备了更为全面的管理能力。电池组由多个电池单体组成，每个单体都有其独特的电压和容量特性，它们通过特定的连接方式组合在一起，形成具有所需电能储存容量的电池组。BMS 安装在储能电池组内部，负责信息采集和监测，并通过与其他系统通信，实现充放电管理控制。它具备电压均衡、保护机制、热管理和性能分析等多项功能，能够实时测量电池参数，诊断和评估电池组状态，同时估算可持续放电时间。BMS 的这些功能确保了电池组在安全、高效的状态下运行，同时也为电池的维护和更换提供了重要的数据支持。随着技术的发展，BMS 的设计和功能还在不断进步，以满足更高的安全标准和性能要求。

BMS 能够与 PCS 进行协议兼容，实现电池簇的充放电管理。在大容量储能系统中，BMS 的作用尤为显著，因为电池成组设计后可能面临安全性能和使用寿命降低的问题，这就需要 BMS 具备更高的技术要求来应对这些挑战。

例如，在大容量储能系统中，单体电池在性能上的差异可能导致过充或过放，从而对电池造成严重破坏。BMS 通过精确控制，可以有效避免这些问题，延长电池的使用寿命。当前在大容量储能系统中,锂离子电池常被用作储能载体,其突出问题是电池成组设计后,相比于电池单体在安全性能、使用寿命上有所降低,严重时可能出现电池燃烧或爆炸等情况。其原因是电池性能方面的差异非常显著,特别是单个电池在性能上不同,容量小的电池在充电时极易发生过充的现象,放电中也容易产生过放问题,对电池造成严重破坏。单体锂电池的过充/放电会大幅提高内阻,从而影响系统的安全与寿命。小容量电池最先出现损坏,会降低容量并增大内阻,长期使用会造成全部电池在性能上越来越差。

在大容量储能系统中,电池通常通过上万个单体电池串并形成,以满足系统容量方面的要求,通常情况下要达到 100 kW/15 min。系统中串联了 64 个电池模块,每个电池模块有 8 个电池单体,电压最高可达 900 V。为了提高整组电池的效果,既要维持单体电池电性能不变,又要注意加大电池管控力度,确保大容量电池组始终处于稳定状态。因此,需要设置 BMS,该系统可以监测电池的电压、电流、温度、电池荷电、电池健康等,以提高蓄电池充放电过程中的安全性。发生问题时能报警,便于及时采取处理措施,优化控制蓄电池运行,提高其安全性、可靠性和稳定性。BMS 直接影响着储能效果,关系着整个储能系统运行的有效性。

BMS 的架构设计通常采用三层结构,包括主控单元、从控单元和总控单元。电池簇管理单元(BCU)位于中间层,负责电池组的管理层,收集从控单元上传的单体电池信息,同时采集电池组的整体信息,进行电池剩余容量(SOC)和电池健康状态(SOH)的计算分析。底层的电池管理单元(BMU)则负责单体电池的信息采集和分析,由电池监控芯片及其附属电路构成,实现对单体电池的主动均衡,并将异常信息上传给主控单元。上层的总控单元负责系统内部的整体协调以及与 EMS、PCS 等外部系统的交互,控制整个BMS 的运行过程。这种分层架构使得 BMS 能够高效地管理大规模的电池系统。

储能 BMS 相较于汽车动力电池的 BMS 更为复杂,要求更高,因为储能 BMS 管理的电池容量量级相差大,达到 MW·h 级别,涉及的串并联电池数量极大,且有更严格的并网要求和对谐波、频率等的更高标准。汽车动力电池 BMS 的技术要求相对较低,主要关注电池性能和车辆运行安全。储能 BMS 的设计和实施需要综合考虑大规模电池系统的管理、复杂的外部交互以及严格的安全和性能标准,以确保储能系统的高效、稳定和安全运行。

基于 HBCU100 和 HBMU100 构建的 BMS 是一个展示其复杂性和多功能性的典型实例。BMS 框架图如图 2.6 所示。该系统通过 CAN 总线互联通信,实现了对电池模块单体电芯的电压、温度等关键数据的精确采集和分析。系统由一个主控模块 HBCU100、多个从控模块 HBMU100、绝缘监测模块、霍尔电流传感器和线束组成。其中,主控模块和从控模块通过 CAN 总线进行高效的数据交换。该系统架构与功能如下。

(1)主从模块协同。HBCU100 作为主控模块,负责整个电池组的管理,而

HBMU100 作为从控模块,收集单体电芯(支持磷酸铁锂、三元锂)的数据。

(2)关键数据的精确采集。系统能够精确采集单体电芯的电压和温度,为后续的数据分析提供基础。

(3)关键参数的智能分析。主控模块 HBCU100 计算并分析电池剩余容量(SOC)、电池健康状态(SOH)、最高单体电压/温度及最低单体电压/温度、绝缘阻值等重要参数,这些数据对于评估电池组的性能至关重要。

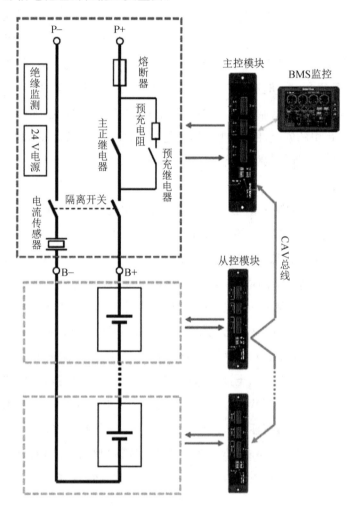

图 2.6 BMS 框架图

BMS 在安全保障、智能充放电管理、系统集成等方面的优势如下。

(1)被动均衡技术。BMS 采用被动均衡技术,自动调整单体电池间的电压,以延长电池组的使用寿命。

(2)全面的故障保护。实现了三级故障保护机制,以及对电芯的过欠压、异常温度和充放电过流的保护,确保电池组在各种情况下的安全运行。

（3）与 PCS 的通信。HBCU100 主控模块能够与 PCS 进行通信，通过设定充电和放电的限制条件，优化电池的充放电过程。

（4）与 EMS 的数据交换。通过与 EMS 的数据交换，BMS 实现了混合能源系统的智能管理和稳定运行，提高了整个能源系统的效率和稳定性。

BMS 以其高精度的数据采集、智能化的数据分析、全面的安全保护以及与 PCS 和 EMS 的高效集成，不仅确保了电池组的安全性和稳定性，而且显著提升了电池储能系统的整体性能和智能化水平，成为现代电池管理不可或缺的智能核心。

在当前全国的能源改革中，改善能源结构、发展新能源和清洁能源无疑成为当务之急。在各种能源中，电池储能因具有调度响应快、配置灵活、控制精准等特点而成为新能源发电的最佳搭档。在电池储能系统中，BMS 目前仍是核心技术之一，直接影响着储能效果，关系着整个储能系统运行的有效性，其发展和优化对于推动能源结构的改善和新能源的发展具有重要意义。

2.5　功率转换系统

储能变流器，也称为双向储能逆变器，是储能系统与电网之间实现电能双向流动的关键组件。它负责控制电池的充电和放电过程，以及进行交流电与直流电之间的转换。储能 PCS 在储能电池与交流电网之间的能量交换中发挥着至关重要的作用，通过精确控制工作状态，确保能量能够在两者之间高效地双向流动。

在能量流动过程中，PCS 不仅能够对系统进行控制，还能调节网侧功率因数和有功功率与无功功率之间的交换。它能够根据电网的需求，进行整流或逆变操作。在整流模式下，系统从电网吸收电能，以满足储能电池的充电需求；而在逆变模式下，系统则向电网提供电能，以满足电网的供电需求。

此外，PCS 还能根据电网的实时反馈，有针对性地调整有功或无功功率的传输，以优化电网的性能和稳定性。这种灵活性使得 PCS 成为现代电网中不可或缺的一部分，为电网的高效运行和能源管理提供了强有力的支持。

在电化学储能系统中，PCS 位于电池系统与电网（以及／或负载）之间，负责实现电能的双向转换。PCS 不仅能够控制蓄电池的充电和放电过程，进行交流电与直流电之间的转换，而且在没有电网的情况下，它还可以直接为交流负载提供电力。储能系统基本框架图如图 2.7 所示。

PCS 由直流／交流双向变流器和控制单元等主要部分组成。PCS 的控制器接收来自后台的控制指令，根据功率指令的符号和大小，控制变流器对电池进行充电或放电，从而实现对电网的有功功率和无功功率的调节。此外，PCS 还可以通过 CAN 接口与 BMS 进

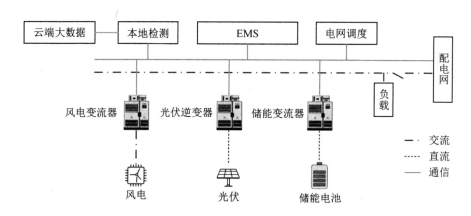

图 2.7　储能系统基本框架图

行通信,或者通过干接点传输等方式获取电池组的状态信息。这使得 PCS 能够实现对电池的保护性充放电,确保电池的安全运行。

作为储能系统(ESS)的核心组件,PCS 承担着直流储能侧和交流电网侧能量交互的重要任务,其拓扑结构的研究受到了业内人士的广泛关注。电压级别、功率等级、储能介质形式、实际工业场景应用、工程需求等多种因素都会影响到 PCS 拓扑的选择。表 2.5 提供了按照变换级数和电平数量进行分类的 PCS 拓扑结构。接下来,本书将主要根据变换级数和电平数量的分类,对 PCS 的拓扑结构进行介绍。

表 2.5　PCS 拓扑结构分类

分类方式	类型		
按照变换级数分类	单级式(AC/DC)		
	双级式(DC/DC/AC)	非隔离型	
		隔离型	
按照电平数量分类	两电平结构		
	三电平结构	I 型拓扑	
		T 型拓扑	
	多电平结构		

1.单极式 PCS 拓扑结构

单级式 PCS 拓扑结构如图 2.8 所示,由一个 DC/AC 转换环节构成,通常使用脉宽调制(PWM)变流器。PWM 变流器工作于整流状态或逆变状态,从而实现能量的双向流动。一般将单个储能电池串并联构成储能电池组,以保证变流器的正常工作。储能电池组放电时,直流电通过 PWM 变流器转换为交流电,回馈至电网;充电时,电网的交流电通过 PWM 变流器整流为直流电,储存于电池组。

单极式 PCS 拓扑结构效率高、结构简单、损耗较小,控制也相对简单。然而,它的缺点在于储能系统的容量配置不够灵活,且电池的电压工作范围较窄。

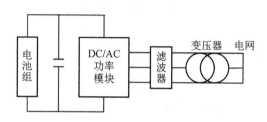

图 2.8 单级式 PCS 拓扑结构

2.双极式 PCS 拓扑结构

双级式 PCS 拓扑结构如图 2.9 所示,其主要由 DC/DC 变换器与 PWM 变流器构成。它的工作原理为:储能电池组放电时,储能电池组中的直流电经过 DC/DC 变换器升压后,供给 PWM 变流器,经过 PWM 变流器逆变为交流电后供给电网;储能电池组充电时,电网的交流电通过 DC/AC 逆变器整流为直流,再经过 DC/DC 降压转换后给储能电池组充电。

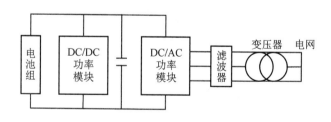

图 2.9 双级式 PCS 拓扑结构

3.两电平 PCS 拓扑结构

两电平单极式 PCS 拓扑结构如图 2.10 所示,因其结构简单、控制简便和损耗较低而被广泛应用于小功率储能系统。然而,这种拓扑要求直流侧储能介质电压较高(750 V 左右),通常需要大量电池模组串联。此外,在不平衡电网条件下,直流母线电压的波动可能导致电池组电流产生二倍频分量,影响电池寿命。

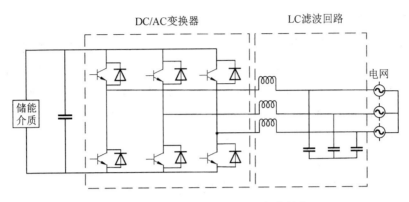

图 2.10　两电平单极式 PCS 拓扑结构

两电平双极式 PCS 拓扑结构如图 2.11 所示,其在储能介质与 PCS 之间增加了双向 DC/DC 变换器,降低了对直流侧储能介质端电压的要求,改善了电压变化裕度,避免了因充放电不均引起的环流问题。当直流侧储能设备电压波动较大时,可以保证直流母线电压的稳定,适用于多种储能介质和大功率场合。与单级式相比,双级式拓扑适用于电压波动大和大功率场合,但功率器件数量增多、开关损耗增加造成了严重的散热问题,效率较低,还需要对 DC/DC、DC/AC 两级变换器进行解耦,控制上更为复杂。

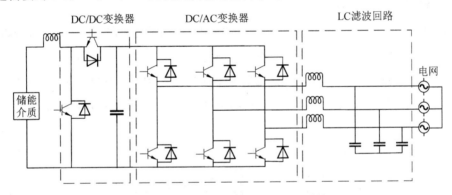

图 2.11　两电平双级式 PCS 拓扑结构

每种拓扑结构都有其优势和局限性,选择时需根据具体的应用场景、功率需求、电压等级和成本效益等因素综合考虑。

4.三电平 PCS 拓扑结构

三电平 PCS 拓扑结构相较于两电平设计,提供了额外的输出电平,使得其 PWM 波形更接近理想的正弦波,从而显著减少了电流纹波。此外,三电平 PCS 拓扑结构中上桥臂和下桥臂的绝缘栅双极型晶体管只需承受一半的直流母线电压,这不仅降低了电压应力,还减少了开关时的损耗。由于在给定的直流电压条件下,降低损耗可以通过减少 IGBT 的开关频率来实现,三电平 PCS 拓扑结构允许使用更高的开关频率,这有助于减小滤波器的尺寸和成本,同时提高系统的响应速度。三电平 PCS 拓扑结构的这些优势使其在多种储能应用中更为高效和可靠。I 型三电平 PCS 拓扑结构如图 2.12 所示。T 型三电平 PCS 拓扑结构如图 2.13 所示。

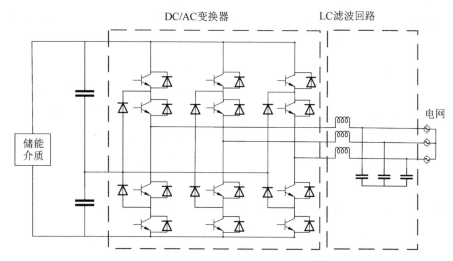

图 2.12　I 型三电平 PCS 拓扑结构

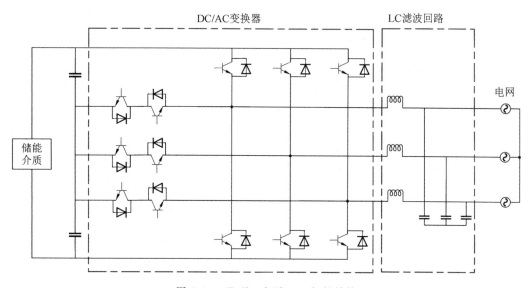

图 2.13　T 型三电平 PCS 拓扑结构

　　I 型三电平 PCS 拓扑结构由于提出时间较早,其控制策略已经相对成熟和完善。理论上,I 型三电平 PCS 拓扑结构的耐压水平高于 T 型三电平 PCS 拓扑,这使得它在高电压应用中更为可靠。然而,I 型三电平 PCS 拓扑结构由于使用了更多的功率器件,不仅增加了成本,也提高了数字控制器算法实现的复杂性。

　　相比之下,T 型三电平 PCS 拓扑结构在设计上减少了两个功率器件,不仅节约了成本,还降低了器件损耗,使得系统更为经济高效。总之,每种结构都有其特定的优势和适用场景,选择时应根据实际应用需求和成本效益进行综合考量。

5.多电平 PCS 拓扑结构

为满足大功率工业场景的需求,级联型多电平 PCS 拓扑结构应运而生。这种结构通常采用单极式或双极式 H 桥结构,由高度模块化的储能单元和高功率单元级联而成。这种设计使得系统能够灵活扩展,以适应不同功率级别的需求,同时保持高效率和高可靠性。

级联 H 桥结构通过模块化设计,可以根据具体的功率需求增加或减少储能单元,从而实现系统的可扩展性。而且,高功率单元的设计允许系统在保持高效率的同时,处理更大的功率流。级联型多电平 PCS 拓扑结构通过优化电能转换过程,提高了系统的效率和可靠性。由于采用了模块化设计,单个模块的维护和升级变得更加容易,有助于降低长期运营成本。

单级式 H 桥拓扑和双极式 H 桥拓扑结构分别如图 2.14 和图 2.15 所示。其中,单级式 H 桥拓扑结构适用于特定的应用场景,提供了一种基本的电能转换方式;双极式 H 桥拓扑结构则提供了更高的灵活性和控制能力,适用于更广泛的应用。

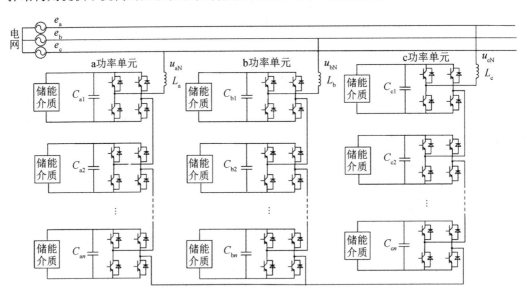

图 2.14 单级式 H 桥拓扑结构

多电平 PCS 拓扑结构能够使单个器件承受的电压应力减小,直接输出高压而无须升压变压器,同时保证输出电压的谐波含量低,正弦度优良,从而提供高质量的电压。然而,随着开关管数量的增加,拓扑结构变得更加复杂,这不仅提升了系统的电压等级范围,也相应增加了控制难度和成本。

相较于模块化拓扑,单级式和双级式储能 PCS 结构更为简单,这使得它们在体积和质量上具有优势,控制难度也相对较低。双极式储能 PCS 中增加的双向 DC/DC 变换器,为容量配置提供了更大的灵活性,这可以在后续的构网型拓扑构件设计中得到应用。尽

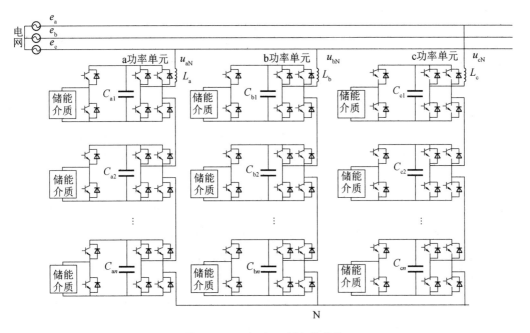

图 2.15　双极式 H 桥拓扑结构

管如此,单、双级式 PCS 由于其电压等级的限制,主要适用于电压等级较低的储能系统,因此在新型电力系统中的使用受到限制。

储能 PCS 对比见表 2.6。

表 2.6　储能 PCS 对比

类型	开关管数量	体积和质量	适用电压等级	控制难度	成本
单级式	较少	较小	较低	较易	较低
双级式	较少	较小	较低	较易	较低
三电平	中等	中等	中等	较易	中等
级联型	较多	较大	较高	较难	较高

三电平 PCS 拓扑结构能够输出更高的电平,但同样受限于电压等级,不适宜作为构网型变流器的主体结构在新型电力系统中运用。相比之下,级联型储能 PCS 拓扑结构的优点在于它不存在环流问题,并且其串联 H 桥设计可以有效避免大规模储能电池串联时可能出现的问题,这对于大规模储能系统的安全和可靠性至关重要。级联型 PCS 拓扑结构的这些特性使其成为大型储能应用的理想选择。

2.6　能量管理系统

能量管理系统(EMS)是储能系统中不可或缺的组成部分,它对微电网调度控制中心提供全面的数据管理、监视、控制和优化服务。EMS 通过为储能系统内部的每个能源控制器设定功率和电压参数,确保系统能够满足热负荷和电负荷的需求,同时遵守与主网系统间的运行协议。此外,EMS致力于最小化能源消耗和系统损耗,并在系统故障情况下提供孤岛运行、重合闸以及并网切换的控制逻辑和方法。

控制系统在EMS的框架下负责监测和控制整个电池储能系统的运行,它接收来自BMS和能量转换器的数据,并根据需要调整充放电过程的参数。控制系统还能与其他设备(如可再生能源发电系统、电网等)进行通信和协调,实现复杂能量管理和调度。

在移动式电池储能设计中,EMS的设计提高了监测与控制的效果,确保了储能电池、电池管理与PCS得到有效控制,并且相关参数可以及时优化与调节。现场设备向系统上传数据,EMS在处理这些数据时发挥控制与报警功能,准确预测未来趋势,提高对储能系统各方面情况的监控效果。根据电池系统和PCS的运行状态,EMS采用最优运行算法,不断改进和优化参数,确保移动式储能电站始终保持良好运行状态。在发生故障时,EMS还能进行故障诊断。

EMS采用分层分布式架构,包括间隔层和站控层,两者通过千兆以太网连接。间隔层负责保护、测控、规约转换器等部分;站控层包括监控主机、工程师站、远动、高级策略控制器等部分。

EMS基于分布式、组件化和基于系统集成总线的可扩展架构,融合了云计算和大数据技术,为能源互联网应用提供了最新的支撑平台。它为分布式能源监控、分布式储能监控、变电站后台监控、配电网运行自动化系统、微网能量管理、综合能源管理提供一体化解决方案,满足不同规模和行业用户的多种需求。EMS既可以本地部署,也可以云端运行,本地和云端系统可以互为备用,满足不同用户的使用需求。

EMS基于计算机、网络和通信技术,为储能电站提供全面的信息采集、处理、监视、控制和运行管理功能。EMS涵盖了BMS、储能变流器、升压变压器、环网柜、二次设备,以及环境监控设备和消防设备等站内辅助设备。这一系统设计符合工业化应用的易扩展、易升级、易改造和易维护要求,能够实现全系统的信号采集、监视及控制、故障处理,从而提高储能电站运行的可靠性、经济性,并确保安全性。

EMS的关键功能包括:

(1)远程监控与控制PCS的状态和参数,执行充放电策略调整等控制操作;

(2)实时监控储能电池的工作状态和运行状况,进行健康状况评估和安全管理;

(3)监控充电机运行状态,优化充电过程,支持充电业务管理;

(4)监测储能车内外环境参数,包括电池舱环境条件、空调系统状态和车舱热管理;

(5)及时响应并处理异常状态,启动联动控制机制;

(6)监控消防状态,进行火警监测、报警上传和联动控制;

(7)采集全系统信号,进行监视、控制和故障诊断;

（8）采用最优运行算法，不断改进和优化电池系统、PCS 等参数；

（9）收集和处理来自站内各种设备的数据，支持系统分析和决策；

（10）与其他系统如可再生能源发电系统、电网等进行通信协调，实现复杂能量管理和调度。

通过这些功能，EMS 确保了储能电站的高效、安全和稳定运行，同时提供了适应不同运行条件和需求的灵活性。电池组、BMS、PCS 和 EMS 共同协作，确保电池储能系统的安全和高效运行，满足外部负载的能量需求。通过它们的紧密配合，实现电能的有效储存、转换和控制。

2.7　本章小结

本章深入探讨了储能技术的发展现状及其在不同应用场景中的重要作用。从发电侧、电网侧到用户侧，储能技术在电力系统的各个环节发挥着关键作用。政策指引如"源网荷储"一体化和储能参与市场等，为储能技术的推广和应用提供了方向和支持；安全监管与标准规范的讨论强调了储能系统安全运行的重要性；移动式电池储能系统的设计，包括并联接入、串联介入和双回路供电，展示了储能技术的灵活性和适应性；储能电池的分类部分详细介绍了钠离子电池、液流电池、铅蓄电池和锂离子电池等不同技术的特点和应用；BMS、PCS 和 EMS 作为储能系统的关键技术，对于确保储能系统的高效、稳定和安全运行至关重要。通过本章的讨论可知，储能技术不仅在能源转型和智能电网建设中扮演着重要角色，而且其技术进步和管理创新是推动行业发展的关键因素。

本章参考文献

[1] 周凡宇，曾晋珏，王学斌.碳中和目标下电化学储能技术进展及展望[J].动力工程学报，2024，44(3)：396-405.

[2] 荣强，周露.钠离子电池电极材料研究进展[J].电源技术，2023，47(9)：1130-1134.

[3] 袁治章，刘宗浩，李先锋.液流电池储能技术研究进展[J].储能科学与技术，2022，11(9)：2944-2958.

[4] 桂志鹏，万祥龙，陈兵，等.电化学储能技术研究现状[J].洛阳理工学院学报(自然科学版)，2024，34(1)：1-6,91.

[5] 杜昊易，李尧，陈换军，等.电化学储能技术及应用案例综述[J].广东化工，2023，50(22)：50-52.

[6] 高松伟，李新海，陈荣宛，等.电池储能 BMS 系统设计及应用[J].移动电源与车辆，2023,54(1)：18-21.

[7] 江卓，夏向阳. 移动式储能电站发展现状及市场前景探析[J]. 电工材料，2024(1)：37-40.

[8] 刘浩宇. 储能变流器电网适应性控制策略研究[D]. 北京：北方工业大学，2023.

第3章　　移动储能接入位置与容量规划

分布式可再生能源在配电网中的渗透率不断提升,将影响配电系统的安全稳定运行。作为一种具有时空灵活性的储能系统,MESS 能提供各类公用事业服务,保障配电网的安全稳定运行。为实现合理投资 MESS,本章提出 MESS 接入位置与容量规划方法。首先,确定影响规划问题的不确定因素,综合考虑各不确定因素自身的时序相关性与相互间的互相关性生成运行场景。其次,构建两阶段随机优化模型,在第一阶段配置 MESS 数量并规划接入位置,第二阶段以不同场景下 MESS 在配电网中经济调度产生的期望效益评估第一阶段优化结果的合理性,并采用遗传算法(genetic algorithm,GA)与优化求解器进行求解。最后,在 IEEE 33 节点配电网络和 29 节点交通网络中验证模型及算法的有效性。

3.1　　电力－交通耦合网络模型

随着电动汽车数量的迅速增长,以其为中心的电气化交通不断加深交通网和电力网的耦合程度,二者的深度耦合为 MESS 的广泛应用提供了运行环境。为进一步研究 MESS 的规划与调度方法,本章将对 MESS 在交通－电力耦合网络中的运行机理进行梳理说明。首先构建交通－电力耦合网络的数学模型,然后分别从交通网和配电网的角度分析 MESS 的运行特性,建立 MESS 的运输逻辑模型和充放电功率模型,为后续研究内容提供基础约束。

因自身的工作特性,MESS 与电动汽车一样,也将成为交通网与电网耦合的关键环节。为了进一步研究 MESS 的规划与调度策略,需要对其运行环境——交通－电力耦合网络建立数学模型。交通－电力耦合网络拓扑结构如图 3.1 所示。

本书通过图论的方法描述交通网和电力网的结构。

关于交通网络,将其视为一个加权无向图,以各道路间的结构关系描述网络拓扑。网络中的节点表示道路交叉口,线段反映各道路的路段长度和连接情况。构建道路参数集合以支撑整个交通网系统,数学表达式为 $\text{Graph} = [\mathbb{N}_m, \mathbb{N}_s, \boldsymbol{D}^{\text{transit}}, \boldsymbol{C}^{\text{transit}}, \boldsymbol{V}^0, \boldsymbol{L}^{\text{transit}}, \mathbb{N}_1,$ $\boldsymbol{T}^{\text{transit}}]$,其中,$\mathbb{N}_m$ 表示交通网节点集合;$\mathbb{N}_s$ 表示交通网路段集合;矩阵 $\boldsymbol{D}^{\text{transit}}$ 的元素 d_{m-n} 表示节点 m 和节点 n 间路段的距离,若 $d_{m-n} = \text{inf}$,则说明两节点之间并无路段相连;矩阵 $\boldsymbol{C}^{\text{transit}}$ 的元素 c_{m-n} 表示节点 m 和节点 n 间路段的通行能力,即此路段可通行的最大车流

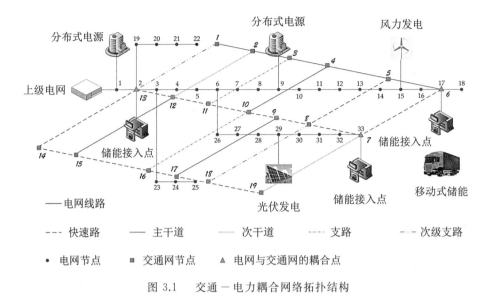

图 3.1　交通－电力耦合网络拓扑结构

量;矩阵 $\boldsymbol{V}^0$ 的元素 v^0_{m-n} 表示节点 m 和节点 n 间路段的自由流车速(零流车速);矩阵 $\boldsymbol{L}^{\mathrm{transit}}$ 的元素 l_{m-n} 表示节点 m 和节点 n 间路段的道路等级,不同的道路等级将影响路段的通行能力和自由流车速;$\mathbb{N}_{\mathrm{l}}$ 表示 MESS 接入位置集合;$\boldsymbol{T}^{\mathrm{transit}}$ 表示 MESS 各接入位置间的运输时间矩阵,将在 3.2.1 节中给出具体求解过程。$\boldsymbol{D}^{\mathrm{transit}}$、$\boldsymbol{C}^{\mathrm{transit}}$、$\boldsymbol{V}^0$ 和 $\boldsymbol{L}^{\mathrm{transit}}$ 均为交通网中各路段的参数矩阵。本章假设交通网中不考虑单行道,每条路段均可双向通行,且往返距离相等,即 $d_{m-n}=d_{n-m}$。

关于电力网络,需要建立包含拓扑结构、线路阻抗等属性在内的数学模型。同时,需要保证电网的规模与交通网模型的规模相匹配。由于本章所考虑的 MESS 均在城乡范围内工作,用于提升中低压配电网调度电能和容纳分布式可再生能源的能力,故耦合网络中的电力网特指配电网。

配电网建模后的数学表达式为 $\mathrm{Grid}=[\mathbb{N}_{\mathrm{i}},\boldsymbol{R}^{\mathrm{grid}},\boldsymbol{X}^{\mathrm{grid}},\mathbb{N}_{\mathrm{b}},\mathbb{N}_{\mathrm{g}},\mathbb{N}_{\mathrm{r}},\mathbb{N}_{\mathrm{l}}]$。其中,$\mathbb{N}_{\mathrm{i}}$ 表示配电网节点集合;$\boldsymbol{R}^{\mathrm{grid}}$ 表示配电网各线路的电阻矩阵;$\boldsymbol{X}^{\mathrm{grid}}$ 表示配电网各线路的电抗矩阵;$\mathbb{N}_{\mathrm{b}}$ 表示配电网支路集合;$\mathbb{N}_{\mathrm{g}}$ 表示分布式化石能源安装节点集合;$\mathbb{N}_{\mathrm{r}}$ 表示分布式可再生能源安装节点集合;$\mathbb{N}_{\mathrm{l}}$ 表示 MESS 接入位置集合,是配电网与交通网的耦合节点。

3.2　移动式储能运行特性建模

MESS 的规划与运行调度不仅要考虑配电网的状态,还要顾及道路的交通情况。因此,本节分别从交通网和配电网的角度分析 MESS 的运行特性并构建相应的数学模型,作为后续研究内容的基础约束。

3.2.1　交通网视角下移动式储能运行特性建模

1.交通流量影响

交通网中各时段的车流量大小将影响MESS的行驶速度以及MESS在接入位置间的行驶时间,这将影响MESS的调度计划。因此,本节将对道路网中的交通流量分布进行描述。

为了预测交通网络中每条路段的流量,首先需要对该区域所有车辆的出行计划进行建模,从而获得每辆车的出发地(original)和目的地(destination)。在交通规划中,OD分析是一种广泛应用的道路规划和交通模拟方法。OD分析所需的信息主要包括区域地理信息、车辆总数和OD矩阵信息[①]。OD矩阵是OD分析的核心内容,用于描述汽车在一定时期内的行驶特性。目前,OD矩阵的获取方法主要依靠人工OD调查,而大规模交通OD调查既昂贵,又有组织上的困难。因此,灵活合理地利用路段观测的交通量数据反推OD矩阵是一种有价值的技术手段。为了避免交通网中出现零流量路段,采用基于用户均衡模型的 OD 矩阵反推理论求解该区域内车辆的 OD 矩阵,此计算步骤可通过TransCAD 软件实现。

在获得 OD 矩阵后,根据各区域内的车辆总数和每个时间段内车辆行驶的概率,为相应区域内每辆车分配相应的初始道路节点和出发时间。由出发时间查找相应时间段内的OD 概率矩阵,基于此概率矩阵,通过随机抽样生成每辆车的目的地。对于获得出发地和目的地的车辆,采用迪克斯特拉(Dijkstra)算法查找每辆车的行驶路径,从而计算交通网中各条路段的交通流量。

参考本章参考文献[6]中的速度 $-$ 流量实用模型计算相应环境下 MESS 的行驶速度,即

$$
\begin{cases}
v_r(t) = \dfrac{v_r^0}{1 + \left(\dfrac{q_r(t)}{C_r^{\text{transit}}}\right)^{\beta_r}} \\[4mm]
\beta_r = a_r + b_r \left(\dfrac{q_r(t)}{C_r^{\text{transit}}}\right)^{n_r}
\end{cases}
\tag{3.1}
$$

式中,$v_r(t)$ 表示时段 t 内,车辆在路段 r 上的车速;v_r^0 表示路段 r 上的零流车速;$q_r(t)$ 表示时段 t 内,路段 r 上的车流量;C_r^{transit} 表示路段 r 的容量;β_r 是固定参数值,用实测数据进行标定;a_r、b_r、n_r 是与道路等级相关的参数,具体的参数设计可参照本章参考文献[6]。

在获得MESS在各路段的行驶速度后,即可进一步计算MESS的行驶时间,而后再次使用 Dijkstra 算法计算 MESS 在各接入位置间的运输时间,形成运输时间矩阵 $\boldsymbol{T}_{l-\tilde{l}}^{\text{transit}}$,为后续模型提供时间参数。生成 MESS 各接入位置间的运输时间矩阵如图 3.2 所示。

---

①　O(origin) 表示交通行为开始的地点。D(destination) 表示交通出行者最终到达的地点。OD 分析就是对从起点到终点这一完整出行过程的相关数据进行收集、整理和分析。

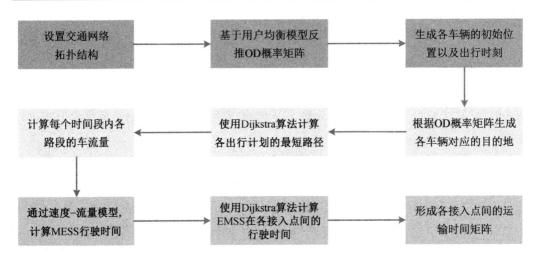

图 3.2　生成 MESS 各接入位置间的运输时间矩阵

2.MESS 的运输逻辑模型

关于 MESS 卡车车体的运输逻辑约束,采用本章参考文献[7]中的模型,即

$$\sum_l z_{l,t} \leqslant 1 \tag{3.2}$$

$$\begin{cases} \sum_l z_{l,1} = 1 \\ \sum_l z_{l,T} = 1 \end{cases} \tag{3.3}$$

$$z_{l,t} + z_{\tilde{l}, t+T_{l-\tilde{l},t}^{\text{transit}}} \leqslant 1 \tag{3.4}$$

式中,$z_{l,t}$ 为一个 $0 \sim 1$ 变量,用于指示 MESS 在时段 t 内是否位于接入位置 l 处,若数值为 1,表明 MESS 位于该接入位置,若数值为 0,表明 MESS 不在该接入位置或处于运输状态;$T_{l-\tilde{l},t}^{\text{transit}}$ 表示 MESS 于时段 t 出发,从接入位置 l 前往 $\tilde{l}$ 所花费的时间,通过上节方法分析交通流量对 MESS 运输的影响即可求得。

式(3.2)要求 MESS 不能同时位于多个接入位置;式(3.3)规定 MESS 在调度周期始末不能处于运输状态;式(3.4)表述 MESS 在不同接入位置间的运输逻辑顺序。MESS 运输过程示例如图 3.3 所示,MESS 运输过程逻辑变量取值见表 3.1。

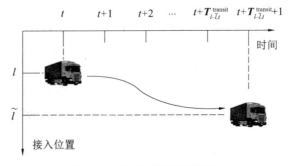

图 3.3　MESS 运输过程示例

表 3.1　MESS 运输过程逻辑变量取值

逻辑变量	t	$t+1$	$\cdots$	$t+T^{\text{transit}}_{l-\tilde{l},t}$	$t+T^{\text{transit}}_{l-\tilde{l},t}+1$
$z_{l,t}$	1	0	$\cdots$	0	0
$z_{\tilde{l},t}$	0	0	$\cdots$	0	1

3.2.2　配电网视角下移动式储能运行特性建模

1.储能四象限运行

根据 MESS 内部的拓扑结构可知,储能系统中电池组输出的直流电能经过 Buck－Boost 电路进行升压,而后经过双向 DC/AC 电压源变流器后转化为交流电能,并从标准化的三相终端接口处向配电网输送电能。其中,对双向变流器采用一定的控制策略,可实现对有功功率和无功功率的解耦控制,保证储能系统具有四象限功率运行的能力,能为配电网提供有功功率支持和无功功率补偿等服务。

为描述储能系统的功率限制,本章设定储能系统向配电网释放功率的数值为负,向配电网吸收功率的数值为正。储能系统的四象限运行示意图如图 3.4 所示。以第一象限为例,储能系统的有功功率和无功功率同时为正,储能系统向配电网吸收有功功率和无功功率。

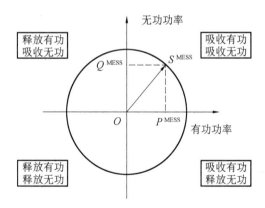

图 3.4　储能系统的四象限运行示意图

2.MESS 的充放电功率模型

根据 MESS 中储能系统四象限功率运行的特性,其功率约束条件为

$$(P^{\text{MESS}}_{l,t})^2 + (Q^{\text{MESS}}_{l,t})^2 \leqslant (S^{\text{MESS}})^2 \tag{3.5}$$

$$-P^{\text{MESS}}_{\max} z_{l,t} \leqslant P^{\text{MESS}}_{l,t} \leqslant P^{\text{MESS}}_{\max} z_{l,t} \tag{3.6}$$

$$\sum_{l=1}^{L} P^{\text{MESS}}_{l,t} = P^{\text{ch}}_t + P^{\text{dh}}_t \tag{3.7}$$

$$0 \leqslant P^{\text{ch}}_t \leqslant P^{\text{MESS}}_{\max} x^{\text{ch}}_t \tag{3.8}$$

$$-P_{\max}^{\mathrm{MESS}} x_t^{\mathrm{dh}} \leqslant P_t^{\mathrm{dh}} \leqslant 0 \tag{3.9}$$

$$x_t^{\mathrm{ch}} + x_t^{\mathrm{dh}} \leqslant \sum_{l=1}^{L} z_{l,t} \tag{3.10}$$

$$-Q_{\max}^{\mathrm{MESS}} z_{l,t} \leqslant Q_{l,t}^{\mathrm{MESS}} \leqslant Q_{\max}^{\mathrm{MESS}} z_{l,t} \tag{3.11}$$

式中，$P_{l,t}^{\mathrm{MESS}}$ 表示时段 t 内，MESS 在接入位置 l 处的有功功率；$Q_{l,t}^{\mathrm{MESS}}$ 表示时段 t 内，MESS 在接入位置 l 处的无功功率；S^{MESS} 表示 MESS 的额定视在功率；$P_{\max}^{\mathrm{MESS}}$ 表示 MESS 有功功率的上限值；L 表示 MESS 的接入位置个数；P_t^{ch} 表示 MESS 在时段 t 内的充电功率；P_t^{dh} 表示 MESS 在时段 t 内的放电功率；x_t^{ch} 为 $0 \sim 1$ 变量，用于指示时段 t 内，MESS 是否进行充电，若数值为 1，表明 MESS 正进行充电动作，若数值为 0，表明 MESS 未进行充电；x_t^{dh} 为 $0 \sim 1$ 变量，用于指示时段 t 内，MESS 是否进行放电，若数值为 1，表明 MESS 正进行放电动作，若数值为 0，表明 MESS 未进行放电；$Q_{\max}^{\mathrm{MESS}}$ 表示 MESS 无功功率的上限值；$z_{l,t}$ 是一个 $0 \sim 1$ 变量，用于指示 MESS 在时段 t 内是否位于接入位置 l 处，若数值为 1，表明 MESS 位于该接入位置，若数值为 0，表明 MESS 不在该接入位置或处于运输状态。

MESS 卡车车体分为油耗和电耗两类，油耗类采用柴油发动机提供动力，电耗类消耗储能系统自身电量，本章中的 MESS 均为电耗型。储能系统的荷电状态（state of charge，SOC）和循环次数在时序上存在连续性和相关性，但连续积分求解困难，故根据充放电功率在单位时段内的数值大小采用离散积分进行计算，即

$$S_{t+1}^{\mathrm{SOC}} = S_t^{\mathrm{SOC}} + \frac{T_s}{E^{\mathrm{MESS}}} \left[\eta^{\mathrm{ch}} P_t^{\mathrm{ch}} + \eta^{\mathrm{dh}} P_t^{\mathrm{dh}} - P^{\mathrm{v}} T_s \sum_{t=1}^{T} \left(1 - \sum_{l=1}^{L} z_{l,t} \right) \right] \quad \text{耗电型 MESS} \tag{3.12}$$

$$N_{t+1} = N_t + \frac{T_s}{2E^{\mathrm{MESS}}} \left[\eta^{\mathrm{ch}} P_t^{\mathrm{ch}} - \eta^{\mathrm{dh}} P_t^{\mathrm{dh}} + P^{\mathrm{v}} T_s \sum_{t=1}^{T} \left(1 - \sum_{l=1}^{L} z_{l,t} \right) \right] \quad \text{耗电型 MESS} \tag{3.13}$$

式中，S_t^{SOC} 表示时段 t 内，MESS 的 SOC；E^{MESS} 表示移动储能系统的额定容量；η^{ch} 和 η^{dh} 分别表示 MESS 的充电效率和放电效率；P^{v} 表示耗电型 MESS 的行驶功率；N_t 表示时段 t 内，MESS 的循环次数。

在实际调度中，储能系统的充放电运行通常维持在一个固定的调度周期以简化调度方案的设计难度，因此在调度周期内的初始时段和终止时段，MESS 的 SOC 将保持一致，即

$$S_T^{\mathrm{SOC}} = S_0^{\mathrm{SOC}} \tag{3.14}$$

式中，S_0^{SOC} 表示调度周期初始时刻 MESS 的 SOC 值；S_T^{SOC} 表示调度周期终止时刻 MESS 的 SOC 值。

充放电深度将影响储能寿命衰减的速度，加之储能自身的循环寿命限制，还需对调度周期内 MESS 的 SOC 范围和最大循环次数进行限制，即

$$S_{\min}^{\mathrm{SOC}} \leqslant S_t^{\mathrm{SOC}} \leqslant S_{\max}^{\mathrm{SOC}} \tag{3.15}$$

$$N_t \leqslant N_{max} \tag{3.16}$$

式中,S_{max}^{SOC} 和 S_{min}^{SOC} 分别表示 SOC 的上限值和下限值;N_{max} 表示单个调度周期内 MESS 循环次数上限值。

3.3　不确定性场景构建

鉴于分布式可再生能源出力的随机性、间歇性和波动性,其预测值与实际值间存在一定偏差。加之负荷预测的精度问题也会导致预测偏差,上述不确定性因素将对配电网运营商(distribution network operator,DNO)投资 MESS 产生较大的影响。此外,交通环境将限制 MESS 的运输速度,适宜的接入位置将为 MESS 调度提供便利,故交通流量的预测误差也将作为随机变量纳入 MESS 配置与接入位置规划问题中。针对上述可能存在的不确定性因素,即可再生能源出力预测误差、负荷预测误差、交通流量预测误差,采用场景法进行描述,主要步骤分为场景生成与场景削减。

3.3.1　场景生成

场景生成通过构造有限但数量众多的数据集合来近似表征随机变量的概率密度,从而反映不确定性问题自身存在的随机性和波动性。本章模型所考虑的随机变量均具有时序性,在针对单个不确定因素进行场景生成时需要考虑生成的样本数据是否满足原始数据的时序相关性。此外,各随机变量间也存在一定程度的互相关性,故最终产生的场景集合数据既要符合自身的时序特征,也要满足随机变量间的概率特征。本节首先对随机变量内部的时序相关性进行分析,通过 Cholesky 分解和拉丁超立方抽样(Latin hypercube sampling,LHS)生成各不确定因素下具有时序相关性的场景;其次通过 Copula 函数描述变量间的相关性,并生成某一时段满足变量间联合概率密度的互相关性场景;最后在该时段下根据最短距离匹配互相关性场景和时序相关性场景,并将互相关性场景进行时序拓展,从而得到同时符合时序相关性和互相关性的不确定性场景。

1.变量内部时序相关性处理

将分布式风光出力、负荷功率、交通流量等参数的预测误差定义为不同的随机变量,首先基于 Cholesky 分解原理刻画随机变量自身的时序相关性,其次结合 LHS 抽样方法生成数据场景,实现对每一项不确定因素单独进行时序场景生成。

样本数据分析以及相关研究表明,上述 3 项随机变量在单一时段内均服从正态分布。基于 Cholesky 分解原理,可推导出如下结论,对于服从非标准正态分布的随机向量 $\boldsymbol{X}^{cho}$ 与服从标准正态分布的随机向量 $\boldsymbol{Y}^{cho}$ 具有如下的数学关系:

$$\boldsymbol{X}^{cho} = \boldsymbol{A}^{cho} \boldsymbol{Y}^{cho} + \boldsymbol{X}^{cho} \tag{3.17}$$

$$\boldsymbol{X}^{\mathrm{cho}} = \begin{bmatrix} x_{1,1}^{\mathrm{cho}} & x_{1,2}^{\mathrm{cho}} & \cdots & x_{1,N}^{\mathrm{cho}} \\ x_{2,1}^{\mathrm{cho}} & x_{2,2}^{\mathrm{cho}} & \cdots & x_{2,N}^{\mathrm{cho}} \\ \vdots & \vdots & & \vdots \\ x_{K,1}^{\mathrm{cho}} & x_{K,2}^{\mathrm{cho}} & \cdots & x_{K,N}^{\mathrm{cho}} \end{bmatrix} \tag{3.18}$$

$$\boldsymbol{X}^{\mathrm{cho}} = \begin{bmatrix} x_1^{\mathrm{cho}}, x_2^{\mathrm{cho}}, \cdots, x_K^{\mathrm{cho}} \end{bmatrix}^{\mathrm{T}} \tag{3.19}$$

$$\boldsymbol{H}^{\mathrm{cho}} = \boldsymbol{A}^{\mathrm{cho}} (\boldsymbol{A}^{\mathrm{cho}})^{\mathrm{T}} \tag{3.20}$$

$$\boldsymbol{H}^{\mathrm{cho}} = \begin{bmatrix} \sigma_1^2 p_{1,1} & \sigma_1 \sigma_2 p_{1,2} & \cdots & \sigma_1 \sigma_K p_{1,K} \\ \sigma_2 \sigma_1 p_{2,1} & \sigma_2^2 p_{2,2} & \cdots & \sigma_2 \sigma_K p_{2,K} \\ \vdots & \vdots & & \vdots \\ \sigma_K \sigma_1 p_{K,1} & \sigma_K \sigma_2 p_{K,2} & \cdots & \sigma_K^2 p_{K,K} \end{bmatrix} \tag{3.21}$$

式中，K 表示时间维度；N 表示设定的生成场景数量；$\boldsymbol{A}^{\mathrm{cho}}$ 表示 $K \times K$ 维的下三角矩阵，它由随机向量 $\boldsymbol{X}^{\mathrm{cho}}$ 的协方差矩阵 $\boldsymbol{H}^{\mathrm{cho}}$ 通过 Cholesky 分解产生；$\boldsymbol{X}^{\mathrm{cho}}$ 表示随机向量的均值向量；x_K^{cho} 表示随机向量 $\boldsymbol{X}^{\mathrm{cho}}$ 第 K 时间维度的平均值，通过样本数据进行计算；$p_{1,K}$ 表示随机向量 $\boldsymbol{X}^{\mathrm{cho}}$ 第 1 时间维度与第 K 时间维度间的相关性系数，对于变量间的相关性度量通常采用 Pearson 相关系数、Spearman 相关系数和 Kendall 秩相关系数等，通常相邻时段的预测误差呈线性相关，故在此选择 Pearson 相关系数作为度量指标；σ_K 表示随机向量 $\boldsymbol{X}^{\mathrm{cho}}$ 第 K 维度样本数据所服从的正态分布的方差。

参照上述推论，通过对标准正态分布进行多次独立的随机抽样，生成随机向量 $\boldsymbol{Y}^{\mathrm{cho}}$。传统的蒙特卡洛模拟法（Monte Carlo simulation，MCS）具有完全随机的特点，需要完成大规模的数据采样实验，且抽样样本会大量聚集在高概率区域中导致样本概率对原概率的刻画存在较大偏差。而 LHS 作为一种特殊的 MCS，具有分层抽样的特点。它将随机变量服从的累积概率分布进行等分，在每个分层区域内进行等量抽样，改善传统 MCS 存在的聚集效应，从而迅速地覆盖随机变量存在的所有采样区域。LHS 在保证精准反映随机变量原有概率分布的同时，减少了传统 MCS 的采样次数，提高了效率。

根据标准正态分布的累积分布函数，采用 LHS 方法进行抽样，场景生成的具体步骤如下。

（1）将标准正态分布的累积概率等分为 S^{LHS} 个概率区间。

（2）在不同概率区间以相应的采样频率进行抽样，例如，第 i 个区间的采样频率为

$$p_i^{\mathrm{LHS}} = \frac{1}{S^{\mathrm{LHS}}} r^{\mathrm{LHS}} + \frac{i-1}{S^{\mathrm{LHS}}} \tag{3.22}$$

式中，r^{LHS} 表示在 $[0,1]$ 区间内满足均匀分布的随机数。

（3）根据累积概率密度的逆函数 $F^{-1}(\cdot)$，求解相应采样概率下的预测误差数值 $x_i^{\mathrm{LHS,e}}$，即

$$x_i^{\text{LHS,e}} = F^{-1}(p_i^{\text{LHS}}) \tag{3.23}$$

（4）产生一项随机序列，根据该项序列打乱 LHS 的抽样顺序，进而消除样本间的相关性。

（5）针对各项不确定性因素，重复步骤（1）～（4），生成各自的随机样本矩阵$\boldsymbol{Y}^{\text{cho}}$。

在完成随机抽样后，通过式（3.17）的数学转换关系，得出满足时序相关性的随机场景矩阵$\boldsymbol{X}^{\text{cho}}$，每一个不确定因素都将生成一个对应的矩阵。

2.变量间互相关性处理

不同于变量内部相邻时段数据具有高度的线性相关性，随机变量间的互相关性大多呈现非线性、非对称性等特征。相较于线性相关测度，Copula 函数可以更加全面地描述随机变量间存在的非线性相关结构。基于此，构建多元 Copula 模型刻画 4 个随机变量的联合概率密度，并生成满足此联合分布的互相关性场景。

Copula 理论由 Sklar 于 1959 年提出，该理论指出通过 Copula 函数 $C(\bullet)$ 连接多个单变量$(x_1, x_2, \cdots, x_n)$ 的边缘分布函数$[F_1(x_1), F_2(x_2), \cdots, F_n(x_n)]$，可形成多元联合分布函数 $H(\bullet)$。Copula 函数作为一种连接函数，反映随机变量间的相关关系。

$$H(x_1, x_2, \cdots, x_n) = C[F_1(x_1), F_2(x_2), \cdots, F_n(x_n)] \tag{3.24}$$

常见的 Copula 函数分为两类 —— 阿基米德（Archimedean）Copula 函数簇和椭圆（Ellipse）Copula 函数簇。相较于 Archimedean Copula 函数簇，Ellipse Copula 函数簇能够方便地拓展至多维空间，形成多元 Copula 函数，故采用 Ellipse Copula 函数簇中的多元 Gaussian Copula 函数描述模型中 4 种随机变量的相关关系。在实际程序设计中，可通过 Matlab 内置函数"copulafit"和"copularnd"生成满足随机变量联合分布关系的场景数据。

此外，求解多元联合概率分布还需了解各随机变量所服从的边缘概率分布，采用高斯核密度估计（Gaussian kernel density estimation，GKDE）的方法进行概率密度估计。作为一种非参数估计方法，核密度估计（kernel density estimation，KDE）无须先验信息，即可通过历史数据信息直接估计出预测误差的概率分布。其中，GKDE 是采用高斯核函数的 KDE 方法，高斯核函数具有可以将原始的特征空间样本映射到无限维度、决策边界更为多样等优点，其应用较为广泛。具体的 KDE 数学表达式为

$$\hat{f}_{h\text{KDE}}(x) = \frac{1}{n^{\text{KDE}} h^{\text{KDE}}} \sum_{i=1}^{n^{\text{KDE}}} K_0 \frac{x^{\text{KDE}} - x_i^{\text{KDE}}}{h^{\text{KDE}}} \tag{3.25}$$

$$K_0(x) = \frac{1}{\sqrt{2\pi}} e^{-\frac{x^2}{2}} \tag{3.26}$$

式中，$\hat{f}_{h\text{KDE}}(x)$ 表示概率密度估计值；n^{KDE} 表示样本数量；x^{KDE} 表示要估计密度函数值的点，是一个自变量；x_i^{KDE} 表示第 i 个预测误差样本数据；h^{KDE} 表示 KDE 窗口带宽；$K_0(\bullet)$ 表示核函数，此处采用高斯核函数。

上述变量间互相关性处理过程所采用的样本为各随机变量在同一时段的数据信息，生成的互相关性场景矩阵为

$$\boldsymbol{X}^{\mathrm{mu}}=\begin{bmatrix} x_{1,1}^{\mathrm{mu}} & x_{1,2}^{\mathrm{mu}} & \cdots & x_{1,N}^{\mathrm{mu}} \\ x_{2,1}^{\mathrm{mu}} & x_{2,2}^{\mathrm{mu}} & \cdots & x_{2,N}^{\mathrm{mu}} \\ \vdots & \vdots & & \vdots \\ x_{F,1}^{\mathrm{mu}} & x_{F,2}^{\mathrm{mu}} & \cdots & x_{F,N}^{\mathrm{mu}} \end{bmatrix} \tag{3.27}$$

式中，$\boldsymbol{X}^{\mathrm{mu}}$ 表示互相关性场景矩阵；F 表示随机变量个数。

假设互相关性场景所采用样本的时段为 K，并根据互相关性场景中某一随机变量 F 的行向量 $\boldsymbol{X}_F^{\mathrm{mu}}:[x_{F,1}^{\mathrm{mu}},x_{F,2}^{\mathrm{mu}},\cdots,x_{F,N}^{\mathrm{mu}}]$，找到相应时段下随机变量 F 在时序性场景矩阵中的行向量 $\boldsymbol{X}_K^{\mathrm{cho}}:[x_{K,1}^{\mathrm{cho}},x_{K,2}^{\mathrm{cho}},\cdots,x_{K,N}^{\mathrm{cho}}]$。将两个行向量中的元素按最短距离进行匹配，并用 $\boldsymbol{X}_F^{\mathrm{mu}}$ 的数据替换 $\boldsymbol{X}_K^{\mathrm{cho}}$ 中的数据，而后以随机变量 F 在时序性场景矩阵中剩余时段的数据对进行数据填充，得到同时具有时序性和互相关性的预测误差场景。

$$\forall i_1,i_2,\cdots,i_N \in \{1,2,\cdots,N\}$$

$$\boldsymbol{X}=\begin{bmatrix} x_{1,1}^{\mathrm{cho}} & x_{1,2}^{\mathrm{cho}} & \cdots & x_{1,N}^{\mathrm{cho}} \\ x_{2,1}^{\mathrm{cho}} & x_{2,2}^{\mathrm{cho}} & \cdots & x_{2,N}^{\mathrm{cho}} \\ \vdots & \vdots & & \vdots \\ x_{K-1,1}^{\mathrm{cho}} & x_{K-1,2}^{\mathrm{cho}} & \cdots & x_{K-1,N}^{\mathrm{cho}} \\ x_{F,i1}^{\mathrm{mu}} & x_{F,i2}^{\mathrm{mu}} & \cdots & x_{F,iN}^{\mathrm{mu}} \end{bmatrix} \tag{3.28}$$

$$|x_{F,i1}^{\mathrm{mu}}-x_{K,i1}^{\mathrm{mu}}|=\min(|x_{F,i1}^{\mathrm{mu}}-x_{K,1}^{\mathrm{mu}}|,|x_{F,i1}^{\mathrm{mu}}-x_{K,2}^{\mathrm{mu}}|,\cdots,|x_{F,i1}^{\mathrm{mu}}-x_{K,N}^{\mathrm{mu}}|) \tag{3.29}$$

最后，将求得的预测误差数值与预测值求和，获取 LHS 所生成的场景值。

3.3.2 场景削减

场景分析技术通常生成数量庞大的初始场景集来近似表征不确定性因素的概率密度，但是庞大的场景数量可能会导致"维数灾"，增加问题求解的计算负担从而降低求解效率。进行场景削减是解决该问题的有效途径之一，在减少场景数量的同时尽可能维持采样样本的拟合精度，确保削减后的场景集合仍能对原概率分布进行良好的刻画。常用的场景削减方法主要有聚类法和选择法，其中选择法包含了前向选择法和后向削减法。由于前向选择法的选取流程可能致使削减后的场景信息失真，本章将采用后向削减法对随机场景进行处理。

后向削减法的具体流程如下。

（1）生成的随机场景数共有 N^{LHS} 个，各随机场景的概率均为 $1/N^{\mathrm{LHS}}$，设定缩减后的

场景数量为 n^{LHS} 个。

（2）以 Kantorovich 距离衡量每一对随机场景 $(s_m^{\mathrm{LHS}}, s_n^{\mathrm{LHS}})$ 间的距离，即

$$K(s_m^{\mathrm{LHS}}, s_n^{\mathrm{LHS}}) = \parallel s_m^{\mathrm{LHS}} - s_n^{\mathrm{LHS}} \parallel_2 = \sqrt{\sum_{e=1}^{E} (s_{m,e}^{\mathrm{LHS}} - s_{n,e}^{\mathrm{LHS}})^2} \tag{3.30}$$

式中，s_m^{LHS} 和 s_n^{LHS} 分别表示不同的场景；$\parallel \cdot \parallel_2$ 表示二范数计算；e 表示场景中的元素索引；E 表示场景中的元素数量。

（3）选定任一的场景 s_m^{LHS}，寻找与其 Kantorovich 距离最近的场景 s_n^{LHS}，并计算得到二者的概率距离，概率距离的计算公式为

$$P(s_m^{\mathrm{LHS}}, s_n^{\mathrm{LHS}}) = \zeta_m^{\mathrm{LHS}} \cdot \zeta_n^{\mathrm{LHS}} \cdot K(s_m^{\mathrm{LHS}}, s_n^{\mathrm{LHS}}) \tag{3.31}$$

式中，ζ_m^{LHS} 和 ζ_n^{LHS} 分别表示不同场景的概率。

（4）对 LHS 生成的每个随机场景都进行步骤（3）中的计算，得到一组概率距离，从中选取具有最小概率距离的一组场景 $(s_m^{\mathrm{LHS}}, s_n^{\mathrm{LHS}})$，若相较于场景 s_m^{LHS}，场景 s_n^{LHS} 具有以下任一特性：

① 仍是与其他随机场景 Kantorovich 距离最近的场景；

② 场景 s_n^{LHS} 的概率较小。

则将场景 s_n^{LHS} 删除，并将其概率叠加至场景 s_m^{LHS} 中，即

$$\zeta_m^{\mathrm{LHS}} = \zeta_m^{\mathrm{LHS}} + \zeta_n^{\mathrm{LHS}} \tag{3.32}$$

（5）重复迭代步骤（2）～（4），直至削减后的场景数量满足设定值。

3.3.3　场景评价指标

随机变量的不确定性通过场景数据进行刻画，而生成的场景数值是否能切实地反映各项不确定因素的实际特性，需要观察分析生成场景在各项评价指标下的数值。本章采用场景覆盖率、相邻时段相关系数时序近似性、相关性平均误差 3 项指标判断生成场景的质量。

1.场景覆盖率

场景覆盖率用于评判真实数据样本落入生成场景数据范围内的概率，指标值越高，说明生成的场景范围越贴近真实情况。

$$\begin{cases} I^{\mathrm{cover}} = \dfrac{1}{K \cdot N} \sum_{k=1}^{K} \sum_{n=1}^{N} A_{k,n} \\ A_{k,n} = 1, \quad x_{k,n}^{\mathrm{sample}} \in [\min(X_k), \max(X_k)] \\ A_{k,n} = 0, \quad x_{k,n}^{\mathrm{sample}} \notin [\min(X_k), \max(X_k)] \end{cases} \tag{3.33}$$

式中，I^{cover} 为场景覆盖率；$A_{k,n}$ 为 0～1 变量，当 k 时段的真实样本数据在场景数据范围内时，该值为 1，否则为 0；$x_{k,n}^{\mathrm{sample}}$ 表示 k 时段第 n 个真实数据样本。

2.相邻时段相关系数时序近似性

相邻时段相关系数时序近似性用于评判相邻时段各随机变量时序相关性与真实样本数据时序相关性的近似程度。该指标越小,表明场景数据间的时序相关性越真实。

$$I^{\text{appro}} = \left| p_{k,k+1}^{\text{sample}} - p_{k,k+1} \right| \tag{3.34}$$

式中,I^{appro} 表示相邻时段时序近似性;$p_{k,k+1}^{\text{sample}}$ 表示真实样本数据在 k 和 $k+1$ 时段间的 Pearson 相关系数;$p_{k,k+1}$ 表示场景数据在 k 和 $k+1$ 时段间的 Pearson 相关系数。

3.相关性平均误差

相关性平均误差用于表征场景数据相关性矩阵与真实数据相关性矩阵间的差异。时序相关性采用 Pearson 相关系数,变量间的互相关性多呈非线性关系,故而采用度量变量间单调相关性的 Kendall 秩相关系数作为测度指标。该指标越小,表明场景数据的相关性越符合客观规律。

$$I_{\text{time}}^{\text{error}} = \frac{1}{K^2} \sum_{k=1}^{K} \sum_{k'=1}^{K} \left| p_{k,k'}^{\text{sample}} - p_{k,k'} \right| \tag{3.35}$$

$$I_{\text{mutual}}^{\text{error}} = \frac{1}{F^2} \sum_{a=1}^{F} \sum_{b=1}^{F} \left| \gamma_{a,b}^{\text{sample}} - \gamma_{a,b} \right| \tag{3.36}$$

式中,$I_{\text{time}}^{\text{error}}$ 表示时序相关性平均误差;$P_{k,k'}$ 表示真实数据在随机变量和随机变量间的 Pearson 相关系数;$I_{\text{mutual}}^{\text{error}}$ 表示互相关性平均误差;K 和 F 都表示随机变量的个数;$\gamma_{a,b}^{\text{sample}}$ 表示真实样本数据在随机变量 a 和随机变量 b 间的 Kendall 相关系数;$\gamma_{a,b}$ 表示场景数据在随机变量 a 和随机变量 b 间的 Kendall 相关系数。

3.4 考虑 MESS 接入位置与容量配置的两阶段随机规划模型

3.4.1 两阶段随机优化框架

作为一类特殊的随机规划方法,两阶段随机优化的核心要点在于"追索",即在完成第一阶段的决策后,在面临各类随机事件的情况下,第二阶段的优化决策结果需要"弥补"第一阶段决策结果可能造成的损失,从而实现规划问题期望收益最大化(或期望成本最小化)。典型的两阶段随机规划模型为

$$\begin{cases} \min_{x \in X} \boldsymbol{c}^{\text{T}} x + E\left[Q(x,\tilde{\boldsymbol{\xi}})\right] \\ \text{s.t. } Ax = b, \qquad\qquad x \geqslant 0 \\ Q(x,\tilde{\boldsymbol{\xi}}) = \min_{y(\tilde{\boldsymbol{\xi}}) \in Y} \tilde{\boldsymbol{q}}^{\text{T}} y(\tilde{\boldsymbol{\xi}}) \\ \text{s.t. } \tilde{\boldsymbol{T}} x + \tilde{\boldsymbol{W}} y(\tilde{\boldsymbol{\xi}}) \leqslant \tilde{\boldsymbol{h}}, \qquad y(\tilde{\boldsymbol{\xi}}) \geqslant 0 \end{cases} \tag{3.37}$$

式中，$c^{\mathrm{T}}x$ 和 $Q(x,\widetilde{\xi})$ 分别表示第一阶段和第二阶段的目标函数；x 和 $y(\widetilde{\xi})$ 分别是第一阶段和第二阶段的决策变量。

第一阶段的决策变量被称为"here and now"变量(当前变量)，为不受随机因素影响的预先决策变量，第二阶段的决策变量被称为"wait and see"变量(观望变量)，也叫作追索变量，其优化结果受随机向量 $\widetilde{\xi}$ 的影响。随机向量 $\widetilde{\xi}$ 包含 $\widetilde{q}$、$\widetilde{T}$、$\widetilde{W}$ 和 $\widetilde{h}$，各随机变量都服从相应的概率分布。第二阶段的求解是在第一阶段的决策变量优化后进行的，且第二阶段涉及随机变量在不同概率下的优化决策，故而以期望值算子的形式纳入第一阶段的目标函数中。两阶段随机规划的最终目标是使第一阶段的目标函数与第二阶段的目标函数的期望值之和达到最优。

随机规划通过对随机变量的概率分布进行场景抽样，即可转化为多个场景下的确定性问题。故在 3.3 节所述方法获取随机场景后，构建两阶段随机规划模型优化配置 MESS 容量和接入位置。第一阶段模型用于设计 MESS 的接入位置以及配置容量，第二阶段模型在各类典型场景下调度 MESS，用于求解第一阶段模型的优化结果在典型场景下的期望效益，以评估第一阶段优化结果的优劣性。

3.4.2　两阶段随机优化模型

1.目标函数

目标函数为最大化 DNO 的等年值利润。成本计算包含了等年值投资成本和日运行成本，投资成本主要包含 4 个方面：① 卡车投资成本；②MESS 功率成本；③MESS 容量成本；④MESS 接入位置建设成本。运行成本主要包含：① 向上级电网的购电成本；② 卡车的运输成本；③MESS 的维护成本，囊括了储能系统和卡车车体二者的维护成本；④ 弃风弃光惩罚成本；⑤ 人工费用。收益来源于 DNO 向用户所出售的电能，DNO 从能源市场以批发电价购入电能，再以销售电价将电能出售给用户，其间的价格差构成了 DNO 的主要收益。DNO 可通过调度 MESS 执行负荷转移，实现能源套利。

$$\max C^{\mathrm{DNO}} = -\underbrace{(C^{\mathrm{Inv}}-F^{\mathrm{RV}})\,\delta^{\mathrm{CR}}}_{\text{第一阶段}} + \underbrace{E\left[Q(x,\widetilde{\xi})\right]}_{\text{第二阶段}} \tag{3.38}$$

$$C^{\mathrm{Inv}} = w^{\mathrm{pow}}S^{\mathrm{MESS}} + w^{\mathrm{cap}}E^{\mathrm{MESS}} + w^{\mathrm{car}}N^{\mathrm{MESS}} + \sum_{i=1}^{D} w^{\mathrm{AP}}N_i^{\mathrm{AP}} \tag{3.39}$$

$$F^{\mathrm{RV}} = \delta^{\mathrm{RV}}C^{\mathrm{Inv}} \tag{3.40}$$

$$\delta^{\mathrm{CR}} = \frac{\delta\,(1+\delta)^{y}}{(1+\delta)^{y}-1} \tag{3.41}$$

式中，C^{DNO} 表示 DNO 的等年值利润；C^{Inv} 表示 MESS 的投资成本，其中包含储能系统的投资成本、卡车的投资成本以及接入位置的建设成本；F^{RV} 表示 MESS 设备的回收残值；δ^{CR} 表示资金回收系数；δ^{RV} 表示设备的残值率；$E[\cdot]$ 表示第二阶段目标函数的期望值算子；w^{pow} 表示 MESS 的单位功率成本；S^{MESS} 表示 MESS 的配置功率；w^{cap} 表示 MESS 的单位容量成本；E^{MESS} 表示 MESS 的配置容量；w^{car} 表示一辆卡车的售价；N^{MESS} 表示 MESS 的配置数量；D 表示配电网节点数；w^{AP} 表示单个 MESS 接入位置的建设费用；N_i^{AP} 为 $0 \sim 1$ 变量，用于指示是否在配电网节点 i 处建设 MESS 接入位置；δ 表示贴现率；y 表示 MESS 的投资规划周期。

第二阶段的期望值算子通过计算削减后，将各场景下的效益进行加权平均近似，即

$$E\left[Q(x,\tilde{\xi})\right]=D^{\mathrm{MESS}}\sum_{u=1}^{n\mathrm{LHS}}C_u^{\mathrm{Pro}}=D^{\mathrm{MESS}}\sum_{u=1}^{n\mathrm{LHS}}\left[P_u^{\mathrm{scene}}\left(C_u^{\mathrm{load}}-C_u^{\mathrm{grid}}-C_u^{\mathrm{O\&M}}-C_u^{\mathrm{curt}}-C^{\mathrm{labor}}\right)\right]$$

$$(3.42)$$

$$C_u^{\mathrm{load}}=\sum_{t=1}^{T}\sum_{i=1}^{D}\left(P_t^{\mathrm{sell}}P_{i,t,u}T_{\mathrm{s}}\right) \tag{3.43}$$

$$C_u^{\mathrm{grid}}=\sum_{t=1}^{T}\left(P_t^{\mathrm{buy}}P_{t,u}^{\mathrm{grid}}T_{\mathrm{s}}\right) \tag{3.44}$$

$$C_u^{\mathrm{O\&M}}=C_u^{\mathrm{O\&M,E}}+C_u^{\mathrm{O\&M,C}} \tag{3.45}$$

$$C_u^{\mathrm{O\&M,E}}=C^{\mathrm{ESS}}T_{\mathrm{s}}\sum_{t=1}^{T}\left(P_{t,u}^{\mathrm{ch}}-P_{t,u}^{\mathrm{dh}}\right) \tag{3.46}$$

$$C_u^{\mathrm{O\&M,C}}=C^{\mathrm{Car}}T_{\mathrm{s}}\left(T-\sum_{t=1}^{T}\sum_{l=1}^{D}z_{l,t,u}\right) \tag{3.47}$$

$$C_u^{\mathrm{curt}}=\sum_{t=1}^{T}\sum_{r=1}^{R}\left(P_{r,t,u}^{\mathrm{curt}}C^{\mathrm{curt}}T_{\mathrm{s}}\right) \tag{3.48}$$

式中，u 表示场景索引；C_u^{Pro} 表示第 u 个场景下 DNO 的运营利润；P_u^{scene} 表示第 u 个场景发生的概率；D^{MESS} 表示一年内 MESS 的调度天数；C_u^{load} 表示第 u 个场景下 DNO 将电能出售给用户所获取的收益；C_u^{grid} 表示第 u 个场景下 DNO 从上级电网的购电成本；$C_u^{\mathrm{O\&M}}$ 表示第 u 个场景下 MESS 的运行维护费用，其中又包含了储能系统充放电产生的维护费用和卡车运输产生的维护费用；C_u^{curt} 表示第 u 个场景下弃风弃光的惩罚成本；C^{labor} 表示支付给 MESS 操作人员的劳务费，是一个固定参数；t 表示时间索引；T 表示最大仿真时段数；P_t^{sell} 表示时段 t 内 DNO 向用户出售电能的单价；i 表示配电网节点索引；D 表示最大配电网节点数；$P_{i,t,u}$ 表示场景 u 下，位于配电网节点 i 处在时段 t 内的有功负荷功率；T_{s} 表示单位仿真步长；P_t^{buy} 表示时段 t 内 DNO 向上级电网购买电能的单价；$P_{t,u}^{\mathrm{grid}}$ 表示场景 u 下，上级电网在时段 t 内输送的有功负荷功率，若数值为正，表明上级电网向配电网输电，若数值为负，表明配电网向上级电网送电；l 表示 MESS 接入位置索引；$z_{l,t,u}$ 为一个 $0 \sim 1$ 变量，用于指示场景 u 下，MESS 在时段 t 内是否位于接入位置 l 处，若数值为 1，表明 MESS

位于该接入位置,若数值为 0,表明 MESS 不在该接入位置或处于运输状态;$C_u^{\mathrm{O\&M,E}}$ 表示 MESS 运行过程中储能系统产生的维护费用;$C_u^{\mathrm{O\&M,C}}$ 表示 MESS 运行过程中卡车车体产生的维护费用;C^{ESS} 表示单位充放电量下储能系统的维护成本;$P_{t,u}^{\mathrm{ch}}$ 表示场景 u 下,MESS 在时段 t 内的充电功率;$P_{t,u}^{\mathrm{dh}}$ 表示场景 u 下,MESS 在时段 t 内的放电功率;C^{Car} 表示卡车车体每运输 1 h 所产生的维护费用;r 表示分布式可再生能源的位置索引;R 表示分布式可再生能源的安装数量;$P_{r,t,u}^{\mathrm{curt}}$ 表示场景 u 下,分布式可再生能源 r 在时段 t 内的削减功率;C^{curt} 表示单位削减电量的惩罚系数。

2.约束条件

约束条件分为两个阶段,第一阶段的约束条件对 MESS 的投资容量上限以及接入位置的建设数量上限进行约束;第二阶段则根据第一阶段的优化结果,在规定的接入位置以及 MESS 容量配置下,对 MESS 在配电网中的调度计划进行约束。

(1)第一阶段约束条件。

$$N^{\mathrm{MESS}} \leqslant N_{\max}^{\mathrm{MESS}} \tag{3.49}$$

$$\sum_{i=1}^{D} N_i^{\mathrm{AP}} \leqslant N_{\max}^{\mathrm{AP}} \tag{3.50}$$

$$E^{\mathrm{MESS}} = E_0^{\mathrm{MESS}} N_{\max}^{\mathrm{MESS}} \tag{3.51}$$

$$S^{\mathrm{MESS}} = S_0^{\mathrm{MESS}} N_{\max}^{\mathrm{MESS}} \tag{3.52}$$

式中,$N_{\max}^{\mathrm{MESS}}$ 表示 MESS 投资数量的上限;$N_{\max}^{\mathrm{AP}}$ 表示 MESS 接入位置数量的上限;E_0^{MESS} 表示单个商业化 MESS 产品的额定容量;S_0^{MESS} 表示单个商业化 MESS 产品的额定功率。

(2)第二阶段约束条件。

将投资后的所有 MESS 视为一个整体进行调度,约束条件主要分为两类:一类是配电网运行约束,另一类是 MESS 运行约束。

① 配电网运行约束。

配电网运行约束可进一步分为以下几类:① 式(3.53)～(3.58)代表的配电网潮流约束,此处采用 Dist－Flow 潮流模型,此模型在配电网运行优化问题中被广泛使用;② 式(3.59)代表的配电网关口功率约束;③ 式(3.60)代表的无功补偿设备功率约束;④ 式(3.61)代表的分布式可再生能源出力约束。

$$\forall b \in \mathbb{N}_b \; b=(i,j), \quad i,j \in \mathbb{N}_i \quad t \in \mathbb{N}_t \quad r \in \mathbb{N}_r \quad q \in \mathbb{N}_q$$

$$\begin{cases} P_{(b \neq 1),t,u} = \sum_{\forall b' \in \mathbb{N}_b, b'=(j,j'), j' \neq i, j' \in \mathbb{N}_i} P_{b',t,u} + P_{j,t,u} + P_{l,t,u}^{\mathrm{MESS}} - P_{r,t,u} \\ P_{(b=1),t,u} = \sum_{\forall b' \in \mathbb{N}_b, b'=(j,j'), j' \neq i, j' \in \mathbb{N}_i} P_{b',t,u} + P_{j,t,u} + P_{l,t,u}^{\mathrm{MESS}} - P_{r,t,u} - P_{t,u}^{\mathrm{grid}} \end{cases}$$

$$\tag{3.53}$$

$$\begin{cases} Q_{(b\neq1),t,u} = \sum_{\forall b'\in\mathbb{N}_b,b'=\langle j,j'\rangle,j'\neq i,j'\in\mathbb{N}_i} Q_{b',t,u} + Q_{j,t,u} + Q_{l,t,u}^{\mathrm{MESS}} - Q_{r,t,u} \\ Q_{(b=1),t,u} = \sum_{\forall b'\in\mathbb{N}_b,b'=\langle j,j'\rangle,j'\neq i,j'\in\mathbb{N}_i} Q_{b',t,u} + Q_{j,t,u} + Q_{l,t,u}^{\mathrm{MESS}} - Q_{q,t,u}^{\mathrm{svc}} - Q_{r,t,u} - Q_{t,u}^{\mathrm{grid}} \end{cases}$$

$$\tag{3.54}$$

$$V_{j,t,u}^2 = V_{i,t,u}^2 - 2(r_b P_{b,t,u} + x_b Q_{b,t,u}) + (r_b + x_b)^2 I_{b,t,u}^2 \tag{3.55}$$

$$I_{b,t,u}^2 = \frac{(P_{b,t,u})^2 + (Q_{b,t,u})^2}{V_{i,t,u}^2} \tag{3.56}$$

$$I_{b,t,u} \leqslant I_{\max} \tag{3.57}$$

$$V_{\min} \leqslant V_{i,t,u} \leqslant V_{\max} \tag{3.58}$$

$$\begin{cases} P_{\min}^{\mathrm{grid}} \leqslant P_{t,u}^{\mathrm{grid}} \leqslant P_{\max}^{\mathrm{grid}} \\ Q_{\min}^{\mathrm{grid}} \leqslant Q_{t,u}^{\mathrm{grid}} \leqslant Q_{\max}^{\mathrm{grid}} \end{cases} \tag{3.59}$$

$$Q_{\min}^{\mathrm{svc}} \leqslant Q_{q,t,u}^{\mathrm{svc}} \leqslant Q_{\max}^{\mathrm{svc}} \tag{3.60}$$

$$\begin{cases} 0 \leqslant P_{r,t,u} \leqslant \hat{P}_{r,t,u} + U_{r,t,u} \\ P_{r,t,u}^{\mathrm{curt}} = \hat{P}_{r,t,u} + U_{r,t,u} - P_{r,t,u} \\ Q_{r,t,u} = P_{r,t,u} \cdot \tan(\arccos\lambda_r) \end{cases} \tag{3.61}$$

式中，$\mathbb{N}_b$ 表示配电网支路集合；b 表示首端节点为 i，末端节点为 j 的一条支路；$\mathbb{N}_i$ 表示配电网节点集合；$\mathbb{N}_t$ 表示仿真时段集合；$\mathbb{N}_r$ 表示分布式可再生能源集合；$\mathbb{N}_q$ 表示无功补偿设备集合；$P_{b,t,u}$ 表示场景 u 下时段 t 内，支路 b 上流过的有功功率；$P_{j,t,u}$ 表示场景 u 下时段 t 内，节点 j 处的有功负荷功率；$P_{l,t,u}^{\mathrm{MESS}}$ 表示场景 u 下时段 t 内，MESS 在接入位置 l 处的有功功率，若数值为正，表明 MESS 正在充电，若数值为负，表明 MESS 正在放电；$P_{r,t,u}$ 表示场景 u 下时段 t 内，分布式可再生能源 r 的有功功率；$Q_{b,t,u}$ 表示场景 u 下时段 t 内，支路 b 上流过的无功功率；$Q_{j,t,u}$ 表示场景 u 下时段 t 内，节点 j 处的无功负荷功率；$Q_{l,t,u}^{\mathrm{MESS}}$ 表示场景 u 下时段 t 内，MESS 在接入位置 l 处的无功功率，若数值为正，表明 MESS 正在吸收无功功率，若数值为负，表明 MESS 正在发出无功功率；$Q_{r,t,u}$ 表示场景 u 下时段 t 内，分布式可再生能源 r 的无功功率；$Q_{q,t,u}^{\mathrm{svc}}$ 表示场景 u 下时段 t 内，无功补偿装置 q 的无功功率，若数值为正，表明装置正在释放无功功率，若数值为负，表明装置正在吸收无功功率；$Q_{t,u}^{\mathrm{grid}}$ 表示场景 u 下，上级电网在时段 t 内输送的无功负荷功率，若数值为正，表明上级电网向配电网输送无功功率，若数值为负，表明配电网向上级电网返送无功功率；$V_{i,t,u}$ 和 $V_{j,t,u}$ 分别表示场景 u 下时段 t 内，配电网节点 i 和节点 j 处的电压；r_b 和 x_b 分别表示支路 b 上的电阻和电抗；$I_{b,t,u}$ 表示场景 u 下时段 t 内，支路 b 上的电流大小；$I_{\max}$ 表示支路电流的上限值；$V_{\max}$ 和 $V_{\min}$ 分别表示节点电压的上限值和下限值；$P_{\max}^{\mathrm{grid}}$ 和 $P_{\min}^{\mathrm{grid}}$ 分别表示配电网关口有功功率的上限值和下限值；$Q_{\max}^{\mathrm{grid}}$ 和 $Q_{\min}^{\mathrm{grid}}$ 分别表示配电网关口无功功率的上限值和下限值；$Q_{\max}^{\mathrm{svc}}$ 和 $Q_{\min}^{\mathrm{svc}}$ 分别表示无功补偿设备功率的上限值和下限值；$\hat{P}_{r,t,u}$ 表示场景 u 下时段 t 内，分布式可再生能源 r 有功功率的预测值；$U_{r,t,u}$ 表示场景 u 下时段 t 内，分布式可再生能源 r 功率的预测误差；λ_r 表示分布式可再生能源 r 的功率因数。

②MESS 运行约束。

MESS 运行约束由其构造特点分为两类：一类是以式（3.2）～（3.4）为代表的卡车运输逻辑约束，在此基础上再加入式（3.62）；另一类是以式（3.5）～（3.16）为代表的储能系统功率约束，在此基础上再加入式（3.63），即 MESS 接入位置的建设数量 L 由第一阶段的决策变量 N_i^{AP} 决定。上述约束在此不再赘述，但各变量下角标需添加场景 u 索引。

$$z_{l,t,u} \leqslant N_i^{\mathrm{AP}} \tag{3.62}$$

$$L = \sum_i N_i^{\mathrm{AP}} \tag{3.63}$$

3.4.3　模型求解

1.模型处理

构建两阶段随机规划模型后，不难发现第二阶段的约束条件中存在二次项，分别是式（3.55）～（3.58）以及式（3.5），第二阶段模型是一个混合整数非线性规划（mixed integer nonlinear programming，MINP）问题。其中，式（3.56）为一个非凸式，模型的非凸性将导致求解难度极大。加之第二阶段模型涉及多个典型场景下的求解，为保证求解效率，基于二阶锥松弛技术对式（3.55）～（3.58）进行处理，将第二阶段模型转化为混合整数二阶锥规划（mixed integer second order cone programming，MISOCP）问题，便于求解。

（1）二阶锥松弛。

利用变量 $v_{i,t,u}$ 和 $i_{b,t,u}$ 分别表示节点电压的平方 $V_{i,t,u}^2$ 和支路电流的平方 $I_{b,t,u}^2$，并将式（3.56）转换为旋转二阶锥形式。该二阶锥松弛是精确成立的，关于此过程的详细证明可见本章参考文献[26,28]。

$$v_{j,t,u} = v_{i,t,u} - 2(r_b P_{b,t,u} + x_b Q_{b,t,u}) + (r_b + x_b)^2 i_{b,t,u} \tag{3.64}$$

$$\left\| \begin{matrix} 2P_{b,t,u} \\ 2Q_{b,t,u} \\ v_{i,t,u} - i_{b,t,u} \end{matrix} \right\|_2 \leqslant v_{i,t,u} + i_{b,t,u} \tag{3.65}$$

$$i_{b,t,u} \leqslant I_{\max}^2 \tag{3.66}$$

$$V_{\min}^2 \leqslant v_{i,t,u} \leqslant V_{\max}^2 \tag{3.67}$$

（2）线性化处理。

尽管式（3.5）为凸约束，但为了进一步提升求解速度，将 MESS 的功率限制规定在一个线性化范围内（图 3.5）。将式（3.5）替换为式（3.68）～（3.79）。

$$Q_{l,t,u}^{\mathrm{MESS}} \leqslant 3.33 P_{l,t,u}^{\mathrm{MESS}} + 3.33 S^{\mathrm{MESS}} \tag{3.68}$$

$$Q_{l,t,u}^{\mathrm{MESS}} \leqslant P_{l,t,u}^{\mathrm{MESS}} + 1.35 S^{\mathrm{MESS}} \tag{3.69}$$

$$Q_{l,t,u}^{\mathrm{MESS}} \leqslant 0.3 P_{l,t,u}^{\mathrm{MESS}} + S^{\mathrm{MESS}} \tag{3.70}$$

$$Q_{l,t,u}^{\mathrm{MESS}} \leqslant -0.3 P_{l,t,u}^{\mathrm{MESS}} + S^{\mathrm{MESS}} \tag{3.71}$$

$$Q_{l,t,u}^{\mathrm{MESS}} \leqslant -P_{l,t,u}^{\mathrm{MESS}} + 1.35 S^{\mathrm{MESS}} \tag{3.72}$$

$$Q_{l,t,u}^{\mathrm{MESS}} \leqslant -3.33 P_{l,t,u}^{\mathrm{MESS}} + 3.33 S^{\mathrm{MESS}} \tag{3.73}$$

$$Q_{l,t,u}^{\mathrm{MESS}} \geqslant 3.33 P_{l,t,u}^{\mathrm{MESS}} - 3.33 S^{\mathrm{MESS}} \tag{3.74}$$

$$Q_{l,t,u}^{\mathrm{MESS}} \geqslant P_{l,t,u}^{\mathrm{MESS}} - 1.35 S^{\mathrm{MESS}} \tag{3.75}$$

$$Q_{l,t,u}^{\mathrm{MESS}} \geqslant 0.3 P_{l,t,u}^{\mathrm{MESS}} - S^{\mathrm{MESS}} \tag{3.76}$$

$$Q_{l,t,u}^{\mathrm{MESS}} \geqslant -0.3 P_{l,t,u}^{\mathrm{MESS}} - S^{\mathrm{MESS}} \tag{3.77}$$

$$Q_{l,t,u}^{\mathrm{MESS}} \geqslant -P_{l,t,u}^{\mathrm{MESS}} - 1.35 S^{\mathrm{MESS}} \tag{3.78}$$

$$Q_{l,t,u}^{\mathrm{MESS}} \geqslant -3.33 P_{l,t,u}^{\mathrm{MESS}} - 3.33 S^{\mathrm{MESS}} \tag{3.79}$$

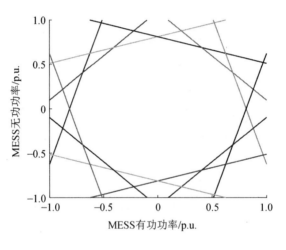

图 3.5　MESS 功率限制的线性化范围

2.求解算法

针对两阶段随机规划问题的求解,采用 GA 处理第一阶段与 MESS 配置数量、接入位置相关的整数变量。在给定第一阶段决策变量后,第二阶段可以转化为多个随机场景下的独立子问题,每个场景下的子问题都是一个 MISOCP 问题,可用商业求解器 GUROBI 求解,在 Matlab 软件中采用 YALMIP 对 MISOCP 问题进行建模。当所有场景下的子问题优化求解后,可以得到第二阶段的期望值算子,将结果返还并应用 GA 指导第一阶段的优化过程,GA 通过 Matlab Optimization Tool 中的算法包实现。两阶段随机规划问题求解流程如图 3.6 所示。

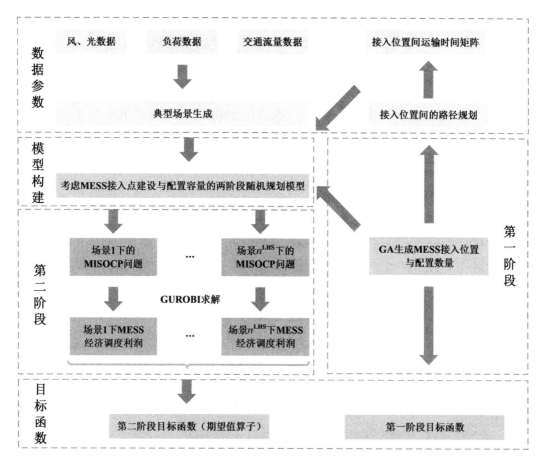

图 3.6　两阶段随机规划问题求解流程

　　GA 是由 Holland 基于生物繁殖的规则于 1975 年首次提出的一种元启发式算法。作为一项解决优化问题的全局搜索技术,GA 具有模仿自然生物过程和编程简单性的特点,在优化领域应用广泛。它从一组初始可行的解决方案开始,在每次迭代中,子代个体解通过交叉和变异算子由当前解复制,然后结合当前解和后代解的种群被更新。当达到停止标准时,算法停止。可行解由个体表示,在本章的两阶段随机规划问题中,个体由两部分组成,分别对应于 MESS 的配置数量和 MESS 的接入位置。GA 算法的典型步骤如下。

　　(1)初始化。完成算法的基础设置,给定模型中的数据参数。

　　(2)编码。编码是将给定的变量集改写成多个向量集成的一个总体,反映了表现型映射至基因型的过程。其中,表现型指的是变量的真实含义,而基因型是将变量限制在某一范围内的数据形式中,便于计算机识别计算。此处采用实数编码。

　　(3)生成初始种群。初始种群创建包括随机生成 MESS 的配置数量和接入位置,即获取第一阶段模型的决策。

　　(4)计算适应度函数。计算种群中所有个体的适应度,通常采用目标函数作为适应度函数,其值的大小将作为个体优胜劣汰的标准。

(5)遗传进化。遗传进化又可分为 3 个步骤:选择(selection)、交叉(crossover)、变异(mutation)。

① 选择。

根据个体的适应度,从种群中挑选出一部分优秀的个体作为下一代的父母。常用的方法有随机均匀选择、余数选择、轮盘赌选择、锦标赛选择等,此处采用随机均匀选择法,其具有速度快、精准度高的优点。

② 交叉。

对于进行选择操作后的个体进行随机配对,将两个个体相同位置的部分数据区段交叉结合,为下一代形成一个新的个体。交叉的方式包含单点交叉、两点交叉、散射交叉、启发式交叉和算术交叉等。鉴于第一阶段的约束条件数量较少且仅对变量的取值范围进行了限制,故采用散射交叉的方法。

③ 变异。

使种群内的个体以一定概率发生微小的随机变化,从而实现遗传的多样性,扩大搜索空间。变异的类型有高斯变异、均匀变异、自适应变异等。此处采用高斯变异,高斯变异具有提高对重点搜索区域局部搜索能力的优点。

(6)算法终止。如果满足停止标准,则停止该过程,停止标准通常为迭代次数达到上限或适应度函数满足要求;否则,从步骤(4)开始重复该过程。

3.5 算 例 分 析

1.测试系统

为验证上述模型的有效性,基于拓展后的 IEEE 33 节点配电网以及 29 节点的交通网构成的交通－电力耦合网络进行算例仿真。拓展后的 IEEE 33 节点配电网拓扑图如图 3.7 所示,IEEE 33 节点配电网共有 32 条支路,基准容量为 10 MV·A,基准电压为 12.66 kV,节点电压范围为 0.95 ～ 1.05 p.u.,支路电流上限为 1.05 p.u.。配电网中分布式可再生能源参数见表3.2,新能源的接入比例为80%,分布式风电的功率因数为0.9。分布式可再生能源预测出力曲线图如图 3.8 所示。根据各节点上负荷的用能特点,将区域划分为居民区、郊区、工业区和商业区,不同地区的负荷预测曲线图如图 3.9 所示,电价信息图如图 3.10 所示。29 节点交通网拓扑图如图 3.11 所示,交通网中共有 49 条路段,每条路段均可双向通行。交通网节点与路段间的对应关系见表 3.3。交通网节点与配电网节点间的映射关系见表 3.4。

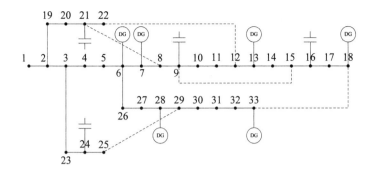

图 3.7　拓展后的 IEEE 33 节点配电网拓扑图

表 3.2　配电网中分布式可再生能源参数

安装节点	可再生能源形式	额定功率 /MW	功率因数
6	光伏 1	0.65	1
7	风力 1	1.8	0.9
13	风力 2	1.8	0.9
18	风力 3	1.5	0.9
28	风力 4	1.7	0.9
33	光伏 2	0.6	1

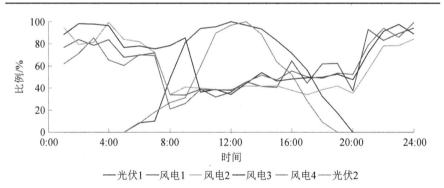

图 3.8　分布式可再生能源预测出力曲线图

图 3.8

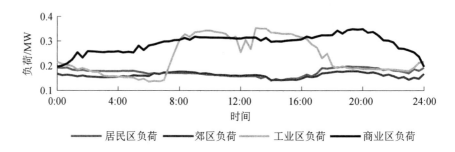

图 3.9   不同地区的负荷预测曲线图

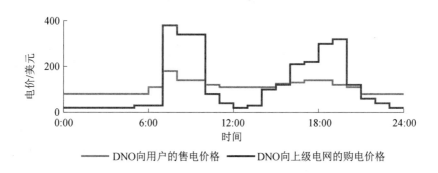

图 3.10   电价信息图

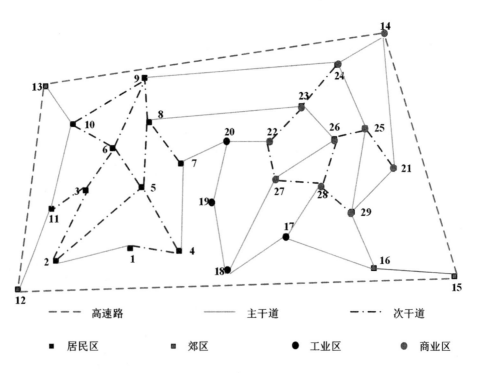

图 3.11   29节点交通网拓扑图

表 3.3　交通网节点与路段间的对应关系

路段序号	起始节点	终止节点	路段等级	路段长度 /km	路段序号	起始节点	终止节点	路段等级	路段长度 /km
1	1	2	主干道	3.3	26	14	21	主干道	8.7
2	1	4	次干道	3.6	27	14	24	主干道	3.6
3	2	3	次干道	4.5	28	15	16	高速路	5.7
4	2	5	次干道	6.3	29	16	17	主干道	6.51
5	3	6	次干道	3.15	30	16	29	主干道	4.01
6	3	11	次干道	2.46	31	17	18	主干道	4.92
7	4	5	次干道	4.92	32	17	28	主干道	4.2
8	4	7	主干道	5.88	33	18	19	主干道	4.8
9	5	6	次干道	3.12	34	18	27	主干道	7.05
10	5	8	次干道	4.2	35	19	20	主干道	3.9
11	6	9	次干道	5.1	36	20	22	主干道	3
12	6	10	次干道	3	37	21	25	次干道	3.18
13	7	8	次干道	3.6	38	21	29	主干道	4.2
14	7	20	主干道	3.3	39	22	23	次干道	3.3
15	8	9	次干道	3	40	22	27	次干道	3
16	8	23	主干道	10.5	41	23	24	次干道	3.6
17	9	10	次干道	5.7	42	23	26	主干道	3.03
18	9	24	主干道	13.35	43	24	25	主干道	4.95
19	10	11	主干道	5.52	44	25	26	次干道	2.4
20	10	13	主干道	3	45	25	29	主干道	5.61
21	11	12	主干道	6	46	26	27	主干道	4.8
22	12	13	高速路	13.5	47	26	28	次干道	3.3
23	12	15	高速路	30	48	27	28	次干道	3
24	13	14	高速路	23.4	49	28	29	次干道	2.7
25	14	15	高速路	16.8					

表 3.4　交通网节点与配电网节点间的映射关系

配电网节点	交通网节点	区域	配电网节点	交通网节点	区域	配电网节点	交通网节点	区域
1	1	居民区	12	12	郊区	17	23	商业区
2	2	居民区	13	13	郊区	18	24	商业区
3	3	居民区	14	14	郊区	23	25	商业区
5	4	居民区	15	15	郊区	19	26	商业区
6	5	居民区	16	16	郊区	24	27	商业区
7	6	居民区	27	17	工业区	25	28	商业区
9	7	居民区	28	18	工业区	26	29	商业区
10	8	居民区	29	19	工业区	30	—	工业区
11	9	居民区	20	20	工业区	31	—	工业区
8	10	居民区	21	21	商业区	32	—	工业区
4	11	居民区	22	22	商业区	33	—	工业区

根据本书算例规模,为了使模型更贴合实际场景并便于分析计算,对相关参数进行了如下设置。

单辆商业化 MESS 产品规格设定为 500 kW/MW,其配置数量上限为 20,接入位置数量的上限值为 6,SOC 的初始值、下限值和上限值分别为 0.35、0.2 和 0.95,储能电池采用磷酸铁锂电池,其循环次数上限设定为 1,充放电效率为 0.9。 单位容量成本为238 100 美元 /(MW·h),单位功率成本为 476 190 美元 /MW,储能系统单位充放电维护成本为 7.94 美元 /(MW·h)。单辆卡车购置成本为 28 571 美元,单位时间卡车运行维护费用为 0.19 美元 /h,工作人员日薪为 87 美元,卡车车体行驶功率为 20 kW。单个 MESS 接入位置建设成本为 5 000 美元,规划周期为 10 年,贴现率为 6%,设备的残值率为 5%。

风电、光伏历史数据来源于德国电力系统运营商 Amprion 公司的数据网站,交通流量历史数据来源于英国公路数据集。所使用的风电、光伏历史数据以及交通流量历史数据均来自公开渠道,德国电力系统运营商 Amprion 公司的数据网站和英国公路数据集属于公开数据集。德国 Amprion 公司作为欧洲主要电网运营商,其数据网站持续更新可再生能源出力数据(通常包含近 5 ~ 10 年的历史数据),能够反映当前可再生能源渗透率提升背景下的波动特征。英国公路数据集亦定期更新,覆盖不同时间段的交通流量变化(如工作日 / 节假日模式)。尽管数据非实时采集,但其时间跨度足以捕捉长期波动规律(如季节性风光出力差异、早晚高峰交通流量特征),满足两阶段随机规划模型对多场景鲁棒性的验证需求。研究通过场景削减技术进一步筛选出代表性场景,确保数据时效性对优化结果的可靠性。

虽然仿真数据来源于国外,但其选取与本书研究内容高度相关。为准确刻画可再生能源出力(风电、光伏)的随机性、负荷波动性及交通流量动态特性,需基于实际运行数据生成不确定性场景。可再生能源出力(如风电、光伏)的间歇性与交通流量的时空分布规律具有全球共性,不受地域限制。德国 Amprion 公司的数据反映了高比例可再生能源电网的典型波动特征,可为模型提供通用性验证。国外公开数据集通常涵盖长期、多维度的实测数据(如分钟级 / 小时级时序数据),能够支持复杂场景生成方法,确保模型对不确定性问题的全面覆盖。

GA 迭代次数设定为 20,种群数量为 5,交叉概率为 80%,其余设定均为工具箱中的默认值。

2.算例结果

(1)场景质量评估。

以单独使用 LHS 而未考虑时序相关性与互相关性所生成的场景作为对照组,与本章方法生成的场景进行对比分析,评估本章方法生成场景的质量。场景生成数量设定为1 000,削减后的场景个数设定为 20。

关于两种场景生成方法在各随机变量下生成的场景以及削减后的场景所产生的场景覆盖率指标见表 3.5。在场景削减前,LHS 法生成场景与本章方法生成场景在风电、光伏、负荷及交通流量 4 项不确定因素下的覆盖率相差不大且均处于高数值。对于削减后的场景,虽然整体的覆盖率有所下降,但仍在 80% 以上,且本章方法所产生的场景覆盖率均高于 LHS 法削减后场景。

表 3.5　　场景覆盖率对比

因素	LHS 法生成场景	LHS 法削减后场景	本章方法	削减后场景
风电	0.998 1	0.878 8	0.989 4	0.897 5
光伏	0.972 2	0.811 7	0.988 2	0.936 0
负荷	0.999 2	0.885 2	0.995 5	0.981 4
交通流量	0.978 9	0.882 3	0.985 3	0.892 4

由于随机变量类型较多,因此采用风电出力场景作为时序相关性对比的基础数据。图 3.12 和图 3.13 所示分别为两种方法生成的风电场景。通过对比可知,本章方法生成的风电场景在各时段的功率波动呈现出规律性。风电场景时序相关性对比如图 3.14 所示,本章方法生成场景的时序相关性变化与原始数据样本是大致相同的,而 LHS 法生成场景中的数据呈现时序无关。从定量角度分析,相邻时段 pearson 系数差对比如图 3.15 所示,本章方法生成场景在相邻时段的 pearson 系数更贴近历史数据。

图 3.12

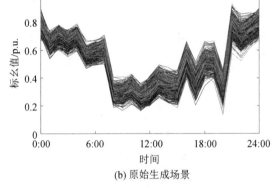
(a) 削减后的场景

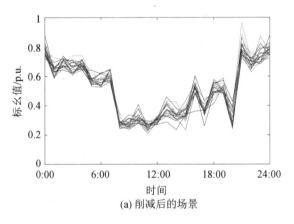
(b) 原始生成场景

图 3.12 本章方法生成的风电场景

图 3.13

(a) 削减后的场景

图 3.13 LHS 法生成的风电场景

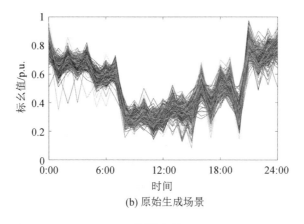

(b) 原始生成场景

续图 3.13

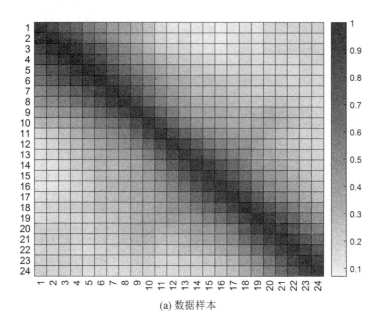

(a) 数据样本

图 3.14　风电场景时序相关性对比

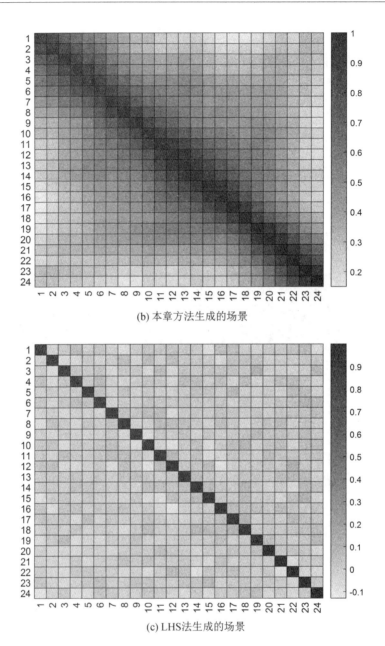

(b) 本章方法生成的场景

(c) LHS法生成的场景

续图 3.14

关于随机变量相关性平均误差变化,表 3.6 给出了具体数值,其中时序相关性平均误差以风电出力数据进行计算。LHS 法场景削减前后与本章方法场景削减前后在时序相关性平均误差中的差异佐证了本章方法对时序相关性的刻画更为精准。本章方法对各随机变量间的互相关性的刻画也明显优于 LHS 法。

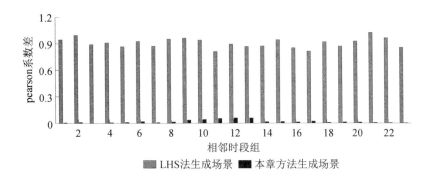

图 3.15　相邻时段 pearson 系数差对比

表 3.6　相关性平均误差对比

对比场景	LHS 法生成场景	LHS 法削减后场景	本章方法	削减后场景
时序相关性平均误差	0.373 6	0.537 7	0.109 3	0.156 2
互相关性平均误差	0.148 1	0.211 4	0.022 1	0.086 1

（2）场景数量影响。

以场景缩减数量的设定值作为变量,对比不同场景数量下,两阶段随机规划模型的优化结果和求解时间的变化。由于 GA 求解时间较长,因此场景数量的变化量以 5 为单位,设定 6 组对比。不同场景数量下优化结果与计算时间对比如图 3.16 所示。当削减后的场景数量超过 20 个时,模型的优化结果将趋于一个较为稳定的状态。此时,再增加场景数量无法使优化结果得到大幅度提升,反而会因为场景数量的增多,导致模型求解时间呈指数倍增长,影响求解效率。当设定值为 30 时,优化结果小幅度向下波动,这是由场景削减过程导致的差异。综合优化结果与计算时间的变化,削减后的场景数量设定为 20 个是较为合理的,图 3.17 给出了该设定值下算法的迭代过程。

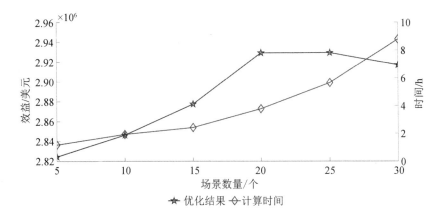

图 3.16　不同场景数量下优化结果与计算时间对比

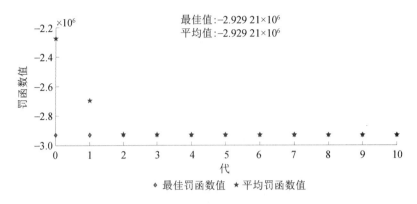

图 3.17　算法迭代过程(场景数为 20)

(3)MESS 容量配置与接入位置规划结果。

交通－电力耦合网络中的节点数量众多,会影响求解效率。可通过解 SESS 的安装节点预先缩减 MESS 接入位置的备选数量,提升求解速度。关于求解 SESS 安装节点的规划问题仍可采用本章模型,只需将 MESS 运输逻辑约束删去。缩减后的备选节点有 6 个,分别为配电网节点 2、7、12、15、23、31。

根据本章方法所求出的 MESS 配置功率／容量与接入位置规划结果见表 3.7,MESS 的配置数量为 10 辆。由于在调度过程中将 MESS 车队视为一个整体,因此总的配置功率／容量为 5 MW/10 MW·h。接入位置数量规划结果为 2 个,分别在配电网节点 7(交通网节点 6) 和配电网节点 12(交通网节点 12)。购置 MESS 和建设接入位置的总成本为 49 万美元。

表 3.7　MESS 配置功率／容量与接入位置规划结果

配置数量	配置功率／容量	接入位置数量	接入位置	总成本／美元
10	5 MW/10 MW·h	2	配电网节点 7 配电网节点 12	49 万

为对比随机规划与确定性的优劣,给出确定性场景下 MESS 配置和接入位置规划结果(表3.8)。MESS 的配置数量和功率／容量均未变化,但接入位置数量由 2 个升至 3 个,且接入位置也发生了变化。这是由于随机场景中考虑了更多的交通流量场景,当交通流量的波动导致 MESS 在接入位置间的运输时间延长时,减少接入位置的建设数量,保证 MESS 有效的充放电时间,会为 DNO 带来更多效益。

表 3.8　确定性场景下 MESS 配置和接入位置规划结果

配置数量	配置功率／容量	接入位置数量	接入位置	总成本／美元
10	5 MW/10 MW·h	3	配电网节点 7 配电网节点 15 配电网节点 31	51 万

3.6　结　　论

本章综合考虑了交通－电力耦合网络中多种不确定性因素影响,并在此基础上研究MESS 接入位置与容量配置的两阶段随机规划模型与求解方法。第一阶段优化规划方案,第二阶段以经济调度的期望效益评估第一阶段方案的合理性。根据算例仿真结果的分析,所得结论如下。

(1) 相较于对单个不确定因素采用 LHS 法生成样本并组合数据生成的场景,综合考虑随机变量自身时序相关性与变量间的互相关性所生成的场景更贴近历史数据。构建的场景符合客观事实,为两阶段随机规划问题提供了合理的基础参数。

(2) 合理的削减后场景数量在保证优化目标值处于理想状态的同时,还能大幅提高模型的求解效率,避免耗费大量时间换取优化目标的小幅波动。

(3) 相较于确定性规划,本章模型能考虑多种不确定性因素的影响,所规划出的结果能够适应大量不同的运行场景,避免额外投资。

本章参考文献

[1] 沙云鹏,孔玉辉,乔会杰.电力储能技术在不同电压等级电网中的应用[J].集成电路应用,2020,37(10):25-26,29.

[2] BAEK S, KIM H, LIM Y.Multiple-vehicle origin-destination matrix estimation from traffic counts using genetic algorithm[J].Journal of transportation engineering,2004,130(3):339-347.

[3] HU S R, WANG C M.Vehicle detector deployment strategies for the estimation of network origin-destination demands using partial link traffic counts[J].IEEE transactions on intelligent transportation systems,2008,9(2):288-300.

[4] LO H P, ZHANG N, LAM W H K.Decomposition algorithm for statistical estimation of OD matrix with random link choice proportions from traffic counts[J].Transportation research part B:methodological,1999,33(5):369-385.

[5] 杨娴.电动汽车对电力／交通网络的影响研究[D].长沙:湖南大学,2018.

[6] 陈盛.城市道路交通流速度流量实用关系模型研究[D].南京:东南大学,2004.

[7] KWON S Y, PARK J Y, KIM Y J.Optimal V2G and route scheduling of mobile

energy storage devices using a linear transit model to reduce electricity and transportation energy losses[J].IEEE transactions on industry applications，2020，56(1)：34-47.

[8] 贾兆昊，张峰，丁磊.考虑功率四象限输出的配电网储能优化配置策略[J].电力系统自动化，2020，44(2)：105-113.

[9] DUGAN J，MOHAGHEGHI S，KROPOSKI B.Application of mobile energy storage for enhancing power grid resilience：A review[J].Energies，2021，14(20)：6476.

[10] 周恒旺.考虑微网市场交易影响的配电网可靠性分析[D].南宁：广西大学，2021.

[11] 马博韬.考虑灵活性的含风电－光热电力系统机组组合及在容量扩展规划中的应用[D].重庆：重庆大学，2019.

[12] BERTSIMAS D，LITVINOV E，SUN X A，et al.Adaptive robust optimization for the security constrained unit commitment problem[J].IEEE transactions on power systems，2013，28(1)：52-63.

[13] 韩雷.基于相关机会目标规划的主动配电网优化调度研究[D].保定：华北电力大学，2021.

[14] 周明.基于路网时空信息的短时交通流预测方法研究[D].北京：北方工业大学，2020.

[15] 蒋浩.电动汽车负荷概率建模及有序充电策略研究[D].广州：华南理工大学，2020.

[16] AREND M G，SCHÄFER T.Statistical power in two-level models：a tutorial based on Monte Carlo simulation[J].Psychological methods，2019，24(1)：1-19.

[17] 田亮，谢云磊，周桂平，等.基于两阶段随机规划的热电机组深调峰辅助服务竞价策略[J].电网技术，2019，43(8)：2789-2798.

[18] SKLAR A.Distribution functions of n dimensions and margins[J].Publications of the institute of statistics of the university of Paris，1959，8(1)：229-231.

[19] 马泽洋.含大规模风电的发－输－配电系统充裕性优化决策研究[D].北京：华北电力大学，2021.

[20] 朱满庭.基于深度学习的风电功率预测研究[D].北京：华北电力大学，2021.

[21] 丁明，解蛟龙，刘新宇，等.面向风电接纳能力评价的风资源／负荷典型场景集生成方法与应用[J].中国电机工程学报，2016，36(15)：4064-4072.

[22] 孙春雪.考虑概率生存时间的微网群孤网划分研究[D].北京：北京交通大学，2021.

[23] 孙慧宇.随机规划技术在发电商中长期市场运营策略中的应用研究[D].南京:东南大学,2020.

[24] 王培汀,王丹,贾宏杰,等.考虑随机场景生成及优选技术的分布式能源站选型定容规划研究[J].电力系统及其自动化学报,2021,33(7):88-100,134.

[25] 胡代豪,郭力,刘一欣,等.计及光储快充一体站的配电网随机-鲁棒混合优化调度[J].电网技术,2021,45(2):507-519.

[26] FARIVAR M, LOW S H.Branch flow model:relaxations and convexification (Part Ⅰ,Ⅱ)[J].IEEE transactions on power systems,2013,28(3):2554-2564.

[27] TAYLOR J A, HOVER F S.Convex models of distribution system reconfiguration[J].IEEE transactions on power systems,2012,27(3):1407-1413.

[28] 刘一兵,吴文传,张伯明,等.基于混合整数二阶锥规划的主动配电网有功-无功协调多时段优化运行[J].中国电机工程学报,2014,34(16):2575-2583.

[29] Gurobi Optimizer. Gurobi optimizer reference manual[EB/OL].[2024-11-04]. https://www.gurobi.com/documentation/current/refman/index.html.

[30] LÖFBERG J.YALMIP:A toolbox for modeling and optimization in Matlab[C]. Taipei:IEEE International Symposium on Computer Aided Control Systems Design,2004.

[31] HOLLAND J H.Adaptation in natural and artificial systems[J].Quarterly review of biology,1975,6(2):126-137.

[32] ROUSIS A O, KONSTANTELOS I, STRBAC G.A planning model for a hybrid AC-DC microgrid using a novel GA/AC OPF algorithm[J].IEEE transactions on power systems,2020,35(1):227-237.

[33] 刘宏泰.基于列车区间运行优化和能馈装置配置的地铁节能技术研究[D].北京:北京交通大学,2021.

[34] 付康.采用调谐惯容阻尼器的基础隔震结构的抗震性能研究[D].北京:北京交通大学,2021.

[35] 王朝令,杨茜,刘争平,等.隧道地震预报中基于遗传算法的波动方程反演[J].大地测量与地球动力学,2016,36(5):451-455.

[36] LEI S B, HOU Y H, QIU F, et al.Identification of critical switches for integrating renewable distributed generation by dynamic network reconfiguration[J].IEEE transactions on sustainable energy,2018,9(1):420-432.

[37] 邵尹池，穆云飞，余晓丹，等."车－路－网"模式下电动汽车充电负荷时空预测及其对配电网潮流的影响[J].中国电机工程学报，2017，37(18)：5207-5219，5519.

[38] 随权，林湘宁，童宁，等.基于改进两阶段鲁棒优化的主动配电网经济调度[J].中国电机工程学报，2020，40(7)：2166-2179，2396.

第4章　考虑道路拥堵的移动储能经济调度

随着城市交通流量的激增,拥堵的交通环境会影响 MESS 的运输时间,进而影响配电网的运行状态和MESS的经济效益。本章提出了一个在交通－电力耦合网络中考虑道路拥堵的 MESS 经济调度双层优化模型。上层模型以系统利润最大为目标函数为 DNO 制定 MESS 的调度方案;下层模型通过模糊时间窗口和模糊道路拥堵指数优化 MESS 运输路线,从而在调度计划中充分考虑道路拥堵因素。所提出模型的有效性在 IEEE 33 节点配电网络和 29 节点交通网络中进行验证分析。

4.1　移动式储能双层优化调度模型

本章构建了一个双层模型,用以制订交通－电力耦合网络下MESS的经济调度策略,其基本逻辑结构如图 4.1 所示。上层模型是一个带机会约束 MESS 的经济调度模型,根据配电网的状态,以最大化 DNO 的利润为目标制订 MESS 的调度计划,并将结果传输至下层;下层模型是一个考虑道路拥堵因素的模糊路径规划模型,根据交通网的状态以及上层的优化结果,以最小化MESS运输损耗为目标,更新 MESS 在调度计划中的路径规划结果,并将结果返还至上层。通过迭代求解双层模型,获取 MESS 的最优调度方案。

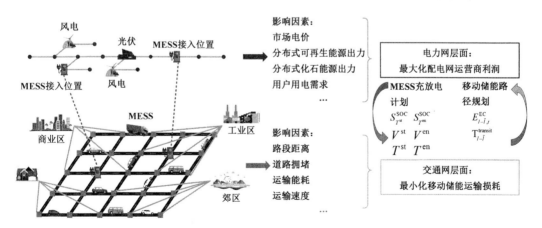

图 4.1　交通－电力耦合网络下 MESS 经济调度的逻辑结构图

4.1.1 上层模型

（1）目标函数。

以 DNO 利润最大化为目标构建上层模型的目标函数，即

$$\max o^{\text{up}} = C^{\text{load}} - C^{\text{grid}} - C^{\text{O\&M}} - C^{\text{DG}} - C^{\text{curt}} - C^{\text{labor}} \tag{4.1}$$

$$C^{\text{DG}} = \sum_{t=1}^{T} \sum_{g=1}^{G} \left[\alpha_g \left(P_{g,t} T_s \right)^2 + \beta_g \left(P_{g,t} T_s \right) + \gamma_g \right] \tag{4.2}$$

式中，o^{up} 表示上层模型的目标函数，即 DNO 的运营利润；C^{DG} 表示分布式化石能源的运行成本；g 表示分布式化石能源安装节点索引；G 表示分布式化石能源数量；α_g、β_g、γ_g 表示分布式化石能源 g 的耗量系数；$P_{g,t}$ 表示时段 t 分布式化石能源 g 的有功出力；其余的变量解释可参照 3.4.2 节。

（2）约束条件。

① 潮流约束。

采用基于辐射状配电网的线性化 Dist-Flow 支路潮流模型，相较于原始的 Dist-Flow 潮流模型，它忽略了网损项，计算效率更高。

$$\forall b \in \mathbb{N}_b\, b = (i,j)\,, \quad i,j \in \mathbb{N}_i\,, t \in \mathbb{N}_t\,, l \in \mathbb{N}_l\,, g \in \mathbb{N}_g\,, r \in \mathbb{N}_r$$

$$\begin{cases} P_{(b \neq 1),t} = \sum_{\forall b' \in \mathbb{N}_b, b' = (j,j')\,, j' \neq i, j' \in \mathbb{N}_i} P_{b',t} + P_{j,t} + P_t^{\text{ch}} + P_t^{\text{dh}} - P_{g,t} - P_{r,t} \\ P_{(b = 1),t} = \sum_{\forall b' \in \mathbb{N}_b, b' = (j,j')\,, j' \neq i, j' \in \mathbb{N}_i} P_{b',t} + P_{j,t} + P_t^{\text{ch}} + P_t^{\text{dh}} - P_{g,t} - P_{r,t} - P_t^{\text{grid}} \end{cases}$$

$$\tag{4.3}$$

$$\begin{cases} Q_{(b \neq 1),t} = \sum_{\forall b' \in \mathbb{N}_b, b' = (j,j')\,, j' \neq i, j' \in \mathbb{N}_i} Q_{b',t} + Q_{j,t} + Q_{l,t}^{\text{MESS}} - Q_{g,t} - Q_{r,t} \\ Q_{(b = 1),t} = \sum_{\forall b' \in \mathbb{N}_b, b' = (j,j')\,, j' \neq i, j' \in \mathbb{N}_i} Q_{b',t} + Q_{j,t} + Q_{l,t}^{\text{MESS}} - Q_{g,t} - Q_{r,t} - Q_t^{\text{grid}} \end{cases}$$

$$\tag{4.4}$$

$$v_{j,t} = v_{i,t} - 2(r_b \cdot P_{b,t} + x_b \cdot Q_{b,t}) \tag{4.5}$$

$$v_{\min} \leqslant v_{i,t} \leqslant v_{\max} \tag{4.6}$$

$$-S_b \leqslant P_{b,t} \leqslant S_b \tag{4.7}$$

$$-S_b \leqslant Q_{b,t} \leqslant S_b \tag{4.8}$$

$$-\sqrt{2} S_b \leqslant P_{b,t} + Q_{b,t} \leqslant \sqrt{2} S_b \tag{4.9}$$

$$-\sqrt{2} S_b \leqslant P_{b,t} - Q_{b,t} \leqslant \sqrt{2} S_b \tag{4.10}$$

式中，$\mathbb{N}_l$ 表示 MESS 接入位置集合；$\mathbb{N}_g$ 表示分布式化石能源集合；$v_{i,t}$ 和 $v_{j,t}$ 表示时段 t 配电网节点 i 和节点 j 上电压的平方；S_b 表示配电网支路 b 上的容量限制；$Q_{g,t}$ 表示时段 t 分布式化石能源 g 的无功出力；其余的变量解释可参照 3.4.3 节。

②MESS 运行约束。

MESS 主要由储能系统和卡车车体两部分组成,因此其运行约束也由两部分组成——储能的运行约束和卡车的运输逻辑约束,具体的约束条件可参见 3.2 节的式(3.2)~(3.16),SOC 和循环次数按耗电型 MESS 进行计算。由于本章的传输逻辑模型有所改变,将式(3.2)~(3.4)替换为式(4.11)~(4.15)。

关于卡车车体的运输逻辑约束,本章参考文献[7]基于本章参考文献[3]构建了运输逻辑约束。然而,该模型要求 MESS 的运输时间矩阵必须在满足一致性条件的交通网中求得。满足一致性条件的交通网意味着在该网络中,出发早的车辆比出发晚的车辆提前到达目的地的概率更高。虽然本章参考文献[7]中的运输逻辑约束可以提高模型的求解效率,但对于运输时间矩阵的数据要求较高,特别是在交通网中出现道路拥堵等情况时,一致性条件很难得到满足。因此,本章构建了一种新的运输逻辑约束,不需要对运输时间矩阵中的数据进行限制。具体约束条件为

$$\forall i \in \mathbb{N}_i, \quad l, \tilde{l} \in \mathbb{N}_l, \quad t \in \mathbb{N}_t$$

$$y_{l,t} = z_{l,(t+1)} - z_{l,t} \tag{4.11}$$

$$\begin{cases} x_{l-\tilde{l},t} = \text{round}\left[\dfrac{z_{l,t} + z_{\tilde{l},(t+T_{l-\tilde{l},t}^{\text{transit}}+1)}}{2.1}\right], & \displaystyle\sum_{l=1}^{L} \sum_{t;t+1}^{t+T_{l-\tilde{l},t}^{\text{transit}}} z_{l,t} = 0 \\[4mm] x_{l-\tilde{l},t} = 0, & \displaystyle\sum_{l=1}^{L} \sum_{t;t+1}^{t+T_{l-\tilde{l},t}^{\text{transit}}} z_{l,t} \neq 0 \end{cases} \tag{4.12}$$

$$z_{l,(t+1)} = \text{round}\left[\sum_{l=1}^{L} \sum_{\tilde{l}=1}^{L} (1 - x_{l-\tilde{l},t}) / (2L-1)\right] y_{l,t} + \text{round}\left[\frac{z_{l,t} + z_{l,(t+1)}}{2.1}\right] \tag{4.13}$$

$$\begin{cases} \displaystyle\sum_{l=1}^{L} z_{l,t} \leqslant 1 \\[3mm] \displaystyle\sum_{l=1}^{L} z_{l,1} = 1 \\[3mm] \displaystyle\sum_{l=1}^{L} z_{l,T} = 1 \end{cases} \tag{4.14}$$

$$\sum_{t=1}^{T} x_{l-\tilde{l},t} \leqslant 1 \tag{4.15}$$

式中,$x_{l-\tilde{l},t}$ 为 0~1 变量,用于指示时段 t 时 MESS 是否从接入位置 l 驶向 $\tilde{l}$,值为 1 表明 MESS 正在行驶;$y_{l,t}$ 为整数变量,用于指示时段 t 时 MESS 在接入位置 l 的预动作,值为

-1 表明 MESS 在下一时段将离开接入位置 l，值为 0 表明 MESS 在下一时段将不动作，值为 1 表明 MESS 在下一时段将到达接入位置 l；round($\cdot$) 函数用于对数据进行四舍五入操作；其余的变量解释可参照 3.4.3 节。

式(4.11)～(4.13)给出了 3 类指示变量 $z_{l,t}$、$y_{l,t}$ 和 $x_{l-\tilde{l},t}$ 的计算公式。其中，变量 $y_{l,t}$ 由 $z_{l,t}$ 求得，它是一个 0～1 变量，其取值范围仅在 -1、0、1 之间。变量 $x_{l-\tilde{l},t}$ 也由 $z_{l,t}$ 求得，它是一个 0～1 变量，仅当变量 $z_{l,t}$ 在 t 时段和 $t+T^{\text{transit}}_{l-\tilde{l},t}+1$ 时段同时为 1 时，其取值才能为 1，且在时段 $t+1$ 至时段 $t+T^{\text{transit}}_{l-\tilde{l},t}$ 期间，变量 $z_{l,t}$ 的值全为 0。这表示当 MESS 于时段 t 从接入位置 l 前往 $\tilde{l}$，则在行驶期间，即时段 $t+1$ 至时段 $t+T^{\text{transit}}_{l-\tilde{l},t}$，MESS 未处于任一接入位置，即位置变量 $z_{l,t}$ 为 0。式(4.12)和式(4.13)中的常数"2.1"与 round($\cdot$) 函数相结合，相当于逻辑运算"和"，常数"2.1"可以用 2～4 的任一实数代替。根据图 4.1 中的 MESS 运输逻辑，表 4.1 给出了相应指示变量的数值结果。

表 4.1　指示变量的数值结果

指示变量	t	$t+1$	$\cdots$	$t+T^{\text{transit}}_{l-\tilde{l},t}$	$t+T^{\text{transit}}_{l-\tilde{l},t}+1$
$z_{l,t}$	1	0	$\cdots$	0	0
$z_{\tilde{l},t}$	0	0	$\cdots$	0	1
$y_{l,t}$	-1	0	$\cdots$	0	0
$y_{\tilde{l},t}$	0	0	$\cdots$	1	unknown
$x_{l-\tilde{l},t}$	1	0	$\cdots$	0	0
$x_{\tilde{l}-l,t}$	0	0	$\cdots$	1	unknown

根据模型的变化，将式(3.12)和式(3.13)替换为

$$S^{\text{SOC}}_{t+1} = S^{\text{SOC}}_t + \frac{T_s}{E^{\text{MESS}}}\left[\eta^{\text{ch}}P^{\text{ch}}_t + \eta^{\text{dh}}P^{\text{dh}}_t - \sum_{l=1}^{L}\sum_{\tilde{l}=1}^{L}(x_{l-\tilde{l},t}E^{\text{EC}}_{l-\tilde{l},t})\right] \tag{4.16}$$

$$N_{t+1} = N_t + \frac{T_s}{2E^{\text{MESS}}}\left[\eta^{\text{ch}}P^{\text{ch}}_t - \eta^{\text{dh}}P^{\text{dh}}_t + \sum_{l=1}^{L}\sum_{\tilde{l}=1}^{L}(x_{l-\tilde{l},t}E^{\text{EC}}_{l-\tilde{l},t})\right] \tag{4.17}$$

式中，$E^{\text{EC}}_{l-\tilde{l},t}$ 表示时段 t 时 MESS 从接入位置 l 驶向 $\tilde{l}$ 所产生的能量损耗，该项作为上层模型的参数，需要通过优化求解下层模型获取。

③ 分布式化石能源出力约束。

本章考虑的分布式电源共两类：一类是分布式可再生能源，其出力为不确定参数；另一类是分布式化石能源，其出力通过本章参考文献[4]中的方法限制在线性范围内。

$$(P_{g,t}, Q_{g,t}) \in \Phi_{\text{DG}} \tag{4.18}$$

$$\upsilon_g P^{\text{DG}}_{\min} \leqslant P_{g,t} \leqslant \upsilon_g P^{\text{DG}}_{\max} \tag{4.19}$$

$$\upsilon_g Q^{\text{DG}}_{\min} \leqslant Q_{g,t} \leqslant \upsilon_g Q^{\text{DG}}_{\max} \tag{4.20}$$

$$P_{g,t} - r^{\text{up}} \leqslant P_{g,(t+1)} \leqslant P_{g,t} + r^{\text{down}} \tag{4.21}$$

式中,Φ_{DG} 表示分布式化石能源出力的线性范围,如图 4.2 所示;v_g 为 $0 \sim 1$ 变量,指示分布式化石能源 g 是否处于"开机"状态;$P_{\text{max}}^{\text{DG}}$ 和 $P_{\text{min}}^{\text{DG}}$ 表示分布式化石能源有功出力上限值和下限值;$Q_{\text{max}}^{\text{DG}}$ 和 $Q_{\text{min}}^{\text{DG}}$ 表示分布式化石能源无功出力上限值和下限值;r^{up} 表示分布式化石能源向上爬坡;r^{down} 表示分布式化石能源向下爬坡率。

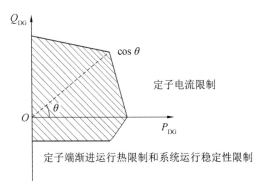

图 4.2　分布式化石能源出力的线性范围

④ 分布式可再生能源出力的机会约束。

由于存在外界多种因素的干扰,可再生能源的出力和用户用电负荷的预测值常与实际值存在偏差,这种数据上的误差将直接影响到 MESS 的合理调度。鉴于此,本章采用机会约束的方法处理二者的不确定性,通过调整机会约束的置信度来控制调度计划的鲁棒性和经济性。首先将分布式可再生能源实际出力值和负荷预测值分割为两个部分:预测值和预测误差值。同时,假定分布式可再生能源和用户负荷的功率因数为常数,由预测值求得。产生的约束条件为

$$P_{r,t} = P_{r,t}^0 + b_{r,t}^* \xi_{r,t} \tag{4.22}$$

$$P_{i,t} = P_{i,t}^0 + b_{i,t}^* \xi_{i,t} \tag{4.23}$$

$$Q_{r,t} = (Q_{r,t}^0 / P_{r,t}^0) P_{r,t} \tag{4.24}$$

$$Q_{i,t} = (Q_{i,t}^0 / P_{i,t}^0) P_{i,t} \tag{4.25}$$

式中,$P_{r,t}^0$ 表示时段 t 分布式可再生能源 r 的有功预测出力值;$b_{r,t}^*$ 表示时段 t 分布式可再生能源 r 有功预测出力的误差标幺系数;$\xi_{r,t}$ 表示时段 t 分布式可再生能源 r 有功预测出力的标幺化误差;$P_{i,t}^0$ 表示时段 t 配电网节点 i 的有功功率预测值;$b_{i,t}^*$ 表示时段 t 配电网节点 i 有功功率预测值的误差标幺系数;$\xi_{i,t}$ 表示时段 t 配电网节点 i 有功预测出力的标幺化误差;$Q_{r,t}^0$ 表示时段 t 分布式可再生能源 r 的无功预测出力值;$Q_{i,t}^0$ 表示时段 t 配电网节点 i 的无功功率预测值。

受到分布式可再生能源出力和用户负荷预测误差的影响,配电网中的电压和线路容

量可能越限,通过机会约束描述这种现象,即

$$\Pr(v_{i,t} \leqslant v_{\max}) \geqslant 1-\varepsilon \tag{4.26}$$

$$\Pr(v_{i,t} \geqslant v_{\min}) \geqslant 1-\varepsilon \tag{4.27}$$

$$\Pr(P_{b,t} \leqslant S_b) \geqslant 1-\varepsilon \tag{4.28}$$

$$\Pr(P_{b,t} \geqslant -S_b) \geqslant 1-\varepsilon \tag{4.29}$$

$$\Pr(Q_{b,t} \leqslant S_b) \geqslant 1-\varepsilon \tag{4.30}$$

$$\Pr(Q_{b,t} \geqslant -S_b) \geqslant 1-\varepsilon \tag{4.31}$$

$$\Pr(P_{b,t} + Q_{b,t} \leqslant \sqrt{2} S_b) \geqslant 1-\varepsilon \tag{4.32}$$

$$\Pr(P_{b,t} + Q_{b,t} \geqslant -\sqrt{2} S_b) \geqslant 1-\varepsilon \tag{4.33}$$

$$\Pr(P_{b,t} - Q_{b,t} \leqslant \sqrt{2} S_b) \geqslant 1-\varepsilon \tag{4.34}$$

$$\Pr(P_{b,t} - Q_{b,t} \geqslant -\sqrt{2} S_b) \geqslant 1-\varepsilon \tag{4.35}$$

式中,$\Pr(\cdot)$ 函数表示事件发生的概率;ε 表示约束条件被破坏的概率。

4.1.2　下层模型

(1)目标函数。

在上层模型优化出 MESS 的调度计划后,下层模型在此基础上根据交通网中交通流量状态重新制订 MESS 的运输路线,以尽可能地降低运输损耗。故而下层模型本质上是一个时变的路径规划模型。

为了量化 MESS 在运输过程中产生的电量损耗,本书采用了本章参考文献[5]中提出的车辆行驶能耗模型。该模型提出行驶能耗的大小由 3 个因素决定:车辆的速度、行驶距离以及质量。

$$E^{\mathrm{EC}}(d,s,\sigma) = \omega\sigma d + \zeta \frac{d}{s} + \psi ds^2 \tag{4.36}$$

式中,$E^{\mathrm{EC}}(\cdot)$ 为能耗计算函数;d 表示车辆行驶距离;s 表示车辆行驶速度;σ 表示车辆的质量;ω 表示质量系数;ζ 表示发电机系数;ψ 表示速度系数。

交通拥堵现象往往伴随着车辆频繁地加、减速,车辆速度的变化会影响车辆的能耗。为了直观地体现车速对运输能耗的影响,图 4.3 给出了不同车速下车辆行驶相同的距离所产生的能耗对比。显然,过高或者过低的车速并不利于车辆减少行驶能耗。特别是在低车速时,车辆的能量损耗尤为明显,而道路拥堵则会加剧这种情况。因此,本章设计了一种包含停靠策略的路径规划方案。

本书以某条路段为例,解释带停靠策略路径规划的具体含义。不同时段下某路段的最大限速图如图 4.4 所示,可以看出,在 $2T_s \sim 5T_s$ 时段,车辆的最大限速骤降,说明该时段内路段发生了交通拥堵或交通事故等影响车速的状况。停靠策略和非停靠策略下车辆

在该路段的行驶距离图如图 4.5 和图 4.6 所示,在最高车速数值低的时段,带停靠策略的车辆选择了不行进,通过牺牲部分的行驶时间,换取车辆保持在单位能耗低的车速中。

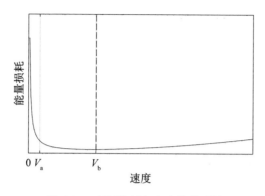

图 4.3　车辆能耗与车速的关系图

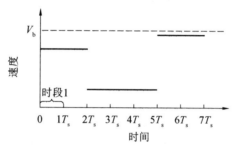

图 4.4　不同时段下某路段的最大限速图

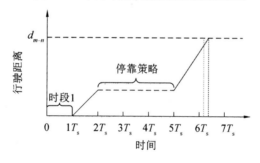

图 4.5　停靠策略下车辆行驶距离图

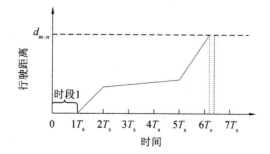

图 4.6　非停靠策略下车辆行驶距离图

为了平衡运输时间与车辆能耗间的关系,MESS 的到达时间从一个时间点被拓展为一个模糊时间窗口,并采用模糊隶属度函数评估 MESS 到达目的接入位置的时间满意度。在下层模型中设置 3 个目标函数,即

$$\min o_1 = -\mu\left(t^{\text{trans}}\right) \tag{4.37}$$

$$\min o_2 = \left(t^{\text{trans}} - T^{\text{st}}\right) \tag{4.38}$$

$$\min o_3 = E^{\text{EC}}\left(d_{m-n,t}, s_{m-n,t}, \sigma\right)$$

$$= \sum_{(m,n)\in\mathbb{N}_m} \sum_{t\in\mathbb{N}_t} \left(\omega\sigma d_{m-n,t} + \zeta\frac{d_{m-n,t}}{s_{m-n,t}} + \psi d_{m-n,t} s_{m-n,t}^2\right) \tag{4.39}$$

式中,$\mu(\cdot)$ 表示模糊隶属度函数,为保证目标函数的优化方向一致,即同时最小化,在此添加负号;t^{trans} 表示每次运输过程中 MESS 抵达目标接入位置的时间;T^{st} 表示每次运输过程的起始时间;$d_{m-n,t}$ 表示时段 t 内 MESS 在连接交通网节点 m、n 路段上的行驶距离;$s_{m-n,t}$ 表示时段 t 内 MESS 在连接交通网节点 m、n 路段上的行驶车速。式(4.37)—— 时间满意度 o_1、式(4.38)—— 运输时间 o_2、式(4.39)—— 车辆能耗 o_3。在保证运输时间的同时,尽可能减少行驶能耗。

车辆行驶速度与交通状况息息相关,为了获取速度参数 $s_{m-n,t}$,有必要对各时段下交通网中各条路段的拥堵情况进行量化评估。由于目前国际上没有统一的标准对道路拥堵进行定量分析,本章将采用中国公安部交通管理局、建设部城市建设司印发的《城市道路交通管理评价指标体系》作为参考范本。本章参考文献[6]中给出了道路拥堵的各项定量指标,包括路段饱和度、交通流量密度、车辆排队长度和道路拥堵持续时间等。由于道路拥堵评价并非本章的重点,为了简化流程,将路段饱和度作为量化评价的单因素指标,仅通过该指标的大小获取路段的最大限速。路段饱和度是指该路段的交通流量与通行能力(最大容量)间的比值,根据交通流量的预测数据,对比各类型路段在各道路状态下的交通流量阈值范围(表 4.2),即可将路段划分至一个具体的道路状态下。

表 4.2　各类型路段在各道路状态下的交通流量阈值范围

路况	畅通	基本畅通	轻度拥堵	中度拥堵	重度拥堵
路段饱和度	[0,0.3]	(0.3,0.6]	(0.6,0.7]	(0.7,0.8]	(0.8,+∞)
高速路	60 km/h	50 km/h	40 km/h	30 km/h	20 km/h
主干道	45 km/h	40 km/h	30 km/h	20 km/h	12.5 km/h
次干道	35 km/h	30 km/h	20 km/h	12.5 km/h	5 km/h

鉴于交通网中各类不确定因素影响交通流量的预测精度,本章将预测的道路饱和度视为一个模糊数,以反映预测值与真实值间的误差。综上所述,下层模型在本章参考文献[7]所提及模糊规划方法的基础上,将 MESS 在每次运输过程中的到达时间和路段饱和度预测值分别视为梯形模糊数和三角形模糊数。梯形模糊数和三角形模糊数是定义在实

数域上的凸模糊集合,模糊到达时间窗口如图4.7所示,模糊路段饱和度如图4.8所示。根据图 4.7,可以得到模糊隶属度函数 $\mu(t^{\text{trans}})$ 具体的计算式,即式(4.40)。当 MESS 在 T_{down}^* 至 T_{up}^* 时段间到达目的接入位置时,时间满意度最大,即模糊隶属度函数的值为1。

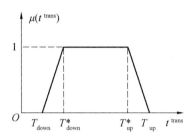

图 4.7　模糊到达时间窗口

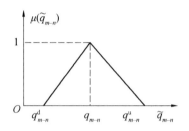

图 4.8　模糊路段饱和度

$$\mu(t^{\text{trans}}) = \begin{cases} 0 & \forall\, t^{\text{trans}} \in [T^{\text{st}}, T_{\text{down}}] \text{ or } [T_{\text{up}}, T^{\text{en}}] \\[2mm] \dfrac{t^{\text{trans}} - T_{\text{down}}}{T_{\text{down}}^* - T_{\text{down}}} & \forall\, t^{\text{trans}} \in [T_{\text{down}}, T_{\text{down}}^*] \\[2mm] 1 & \forall\, t^{\text{trans}} \in [T_{\text{down}}^*, T_{\text{up}}^*] \\[2mm] \dfrac{T_{\text{up}} - t^{\text{trans}}}{T_{\text{up}} - T_{\text{up}}^*} & \forall\, t^{\text{trans}} \in [T_{\text{up}}^*, T_{\text{up}}] \end{cases} \tag{4.40}$$

图 4.7、4.8 与式(4.40) 中,T_{down} 表示梯形模糊数的下界值;T_{up} 表示梯形模糊数的上界值;T_{down}^* 表示梯形模糊数的左值;T_{up}^* 表示梯形模糊数的右值;q_{m-n}^{d} 表示三角形模糊数的下界值;q_{m-n}^{u} 表示三角形模糊数的上界值;q_{m-n} 表示三角形模糊数的中值。

（2）约束条件。

构建下层模型的约束条件,即

$$\sum_{\forall(m,n)\in\mathbb{N}_m} U_{m-n} - \sum_{\forall(m,n)\in\mathbb{N}_m} U_{n-m} = \begin{cases} 1 & \text{if } m = V^{\text{st}} \\ 0 & \text{if } m \neq V^{\text{st}}, m \neq V^{\text{en}} \\ -1 & \text{if } m = V^{\text{en}} \end{cases} \tag{4.41}$$

$$0 \leqslant d_{m-n,t} \leqslant L_{m-n} u_{m-n,t}, \forall(m,n) \in \mathbb{N}_m, t \in \mathbb{N}_t \tag{4.42}$$

$$u_{m-n,t} \leqslant U_{m-n} \leqslant \sum_{t\in\mathbb{N}_t} u_{m-n,t}, \forall(m,n) \in \mathbb{N}_m, t \in \mathbb{N}_t \tag{4.43}$$

$$\sum_{t \in \mathbb{N}_t} d_{m-n,t} = U_{m-n} L_{m-n}, \forall (m,n) \in \mathbb{N}_m \tag{4.44}$$

$$h_{m-n,t} = \frac{60 d_{m-n,t}}{s_{m-n,t}}, \forall (m,n) \in \mathbb{N}_m, t \in \mathbb{N}_t \tag{4.45}$$

$$\sum_{\forall (m,n) \in \mathbb{N}_m} h_{m-n,t} \leqslant 60 T_s, \forall t \in \mathbb{N}_t \tag{4.46}$$

$$\forall (m,n) \in \mathbb{N}_m, t \in \mathbb{N}_t$$

$$\begin{cases} e_m \leqslant 60 T_s t - h_{m-n,t} + 60 T_s T (1 - u_{m-n,t}) \\ f_n \leqslant 60 T_s (t-1) + h_{m-n,t} - 60 T_s T (1 - u_{m-n,t}) \\ f_n \geqslant e_m + \sum_{t \in \mathbb{N}_t} h_{m-n,t} - 60 T_s T (1 - U_{m-n}) \end{cases} \tag{4.47}$$

$$0 \leqslant f_m \leqslant e_m, \forall m \in \mathbb{N}_m \tag{4.48}$$

$$t^{\text{trans}} = f_m \text{ if } m = V^{\text{en}} \tag{4.49}$$

$$h_{m-n,t} \geqslant 0, \forall (m,n) \in \mathbb{N}_m, t \in \mathbb{N}_t \tag{4.50}$$

$$E^{\text{EC}}(d_{m-n,t}, s_{m-n,t}, \sigma) \leqslant (S_{T\text{st}}^{\text{SOC}} - S_{T\text{en}}^{\text{SOC}}) E^{\text{MESS}} \tag{4.51}$$

式中,U_{m-n} 为 $0 \sim 1$ 变量,用于指示 MESS 是否行驶过连接交通网节点 m、n 间的路段,值为 1 表示 MESS 行驶过该条路段;V^{st} 和 V^{en} 表示每次运输过程中 MESS 的起始节点和终止节点;L_{m-n} 表示连接交通网节点 m、n 间路段的距离;$u_{m-n,t}$ 为 $0 \sim 1$ 变量,用于指示时段 t 内 MESS 是否行驶过连接交通网节点 m、n 间的路段,值为 1 表示 MESS 在该时段去过该条路段;$h_{m-n,t}$ 表示时段 t 内 MESS 在连接交通网节点 m、n 间路段上的行驶时间;e_m 表示 MESS 在交通网节点 m 处的出发时间;f_n 表示 MESS 在交通网节点 n 处的达到时间;$S_{T\text{st}}^{\text{SOC}}$ 表示 MESS 在运输初始时的 SOC;$S_{T\text{en}}^{\text{SOC}}$ 表示 MESS 在运输结束时的 SOC;T^{en} 表示每次运输过程的结束时间。

在上述约束条件中,式(4.41)是交通流量平衡约束,表示 MESS 在运输过程中的可行路径。式(4.42)限制了各时段内 MESS 在路段上的行驶距离不能超过路段本身的长度。式(4.43)表示只要 MESS 在任一时段内行驶过路段,则该条路段的指示变量 U_{m-n} 限制为 1。式(4.44)确保了 MESS 必须完整地驶过路段。式(4.45)表示时段 t 期间,MESS 真实的行驶时间。式(4.46)要求时段 t 内 MESS 的运输时间不能越过上层模型的单位仿真步长,这里需要注意一点,上层模型和下层模型对时间的度量单位不同,上层单位为 h,下层单位为 min,故在约束中加入数字"60",消除单位的差异。式(4.47)中的第一项要求若 MESS 在时段 t 期间在连接交通网节点 m、n 间的路段上行驶,即 $u_{m-n,t}$ 等于 1,则 MESS 从节点 m 的出发时间必须在时段 t 结束时间减去运输时间之前。同理,第二项和第三项对 MESS 抵达节点 n 的到达时间做出限制,本质上都是对 MESS 运输过程中的时间逻辑进行约束。约束中的 $60 T_s T$ 是整个仿真周期的结束时间,单位为 min,用于拓宽 MESS 在出发和到达的时间范围。式(4.48)确保 MESS 从交通网节点 m 出发的时间晚于其到达节点 m 的时间,即 MESS 必须到达某节点才能从该节点出发。式(4.49)表示 MESS 到达目的接入位置的时间即为该次运输行程的结束时间。式(4.50)确保各时段下 MESS 在各路段间的行驶时间为非负值。式(4.51)将下层模型进行路径规划所得的运输能耗限制在上层模型传递的 MESS 在起始接入位置和终止接入位置间的电量差,以达到下层模型缩减 MESS 运输能耗的目的。

4.2　模 型 求 解

通过 4.1 节中的建模可以发现,上层模型是一个带机会约束的随机规划问题,下层模型是一个带模糊参数的多目标规划问题。考虑到模型求解效率与求解的简便性,本节将对上述模型进行适当的数学转化。

上层模型的约束条件式(4.13)包含变量间的乘积,是一个非凸性约束。为了消除非凸性,将式(4.13)中的第一项 round($\cdot$) 函数视为一个 $0 \sim 1$ 变量,因为该项的值仅在 0 和 1 之间变换。添加一个人工变量后,利用大 M 法将约束条件进行线性化,即

$$0 \leqslant - r_{l,t}^{\mathrm{rep}} + y_{l,t} \leqslant M^{\mathrm{big}} \cdot \Big\{ 1 - \mathrm{round}\Big[\sum_{l=1}^{L} \sum_{\tilde{l}=1}^{L} (1 - x_{l-\tilde{l},t}) / (2L-1) \Big] \Big\} \quad (4.52)$$

$$- M^{\mathrm{big}} \cdot \mathrm{round}\Big\{ \Big[\sum_{l=1}^{L} \sum_{\tilde{l}=1}^{L} (1 - x_{l-\tilde{l},t}) / (2L-1) \Big] \Big\} \leqslant r_{l,t}^{\mathrm{rep}} \quad (4.53)$$

$$r_{l,t}^{\mathrm{rep}} \leqslant M^{\mathrm{big}} \cdot \mathrm{round}\Big\{ \Big[\sum_{l=1}^{L} \sum_{\tilde{l}=1}^{L} (1 - x_{l-\tilde{l},t}) / (2L-1) \Big] \Big\} \quad (4.54)$$

式中, $r_{l,t}^{\mathrm{rep}}$ 表示时段 t 期间接入位置 l 的人工变量; M^{big} 表示一个数值极大的实数。

将人工变量代入式(4.13),可得

$$z_{l,(t+1)} = r_{l,t}^{\mathrm{rep}} + \mathrm{round}\Big(\frac{z_{l,t} + z_{l,(t+1)}}{2.1} \Big) \quad (4.55)$$

由于上层模型中的机会约束[式(4.26)～(4.35)]无法写入 GUROBI 或 CPLEX 等商业优化求解器中进行求解,因此参考本章参考文献[7]和本章参考文献[8]中的方法,将机会约束进行确定性转化。根据文献中的结论,机会约束(4.56)可改写为(4.57)的确定性形式。

$$\mathrm{Pr}_{\xi \sim P} \{ \boldsymbol{a}^{\mathrm{T}} \boldsymbol{\xi} + \hat{b} > 0 \} \leqslant \varepsilon \quad (4.56)$$

$$\hat{b} + \sqrt{2\ln\Big(\frac{1}{\varepsilon}\Big) \sum_{l^*=1} \boldsymbol{a}_{l^*}^2} \leqslant 0 \quad (4.57)$$

式中, $\boldsymbol{a} = [a_1, a_2, \cdots, a_{L'}]^{\mathrm{T}}$, $\boldsymbol{a}$ 表示维度为 L' 的列向量系数; $\hat{b}$ 为一维系数; $\boldsymbol{\xi}$ 表示服从概

率密度分布函数 P 的误差变量向量，向量内各个变量的边际分布是相互独立的，均值为 0 且分布在 $[-1,1]$ 范围内。

在此基础上，对式$(4.26)\sim(4.35)$的机会约束进行处理。假设可再生能源出力和负荷的预测误差满足对称分布甚至正态分布，且均值为 0，根据潮流约束，将二者的预测误差映射至节点电压和线路功率上。根据式$(4.3)\sim(4.5)$可得

$$\begin{cases} P_{(b\neq 1),t} = \sum_{\forall b'\in\mathbb{N}_b,b'=\langle j,j'\rangle,j'\neq i,j'\in\mathbb{N}_i} P_{b',t} + P_{j,t}^0 + b_{j,t}^*\boldsymbol{\xi}_{j,t} + \\ \qquad\qquad P_t^{\mathrm{ch}} + P_t^{\mathrm{dh}} - P_{g,t} - P_{r,t}^0 - b_{r,t}^*\boldsymbol{\xi}_{r,t} \\ P_{(b=1),t} = \sum_{\forall b'\in\mathbb{N}_b,b'=\langle j,j'\rangle,j'\neq i,j'\in\mathbb{N}_i} P_{b',t} + P_{j,t}^0 + b_{j,t}^*\boldsymbol{\xi}_{j,t} + \\ \qquad\qquad P_t^{\mathrm{ch}} + P_t^{\mathrm{dh}} - P_{g,t} - P_{r,t}^0 - b_{r,t}^*\boldsymbol{\xi}_{r,t} - P_t^{\mathrm{grid}} \end{cases} \tag{4.58}$$

$$\begin{cases} Q_{(b\neq 1),t} = \sum_{\forall b'\in\mathbb{N}_b,b'=\langle j,j'\rangle,j'\neq i,j'\in\mathbb{N}_i} Q_{b',t} + (Q_{j,t}^0/P_{j,t}^0)(P_{j,t}^0 + b_{j,t}^*\boldsymbol{\xi}_{j,t}) + Q_{l,t}^{\mathrm{MESS}} \\ \qquad\qquad - Q_{g,t} - (Q_{r,t}^0/P_{r,t}^0)(P_{r,t}^0 + b_{r,t}^*\boldsymbol{\xi}_{r,t}) \\ Q_{(b=1),t} = \sum_{\forall b'\in\mathbb{N}_b,b'=\langle j,j'\rangle,j'\neq i,j'\in\mathbb{N}_i} Q_{b',t} + (Q_{j,t}^0/P_{j,t}^0)(P_{j,t}^0 + b_{j,t}^*\boldsymbol{\xi}_{j,t}) + Q_{l,t}^{\mathrm{MESS}} \\ \qquad\qquad - Q_{g,t} - (Q_{r,t}^0/P_{r,t}^0)(P_{r,t}^0 + b_{r,t}^*\boldsymbol{\xi}_{r,t}) - Q_t^{\mathrm{grid}} \end{cases} \tag{4.59}$$

$$v_{j,t} = v_{i,t} - 2\{r_b(\sum P_{b',t} + P_{j,t}^0 + b_{j,t}^*\boldsymbol{\xi}_{j,t} + P_t^{\mathrm{ch}} + P_t^{\mathrm{dh}} - P_{g,t} - P_{r,t}^0 - b_{r,t}^*\boldsymbol{\xi}_{r,t}) +$$
$$x_b[\sum Q_{b',t} + Q_{j,t}^0 + (Q_{j,t}^0/P_{j,t}^0)b_{j,t}^*\boldsymbol{\xi}_{j,t} + Q_{l,t}^{\mathrm{MESS}} - Q_{g,t} - Q_{r,t}^0 - (Q_{r,t}^0/P_{r,t}^0)b_{r,t}^*\boldsymbol{\xi}_{r,t}]\} \tag{4.60}$$

继续将上式进行整合，即

$$\begin{cases} \sum_{\forall b'\neq 1} P_{b',t} = \sum_{\forall b'\neq 1} P_{b',t}^0 + b_{j,t}^*\boldsymbol{\xi}_{j,t} - b_{r,t}^*\boldsymbol{\xi}_{r,t} \\ \sum_{\exists b'=1} P_{b',t} = \sum_{\exists b'=1} P_{b',t}^0 + b_{j,t}^*\boldsymbol{\xi}_{j,t} - b_{r,t}^*\boldsymbol{\xi}_{r,t} - P_t^{\mathrm{grid}} \end{cases} \tag{4.61}$$

$$\begin{cases} \sum_{\forall b'\neq 1} Q_{b',t} = \sum_{\forall b'\neq 1} Q_{b',t}^0 + (Q_{j,t}^0/P_{j,t}^0)b_{j,t}^*\boldsymbol{\xi}_{j,t} - (Q_{r,t}^0/P_{r,t}^0)b_{r,t}^*\boldsymbol{\xi}_{r,t} \\ \sum_{\exists b'=1} Q_{b',t} = \sum_{\exists b'=1} Q_{b',t}^0 + (Q_{j,t}^0/P_{j,t}^0)b_{j,t}^*\boldsymbol{\xi}_{j,t} - (Q_{r,t}^0/P_{r,t}^0)b_{r,t}^*\boldsymbol{\xi}_{r,t} - Q_t^{\mathrm{grid}} \end{cases} \tag{4.62}$$

$$v_{j,t} = v_{j,t}^0 - 2\{r_b(b_{j,t}^*\boldsymbol{\xi}_{j,t} - b_{r,t}^*\boldsymbol{\xi}_{r,t}) + x_b[(Q_{j,t}^0/P_{j,t}^0)b_{j,t}^*\boldsymbol{\xi}_{j,t} - (Q_{r,t}^0/P_{r,t}^0)b_{r,t}^*\boldsymbol{\xi}_{r,t}]\}$$
$$= v_{j,t}^0 - 2[(r_b b_{j,t}^* + x_b b_{j,t}^* Q_{j,t}^0/P_{j,t}^0)\boldsymbol{\xi}_{j,t} - (r_b b_{r,t}^* + x_b b_{r,t}^* Q_{r,t}^0/P_{r,t}^0)\boldsymbol{\xi}_{r,t}] \tag{4.63}$$

而后，将式$(4.61)\sim(4.63)$代入式$(4.26)\sim(4.35)$中，再将其转化为如式(4.56)的标准形式，即

$$\mathrm{Pr}\{v_{j,t}^0 - v_{\max} - 2[(r_b b_{j,t}^* + x_b b_{j,t}^* Q_{j,t}^0/P_{j,t}^0)\boldsymbol{\xi}_{j,t} -$$
$$(r_b b_{r,t}^* + x_b b_{r,t}^* Q_{r,t}^0/P_{r,t}^0)\boldsymbol{\xi}_{r,t}] > 0\} \leqslant \varepsilon \tag{4.64}$$

$$\Pr\{-v_{j,t}^0 + v_{\min} + 2[(r_b b_{j,t}^* + x_b b_{j,t}^* Q_{j,t}^0/P_{j,t}^0)\boldsymbol{\xi}_{j,t} - (r_b b_{r,t}^* + x_b b_{r,t}^* Q_{r,t}^0/P_{r,t}^0)\boldsymbol{\xi}_{r,t}] > 0\} \leqslant \varepsilon \tag{4.65}$$

$$\Pr\left\{P_{b,t}^0 - S_b + \sum_j b_{j,t}^* \boldsymbol{\xi}_{j,t} - \sum_r b_{r,t}^* \boldsymbol{\xi}_{r,t} > 0\right\} \leqslant \varepsilon \tag{4.66}$$

$$\Pr\left\{-P_{b,t}^0 - S_b - \sum_j b_{j,t}^* \boldsymbol{\xi}_{j,t} + \sum_r b_{r,t}^* \boldsymbol{\xi}_{r,t} > 0\right\} \leqslant \varepsilon \tag{4.67}$$

$$\Pr\left\{Q_{b,t}^0 - S_b + \sum_j [(Q_{j,t}^0/P_{j,t}^0)b_{j,t}^* \boldsymbol{\xi}_{j,t}] - \sum_r [(Q_{r,t}^0/P_{r,t}^0)b_{r,t}^* \boldsymbol{\xi}_{r,t}] > 0\right\} \leqslant \varepsilon \tag{4.68}$$

$$\Pr\left\{-Q_{b,t}^0 - S_b - \sum_j [(Q_{j,t}^0/P_{j,t}^0)b_{j,t}^* \boldsymbol{\xi}_{j,t}] + \sum_r [(Q_{r,t}^0/P_{r,t}^0)b_{r,t}^* \boldsymbol{\xi}_{r,t}] > 0\right\} \leqslant \varepsilon \tag{4.69}$$

$$\Pr\left\{ \begin{aligned} &P_{b,t}^0 + Q_{b,t}^0 - \sqrt{2}S_b + \sum_j b_{j,t}^* \boldsymbol{\xi}_{j,t} + \sum_j [(Q_{j,t}^0/P_{j,t}^0)b_{j,t}^* \boldsymbol{\xi}_{j,t}] \\ &- \sum_r b_{r,t}^* \boldsymbol{\xi}_{r,t} - \sum_r [(Q_{r,t}^0/P_{r,t}^0)b_{r,t}^* \boldsymbol{\xi}_{r,t}] > 0 \end{aligned} \right\} \leqslant \varepsilon \tag{4.70}$$

$$\Pr\left\{ \begin{aligned} &-P_{b,t}^0 - Q_{b,t}^0 - \sqrt{2}S_b - \sum_j b_{j,t}^* \boldsymbol{\xi}_{j,t} - \sum_j [(Q_{j,t}^0/P_{j,t}^0)b_{j,t}^* \boldsymbol{\xi}_{j,t}] \\ &+ \sum_r b_{r,t}^* \boldsymbol{\xi}_{r,t} + \sum_r [(Q_{r,t}^0/P_{r,t}^0)b_{r,t}^* \boldsymbol{\xi}_{r,t}] > 0 \end{aligned} \right\} \leqslant \varepsilon \tag{4.71}$$

$$\Pr\left\{ \begin{aligned} &P_{b,t}^0 - Q_{b,t}^0 - \sqrt{2}S_b + \sum_j b_{j,t}^* \boldsymbol{\xi}_{j,t} - \sum_j [(Q_{j,t}^0/P_{j,t}^0)b_{j,t}^* \boldsymbol{\xi}_{j,t}] \\ &- \sum_r b_{r,t}^* \boldsymbol{\xi}_{r,t} + \sum_r [(Q_{r,t}^0/P_{r,t}^0)b_{r,t}^* \boldsymbol{\xi}_{r,t}] > 0 \end{aligned} \right\} \leqslant \varepsilon \tag{4.72}$$

$$\Pr\left\{ \begin{aligned} &-P_{b,t}^0 + Q_{b,t} - \sqrt{2}S_b - \sum_j b_{j,t}^* \boldsymbol{\xi}_{j,t} + \sum_j [(Q_{j,t}^0/P_{j,t}^0)b_{j,t}^* \boldsymbol{\xi}_{j,t}] \\ &+ \sum_r b_{r,t}^* \boldsymbol{\xi}_{r,t} - \sum_r [(Q_{r,t}^0/P_{r,t}^0)b_{r,t}^* \boldsymbol{\xi}_{r,t}] > 0 \end{aligned} \right\} \leqslant \varepsilon \tag{4.73}$$

最后，根据式(4.57)的数学形式，将式(4.64)～(4.73)进行确定性转化，即

$$v_{j,t}^0 - v_{\max} + \sqrt{2\ln(1/\varepsilon)\,\{[-2(r_b b_{j,t}^* + x_b b_{j,t}^* Q_{j,t}^0/P_{j,t}^0)]^2 + [2(r_b b_{r,t}^* + x_b b_{r,t}^* Q_{r,t}^0/P_{r,t}^0)]^2\}} \leqslant 0 \tag{4.74}$$

$$-v_{j,t}^0 + v_{\min} + \sqrt{2\ln(1/\varepsilon)\,\{[2(r_b b_{j,t}^* + x_b b_{j,t}^* Q_{j,t}^0/P_{j,t}^0)]^2 + [-2(r_b b_{r,t}^* + x_b b_{r,t}^* Q_{r,t}^0/P_{r,t}^0)]^2\}} \leqslant 0 \tag{4.75}$$

$$P_{b,t}^0 - S_b + \sqrt{2\ln(1/\varepsilon)\left[\sum_j (b_{j,t}^*)^2 + \sum_r (-b_{r,t}^*)^2\right]} \leqslant 0 \tag{4.76}$$

$$-P_{b,t}^0 - S_b + \sqrt{2\ln(1/\varepsilon)\left[\sum_j (-b_{j,t}^*)^2 + \sum_r (b_{r,t}^*)^2\right]} \leqslant 0 \tag{4.77}$$

$$Q_{b,t}^0 - S_b + \sqrt{2\ln(1/\varepsilon)\left\{\sum_j [(Q_{j,t}^0/P_{j,t}^0)b_{j,t}^*]^2 + \sum_r [-(Q_{r,t}^0/P_{r,t}^0)b_{r,t}^*]^2\right\}} \leqslant 0 \tag{4.78}$$

$$-Q_{b,t}^0 - S_b + \sqrt{2\ln(1/\varepsilon)\left\{\sum_j [-(Q_{j,t}^0/P_{j,t}^0)b_{j,t}^*]^2 + \sum_r [(Q_{r,t}^0/P_{r,t}^0)b_{r,t}^*]^2\right\}} \leqslant 0 \tag{4.79}$$

$$P_{b,t}^0 + Q_{b,t}^0 - \sqrt{2}S_b + \sqrt{2\ln(1/\varepsilon)\left\{\begin{matrix}\sum_j [b_{j,t}^* + (Q_{j,t}^0/P_{j,t}^0)b_{j,t}^*]^2 + \\ \sum_r [-b_{r,t}^* - (Q_{r,t}^0/P_{r,t}^0)b_{r,t}^*]^2\end{matrix}\right\}} \leqslant 0 \quad (4.80)$$

$$-P_{b,t}^0 - Q_{b,t}^0 - \sqrt{2}S_b + \sqrt{2\ln(1/\varepsilon)\left\{\begin{matrix}\sum_j [-b_{j,t}^* - (Q_{j,t}^0/P_{j,t}^0)b_{j,t}^*]^2 + \\ \sum_r [b_{r,t}^* + (Q_{r,t}^0/P_{r,t}^0)b_{r,t}^*]^2\end{matrix}\right\}} \leqslant 0$$

$$(4.81)$$

$$P_{b,t}^0 - Q_{b,t}^0 - \sqrt{2}S_b + \sqrt{2\ln(1/\varepsilon)\left\{\begin{matrix}\sum_j [b_{j,t}^* - (Q_{j,t}^0/P_{j,t}^0)b_{j,t}^*]^2 + \\ \sum_r [-b_{r,t}^* + (Q_{r,t}^0/P_{r,t}^0)b_{r,t}^*]^2\end{matrix}\right\}} \leqslant 0 \quad (4.82)$$

$$-P_{b,t}^0 + Q_{b,t}^0 - \sqrt{2}S_b + \sqrt{2\ln(1/\varepsilon)\left\{\begin{matrix}\sum_j [-b_{j,t}^* + (Q_{j,t}^0/P_{j,t}^0)b_{j,t}^*]^2 + \\ \sum_r [b_{r,t}^* - (Q_{r,t}^0/P_{r,t}^0)b_{r,t}^*]^2\end{matrix}\right\}} \leqslant 0$$

$$(4.83)$$

对于下层模型中的模糊数和多目标函数,首先对三角形模糊数(道路饱和度预测值)进行处理,由于梯形模糊数的隶属度函数已存在于目标函数中,故无须对其进行处理。本章参考文献[9]根据三角模糊数的隶属度函数[式(4.84)]计算出了相应的期望区间[式(4.85)]和期望值[式(4.86)]。

$$\mu(\widetilde{q}_{m-n}) = \begin{cases} 0, \forall \widetilde{q}_{m-n} \in [0, q_{m-n}^d] \text{ or } \widetilde{q}_{m-n} \in [q_{m-n}^u, 1] \\ \dfrac{\widetilde{q}_{m-n} - q_{m-n}^d}{q_{m-n} - q_{m-n}^u}, \forall \widetilde{q}_{m-n} \in (q_{m-n}^d, q_{m-n}) \\ 1, \widetilde{q}_{m-n} = q_{m-n} \\ \dfrac{q_{m-n}^u - \widetilde{q}_{m-n}}{q_{m-n}^u - q_{m-n}}, \forall \widetilde{q}_{m-n} \in (q_{m-n}, q_{m-n}^u) \end{cases} \quad (4.84)$$

期望区间为

$$\begin{cases} \left[\int_0^1 f^{-1}(r)\,dr, \int_0^1 g^{-1}(r)\,dr\right] \\ \left[\dfrac{1}{2}(q_{m-n}^d + q_{m-n}), \dfrac{1}{2}(q_{m-n}^u + q_{m-n})\right] \end{cases} \quad (4.85)$$

期望值为

$$\frac{1}{4}(q_{m-n}^d + 2q_{m-n} + q_{m-n}^u) \quad (4.86)$$

将三角形模糊数以其期望值进行替换,计算可得一个确定性的值,而后根据此值在表4.2中找到相应的车辆速度参数。

其次,针对多目标函数,利用功效系数法将多个目标函数转化为单个目标函数,即对每个目标函数进行归一化处理。由于时间满意度函数的取值范围为 $0 \sim 1$,因此仅对运输时间和车辆能耗进行处理即可。

$$o_2^{\mathrm{co}} = \frac{o_2 - o_2^{\min}}{o_2^{\max} - o_2^{\min}} \tag{4.87}$$

$$o_3^{\mathrm{co}} = \frac{o_3 - o_3^{\min}}{o_3^{\max} - o_3^{\min}} \tag{4.88}$$

$$o^{\mathrm{down}} = \lambda_1 o_1 + \lambda_2 o_2^{\mathrm{co}} + \lambda_3 o_3^{\mathrm{co}} \tag{4.89}$$

式中,o_2^{co} 表示归一化后的运输时间;$o_2^{\min}$ 和 $o_2^{\max}$ 表示以运输时间为唯一目标函数的条件下,优化结果的最小值和最大值;o_3^{co} 表示归一化后的运输能耗;$o_3^{\min}$ 和 $o_3^{\max}$ 表示以运输能耗为唯一目标函数的条件下,优化结果的最小值和最大值;o^{down} 表示下层模型的目标函数;λ_1、λ_2 和 λ_3 表示时间满意度、运输时间和运输能耗在下层目标函数中所占的权重,各权重间的约束关系如下。

$$0 \leqslant \lambda_1 \leqslant 1 \tag{4.90}$$

$$0 \leqslant \lambda_2 \leqslant 1 - \lambda_1 \tag{4.91}$$

$$0 \leqslant \lambda_3 = (1 - \lambda_1 - \lambda_2) \leqslant 1 \tag{4.92}$$

综上所述,上层模型被转化为混合整数二阶锥规划问题,下层模型被转化为混合整数规划问题,双层模型的简化形式为

$$\begin{cases} 目标函数:(3.1) \\ \mathrm{s.t.}(3.3)-(3.12),(3.14)-(3.25),(3.52)-(3.55) \\ (3.74)-(3.83),(2.5)-(2.11),(2.14)-(2.16) \\ \{E_{l-l',t}^{\mathrm{EC}}, T_{l-l',t}^{\mathrm{transit}}\} \in \arg\min (3.89) \\ \mathrm{s.t.}(3.41)-(3.51) \end{cases} \tag{4.93}$$

针对双层优化问题的求解,参照 3.4.3 节中的方法,上层模型采用 GA 求解,下层模型运用 YALMIP 编写模型,并调用商业求解器 GUROBI 求解,求解流程图如图 4.9 所示。

4.3 算 例 仿 真

4.3.1 测试系统

为验证上述模型的有效性,采用由 29 节点的交通网和拓展后的 IEEE 33 节点配电网构成的交通-电力耦合网络进行算例仿真,拓展后的 IEEE 33 节点配电网拓扑图如图4.10 所示。29 节点交通网的详细信息可参见 3.4 节;本章的配电网测试系统相较于 3.4 节的不同之处在于分布式可再生能源的数量和接入位置,取消了无功补偿装置,添加了分布式化石能源。分布式可再生能源的预测出力曲线图如图 4.11 所示,各区域的负荷预测曲线、电价信息、两网间各节点的映射关系以及交通网中各节点和各路段的对应关系可参见 3.4 节。

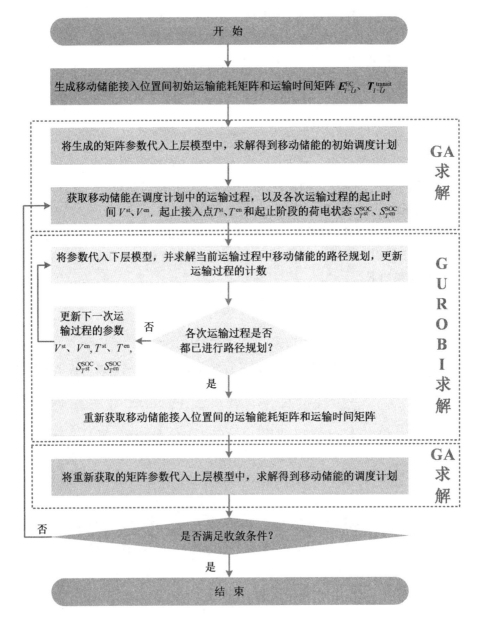

图 4.9 求解流程图

,10

图 4.10　　拓展后的 IEEE 33 节点配电网拓扑图

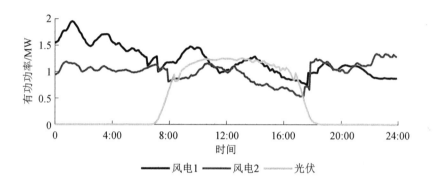

图 4.11　　分布式可再生能源的预测出力曲线图

根据接入位置规划和容量配置方法对 MESS 进行提前规划,优化结果显示为 3 处接入位置:接入位置 1 位于配电网节点 2(交通网节点 2);接入位置 2 位于配电网节点 17(交通网节点 14);接入位置 3 位于配电网节点 33(交通网节点 27)。容量规划结果为 5 辆 500 kW/1 MW·h 的 MESS,将 5 辆 MESS 视为一个整体进行调度。由于下层模型是针对单辆 MESS 在单次运输中的路径规划的,故最终的能量损耗结果为叠加 5 辆 MESS 在多次运输过程中产生的能耗。将 MESS 在每次运输过程中的模糊时间窗按一定倍数进行扩大,保证 MESS 可以采用停靠策略减少运输过程中的能量损耗。此外,图 4.12 给出了通过交通流量预测值所计算出的各时段内各路段的饱和度。关于上层模型中机会约束的参数,令 $\varepsilon = 0.05$,即不等式约束不满足的概率为 0.05。对于本章所考虑的负荷预测误差和可再生能源出力误差,假设两者的样本均由分布在 $[-1,1]$ 上独立的正态分布 $N(0,0.06)$ 随机生成。更多的基础参数见表 4.3。

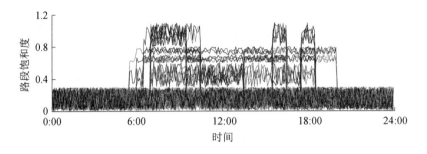

图 4.12　路段饱和度信息图

表 4.3　基础参数表

上层模型	下层模型	其他
$\alpha_1 = 0.38$　$\alpha_2 = 0.1$　$\alpha_3 = 0.25$	$T_{down} = T^{st} + 0.6(T^{en} - T^{st})$	$G = 3$　$R = 3$
$\beta_1 = 40$　$\beta_2 = 20$　$\beta_3 = 20$	$T_{down}^{*} = T^{st} + 1.0(T^{en} - T^{st})$	$T_s = 1/3$ h
$\gamma_1 = 0$　$\gamma_2 = 0$　$\gamma_3 = 0$	$T_{up}^{*} = T^{st} + 1.4(T^{en} - T^{st})$	$T = 72$　$M = 3$
$P_{min}^{DG} = 0$ MW　$P_{max}^{DG} = 1.33$ MW	$T_{up} = T^{st} + 2.0(T^{en} - T^{st})$	$\lambda_1 = 0.3$
$Q_{min}^{DG} = -0.533$ Mvar　$Q_{max}^{DG} = 1.33$ Mvar	$\omega = 0.272\,72$ m/s^2　$\zeta = 33$ kJ/s	$\lambda_2 = 0.3$
$r^{up} = 0.3$ MW/h　$r^{down} = 0.3$ MW/h	$\psi = 4.583\,39$ kg/m　$\sigma = 33\,000$ kg	$\lambda_3 = 0.6$

4.3.2　算例结果

本节将从经济性、运输过程中的能量损耗以及运输逻辑模型 3 个方面进行算例结果分析。

（1）经济性分析。

首先从经济性的角度分析加入 MESS 前后,配电网各项指标参数的变化(表 4.4)。从表 4.4 的数据可以看出,加入 MESS 后,DNO 的利润从 6 355.1 美元增加到了 7 226.5 美元。此外,相较于原系统,加入 MESS 后的配电网电压质量得到了改善,最大电压、最小电压、电压平均值、电压标准差这 4 项数据可以佐证。加入 MESS 前后系统电压对比图如图 4.13 所示,加入 MESS 后,配电网各节点电压一直维持在安全波动范围内。

表 4.4　加入 MESS 前后的系统指标参数

系统指标	原系统	加入 MESS 后
利润 / 美元	6 355.1	7 226.5
最大电压 /kV	13.696 0	13.287 9
最小电压 /kV	12.006 4	12.032 0
电压平均值 /kV	12.761 7	12.661 7
电压标准差	0.290 1	0.262 9

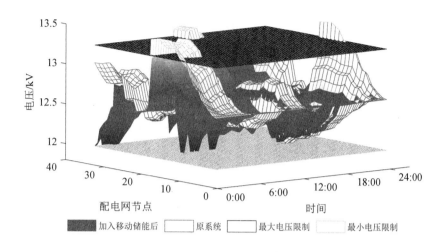

图 4.13　加入 MESS 前后系统电压对比图

MESS 在仿真周期内的运输过程图如图 4.14 所示。MESS 需要进行 3 次运输,分别于 3:00 从接入位置 3 出发前往接入位置 2,于 9:00 从接入位置 2 出发前往接入位置 3,于 19:40 从接入位置 3 前往接入位置 1。各运输过程的具体行进路线将在下一小节进行详细分析。

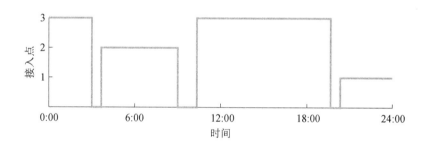

图 4.14　MESS 在仿真周期内的运输过程图

MESS 具体的充放电动作如图 4.15 ～ 4.17 所示,通过与 3.5 节中各时段电价信息以及分布式化石能源有功出力图(图 4.18)进行对比可知,储能的充放电行为不仅由电价驱动,还受到系统净负荷的影响。分布式化石能源有功出力波动可以侧面反映出系统的净负荷大小,在净负荷值较大的时段,分布式化石能源的有功出力通常处于峰值。 在 0:00～6:00 期间,DNO 向用户的售电价格高于 DNO 向上级电网的购电价格,且在 0:00～5:00 期间,两者价格差到达峰值,此时 MESS 充电成本最低。加之此期间风电出力大,净负荷小,MESS 通过充电增大负荷,避免电压突破上限值。在 7:00 后,用户负荷逐渐增加,系统净负荷增大,DNO向上级电网的购电价格减去 DNO 向用户的售电价格达到峰值,MESS 在此时放电不仅能获取可观的收益,还能维持系统的稳定运行。其余时段储能的充放电动作不外乎上述两种原因。

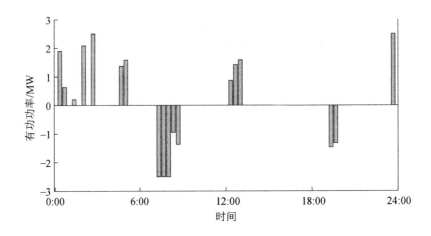

图 4.15 MESS 有功功率图

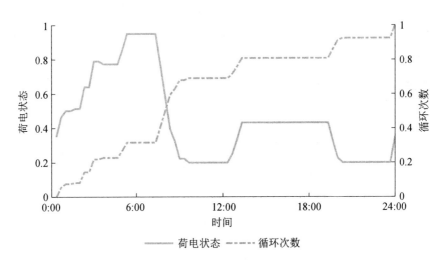

图 4.16 MESS 荷电状态与循环次数图

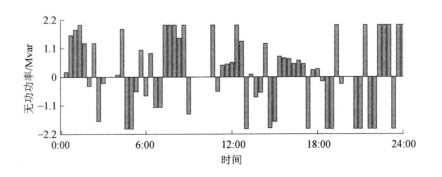

图 4.17 MESS 无功功率图

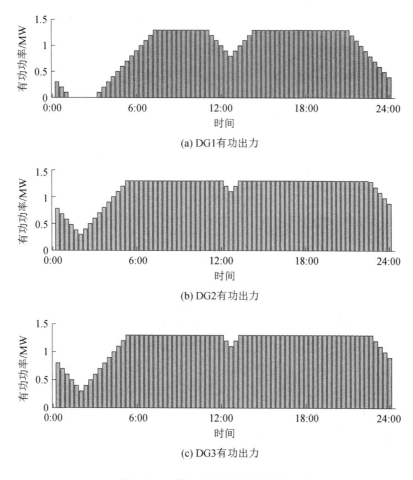

(a) DG1有功出力

(b) DG2有功出力

(c) DG3有功出力

图 4.18　分布式化石能源有功出力图

（2）运输过程中的能量损耗分析。

为了使读者清楚地了解停靠策略的影响，表 4.5 和表 4.6 给出了带停靠策略和无停靠策略的 MESS 在每次运输中的具体路径、能量损耗和运输时间。例如，在带停靠策略下，MESS 的第一次运输过程从 3:00 出发至 3:40 到达，依次经过交通网节点 14、24、23、22、27，共损耗电量 16.996 5×5 kW·h(共 5 辆 MESS)，实际在途运输时间为 21.77 min；在无停靠策略下，MESS 的第一次运输过程从 3:00 出发至 3:40 到达，依次经过交通网节点 14、24、23、26、27，共损耗电量 17.951 0×5 kW·h，实际在途运输时间为 21.41 min。由于上层模型的仿真步长 T_s 为 1/3 h(20 min)，因此下层模型优化出的到达时间和出发时间之间的差值应为 T_s 的整数倍。即便实际运输时间并非 T_s 的整数倍，也需将到达时间延长至符合要求。对比表 4.5 和表 4.6 可知，带停靠策略可降低能耗 191.987 0 kW·h。虽然相较于 MESS 的容量，减少的能耗值较小，但随着 MESS 工程应用的增加，大规模 MESS 减少的能耗价值十分可观。

表 4.5　带停靠策略的 MESS 运输过程

运输过程序次	运输路径（交通网节点）	能量损耗/kW·h	出发时间	到达时间	运输时间/min
1	14 → 24 → 23 → 22 → 27	16.996 5 × 5	3:00	3:40	21.77
2	14 → 21 → 25 → 26 → 27	23.354 6 × 5	9:00	10:20	66.40
3	2 → 1 → 4 → 7 → 20 → 22 → 27	26.542 8 × 5	19:40	20:20	31.95

表 4.6　无停靠策略的 MESS 运输过程

运输过程序次	运输路径（交通网节点）	能量损耗/kW·h	出发时间	到达时间	运输时间/min
1	14 → 24 → 23 → 26 → 27	17.951 0 × 5	3:00	3:40	21.41
2	14 → 21 → 25 → 24 → 23 → 22 → 27	49.851 2 × 5	9:00	10:00	54.50
3	2 → 1 → 4 → 7 → 20 → 22 → 27	37.489 1 × 5	19:40	20:20	27.81

本书以第二次运输过程为例,进一步说明 MESS 在何时采取停靠策略以规避道路拥堵。表 4.7 和表 4.8 分别给出了带停靠策略和无停靠策略下 MESS 在第二次运输过程中于各路段上的运输距离。例如,在带停靠策略的第二次运输过程中,MESS 在 9:00—9:20 行驶过了 14 节点和 21 节点间(8.7 km)、21 节点和 25 节点间(3.18 km)的路段,并在 9:20—10:00 处于停车阶段,规避道路拥堵,而后在 10:00—10:20 行驶过了 25 节点和 26 节点间(2.4 km)、26 节点和 27 节点间(4.8 km)的路段。而在无停靠策略的第二次运输过程中,MESS 一直处于行驶状态,拥堵时段的交通环境迫使 MESS 以低速前行,增大了行驶过程中的电量损耗。

表 4.7　带停靠策略下 MESS 在路段上的运输距离

路段（交通网节点）	9:00—9:20	9:20—9:40	9:40—10:00	10:00—10:20
14 → 21	8.7 km	—	—	—
21 → 25	3.18 km	—	—	—
25 → 26	—	—	—	2.4 km
26 → 27	—	—	—	4.8 km

表 4.8　无停靠策略下 MESS 在路段上的运输距离

路段 （交通网节点）	9:00—9:20	9:20—9:40	9:40—10:00	10:00—10:20
14 → 21	8.7 km	—	—	—
21 → 25	3.18 km	—	—	—
25 → 24	4.95 km	—	—	—
24 → 23	3.6 km	—	—	—
23 → 22	3.3 km	—	—	—
22 → 27	0.124 9 km	1.666 7 km	1.208 5 km	—

为了保证下层模型中各目标函数权重的合理性,采用遍历法确定权重参数,遍历步长为 0.01。以 MESS 第二次运输过程为例,通过遍历 3 个目标函数(时间满意度、运输时间、车辆能耗)的权重,得到 300 个最优解。这 300 个最佳优化方案可分为 3 类(表 4.9)。不难发现,在 I 型优化方案中,运输时间的权重 λ_2 较大,使 MESS 过于追求尽早到达目标接入位置,而不考虑停靠策略规避道路拥堵,最终导致车辆的能耗较高。而 III 型的优化方案正好相反,车辆能耗的权重 λ_3 过小,MESS 为了减少能耗采取了过多的停靠动作,延误了到达目标接入位置的时间,影响调度计划,不仅可能会使 DNO 遭受更大的经济损失,还可能威胁到系统的稳定运行。相较于前两者,II 型求解方案平衡了运输时间和车辆能耗间的关系,因此最终 3 项目标函数的权重参数被确定为 $\lambda_1 = 0.3$、$\lambda_2 = 0.3$、$\lambda_3 = 0.6$。

表 4.9　各种求解方案的权重配比

求解方案类型	I	II	III
λ_1	0.05 ～ 0.85	0.02 ～ 0.82	0.02 ～ 0.05
λ_2	0.12 ～ 0.91	0.01 ～ 0.57	0.87 ～ 0.9
λ_3	0 ～ 0.25	0.11 ～ 0.8	0.07 ～ 0.09
o_1	1	1	0.465 5
o_2	54.5	66.4	103.24
o_3	49.851 2	23.354 6	19.553 3

（3）运输逻辑模型分析。

最后,比较了本章参考文献[7]中的运输逻辑模型与本章的模型之间的差异。根据求解流程可知,在迭代过程中运输时间矩阵的数据需要更新,运输时间矩阵更新过程图如图 4.19 所示,矩阵的行表示接入位置间的轨迹方向,矩阵的列表示不同的时段。

以初始运输时间矩阵为例进行说明,若 MESS 在时段 9 从接入位置 1 前往接入位置 2,则需要花费 1 个单位仿真步长 T_s 的时间。初始的运输时间矩阵是通过无停靠策略的路径规划获取的,由于下层模型使用停靠策略进行路线规划,会致使 MESS 规避道路拥堵,造成优化后的运输时间大于初始运输时间矩阵内的数据。从图 4.19 中的运输时间矩阵可以看出,MESS 在时段 10 从接入位置 1 前往接入位置 3,需花费 3 个单位仿真步长的时间,而 MESS 在时段 11 从接入位置 1 前往接入位置 3,只需花费 1 个单位仿真步长的时间。数据更新后的运输时间矩阵将不满足一致性条件,这可能导致本章参考文献[7] 中的运输逻辑模型优化出的结果为次优解。

由于本小节只为验证运输逻辑模型的不同,因此将仿真步长设置为 1 h,以保证模型求解的速度。运输时间矩阵 1 被视为初始的运输时间矩阵,通过将时段 10 接入位置 1 到 3 的运输时间改为 3 获得运输时间矩阵 2,此过程视为迭代求解中矩阵 1 更新时间数据后的结果(表 4.10)。

将运输时间矩阵 1 代入本节的上层模型中,得到 MESS 在调度计划中的路径方案[图 4.20(a)],系统利润为 7219.7 美元(表 4.11)。将运输时间矩阵 2 代入本章的上层模型中,MESS 在调度计划中的路径方案和系统利润均保持不变[图 4.20(b)、表 4.11]。

将上层模型中的运输逻辑模型替换为本章参考文献[7] 中的模型,继续将矩阵 1 和矩阵 2 分别代入模型中进行优化求解,MESS 在调度计划中的路径方案发生改变,系统利润也从 7219.7 美元降至 7136.2 美元(表 4.11)。MESS 在调度计划中的路径方案和系统利润的变化证实本章参考文献[7] 中的运输逻辑模型只有在交通网络满足一致性条件时才有效。

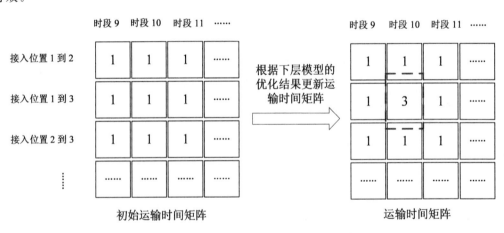

图 4.19 运输时间矩阵更新过程图

表 4.10　运输时间矩阵 1 与运输时间矩阵 2

时段	1	2	3	4	5	6	7	8	9	10	11	12
位置 1 到 2	1	1	1	1	2	1	1	1	1	1	1	1
位置 1 到 3	1	1	1	2	2	2	1	1	1	1/3	1	1
位置 2 到 3	1	1	1	1	1	1	1	1	1	1	1	1
时段	13	14	15	16	17	18	19	20	21	22	23	24
位置 1 到 2	1	1	1	1	1	1	1	1	1	1	1	1
位置 1 到 3	1	2	2	1	1	1	1	1	1	1	1	1
位置 2 到 3	1	1	1	1	1	1	1	1	1	1	1	1

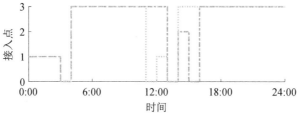

(a) 运输时间矩阵 1 下的路径方案

(b) 运输时间矩阵 2 下的路径方案

图 4.20　不同运输逻辑模型下的 MESS 路径对比

表 4.11　不同运输逻辑模型下优化方案利润对比

运输逻辑模型	运输时间矩阵	利润／美元
本章参考文献[7]	运输时间矩阵 1	7 219.7
本章	运输时间矩阵 1	7 219.7
本章	运输时间矩阵 2	7 219.7
本章参考文献[7]	运输时间矩阵 2	7 136.2

4.4 结 论

作为交通网和配电网间的耦合点,MESS 的调度方案需要同时考虑两者的状态。因此,本章提出了一种在交通－电力耦合网络中 MESS 的双层优化调度模型。上层模型是一个带机会约束的经济调度问题,下层模型根据上层模型的优化结果对 MESS 每次的运输过程进行多目标模糊路径规划。最后,通过上下层模型的迭代求解,得到 MESS 调度计划的最优解。对模型和求解算法的验证和分析表明,本章提出的 MESS 优化调度方案规避了易出现道路拥堵的时段和路段,在保证配电网稳定运行的同时,降低了 MESS 在运输过程中的能量损耗,缓解了交通环境对 MESS 经济效益的影响。

本章参考文献

[1] BARAN M E,WU F F.Network reconfiguration in distribution systems for loss reduction and load balancing[J].IEEE transactions on power delivery,1989,4(2):1401-1407.

[2] KWON S Y,PARK J Y,KIM Y J.Optimal V2G and route scheduling of mobile energy storage devices using a linear transit model to reduce electricity and transportation energy losses[J].IEEE transactions on industry applications,2020,56(1):34-47.

[3] BAEK S,KIM H,LIM Y.Multiple-vehicle origin-destination matrix estimation from traffic counts using genetic algorithm[J].Journal of transportation engineering,2004,130(3):339-347.

[4] HE G N,CHEN Q X,KANG C Q,et al.Optimal bidding strategy of battery storage in power markets considering performance-based regulation and battery cycle life[J].IEEE transactions on smart grid,2016,7(5):2359-2367.

[5] LU J,CHEN Y N,HAO J K,et al.The time-dependent electric vehicle routing problem:Model and solution[J].Expert systems with applications,2020,161:113593.

[6] CASTRO-NETO M,JEONG Y S,JEONG M K,et al.Online-SVR for short-term traffic flow prediction under typical and atypical traffic conditions[J].Expert systems with applications,2009,36(3):6164-6173.

[7] NEMIROVSKI A.On safe tractable approximations of chance constraints[J].European journal of operational research,2012,219(3):707-718.

[8] 吴素农，于金镒，杨为群，等.配电网分布式电源最大并网容量的机会约束评估模型及其转化方法[J].电网技术，2018，42(11)：3691-3697.

[9] DVORKIN Y，FERNÁNDEZ-BLANCO R，WANG Y S，et al.Co-planning of investments in transmission and merchant energy storage[J].IEEE transactions on power systems，2018，33(1)：245-256.

[10] Gurobi Optimizer. Gurobi optimizer reference manual[EB/OL]. [2024-11-04]. https：//www.gurobi.com/documentation/current/refman/index.html.

[11] LÖFBERG J.YALMIP：A toolbox for modeling and optimization in Matlab[C]. Taipei，China：IEEE International Symposium on Computer Aided Control Systems Design，2004.

[12] 栗子豪，吴文传，朱洁，等.基于机会约束的主动配电网热泵日前调度模型及可解性转换[J].电力系统自动化，2018，42(11)：24-31.

第5章　考虑电力－交通不确定性的移动储能经济调度

近年来,新型电力系统中分布式新能源规模不断增加,移动储能作为柔性调控资源,为清洁电力大规模消纳、保障电网安全稳定运行提供有力支撑。高渗透的新能源发电具有较强的间歇性与波动性,确定性的决策方法难以适用于复杂不确定性环境下电力系统的调度运行问题。鲁棒优化采用多面体、椭球等不确定性集合表示其取值波动范围,并寻求满足不确定性因素所有实现的最优解,不需要获取不确定性因素的概率模型。传统鲁棒优化决策结果基于不确定性集合中的最劣场景获得,通常保守性较强。自适应鲁棒优化(adaptive robust optimization,ARO)方法因其决策过程可基于随机变量的实现进行调整,近年来得到研究者们的青睐,在电网优化调度问题中得到广泛应用。

本章考虑移动储能的复杂运行环境建立其鲁棒调度策略,考虑电力－交通耦合环境下的动态不确定性时,可对移动储能的行驶策略及充放电策略进行滚动求解。首先,研究了移动储能在交通网和配电网中的联合调控特性,建立移动储能参与的配电网经济运行模型;其次,基于历史运行数据和实时监控数据研究交通网和配电网中的随机变量统计特性及动态变化特性,建立新能源发电及负荷功率的不确定性集合,采用主成分分析法对其进行降维,建立移动储能参与的配电网日前鲁棒经济运行模型和多阶段鲁棒经济运行模型,促进配电网中分布式新能源消纳;再次,提出针对所建立的日前和多阶段鲁棒优化模型的重构和求解策略;最后,在 IEEE 33 节点和 123 节点配电网系统中进行应用效果测试,结果表明,相比于静态储能,移动储能的运行能够为多区域新能源联合消纳提供帮助,适用于新能源接入比例较高的配电网中。同时,相比于日前移动储能调度模型,多阶段移动储能动态调度模型在实际应用中灵活性更强,能够充分利用交通网资源,提升配电网中的新能源消纳比例。

5.1　移动储能时空调度模型

充放电站是交通网与配电网间的耦合连接点。相比于常规的静态储能仅在电网固定位置进行充放电,移动储能具备调度的时空灵活性,其可利用城市交通网资源和其移动调度特性,在多个充放电站之间行驶,并接入任一电站进行充放电。因此,移动储能的运行模型需同时考虑交通网中的行驶状态调度模型、电力网中的电池充放电模型以及配电网潮流模型。

移动储能的运行模型基于以下假设建立。

(1) 移动储能属于电网运营方所有,其行驶轨迹和充放电功率均接受配电网调控中心的统一调度,其接收行驶调度指令后必须到达目标站点,在行驶过程中不能改变路径,在到达目标充放站点后可接受新的调度指令。

(2) 移动储能是由电动厢式卡车装载的电池储能装置,电池储能除了参与电网充放电,也为车辆行驶提供动力,且行驶过程消耗电量与行驶时间相关。当其停留在某一充放电站中时,其运行模式包括充电、放电及待机。

(3) 移动储能的调度周期为 1 d,其从默认站点出发进行调度,并在调度周期结束后返回默认站点进行检修维护。

(4) 充放电站位置提前根据电网安全稳定运行和应急恢复需求进行规划,不在本章所建模型的决策范围内。

(5) 路况检测系统可获取交通网的实时和历史路况,假设移动储能的行驶速度为道路平均车速。

在移动储能的交通网行驶模型和电池运行模型中,需要建立统一的调度时间尺度。在本章中,其行驶策略和充放电策略均以 15 min 作为优化时间间隔,优化时长 T 为 1 d,共包含 96 个优化时段。

5.1.1　行驶状态时空调度模型

对于配电网调控中心而言,其针对移动储能提出的调控指令包括其接入的站点位置和接入的时间,对于移动储能在交通网中具体的行驶轨迹并没有严格要求。因此,考虑交通网道路连接情况和移动储能参与电网优化运行的需求,建立以充放电站为节点的简化道路网模型(图 5.1),并基于此对下一时刻的行驶目标站点进行优化决策。在图 5.1(a) 中,S_1、S_2 和 S_3 均为 MESS 的充电站点,由于在站点中停留不存在行驶时间成本,因此图 5.1(b) 中站点间行驶成本矩阵的对角线均为 0,其余位置元素表示从起点行驶到终点的

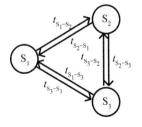

$$T = \begin{pmatrix} 0 & t_{S_1\text{-}S_2} & t_{S_1\text{-}S_3} \\ t_{S_2\text{-}S_1} & 0 & t_{S_2\text{-}S_3} \\ t_{S_3\text{-}S_1} & t_{S_3\text{-}S_2} & 0 \end{pmatrix}$$

(a) 简化道路网的加权有向图　　　　　(b) 站点间行驶成本矩阵

图 5.1　简化的道路网模型

行驶耗时。考虑道路通行时间因受实时车流量和环境因素影响而具有的时空变化特性，可在时间维度上拓展站点间行驶成本的时空矩阵(图 5.2)。

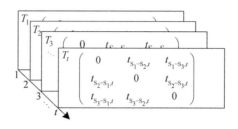

图 5.2　站点间行驶成本的时空矩阵

在此基础上，可建立移动储能时空调度策略空间(图 5.3)。其中，红色虚线表示移动储能在所有调度时段内的可选移动状态，其包括停留在当前站点和前往其他目标站点两类。如图 5.1(b) 所示，前往不同目标站点所需的行驶时间存在差异，此外，在时空调度模型中，不同时刻前往不同目标站点所需的行驶时间也存在差异。因此，移动储能在任意时段的可能行驶状态候选集合由站点间行驶成本的时空矩阵决定。

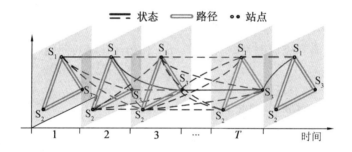

图 5.3　移动储能时空调度策略空间

移动储能行驶的约束可描述为

$$\sum_{(o,d),t_0 \in A_\tau} \gamma_{(o,d),t_0} = 1, \ \forall \tau \in T \tag{5.1}$$

$$\sum_{(o,d),t_0 \in A_{n,\tau_0,\text{in}}} \gamma_{(o,d),t_0} = \sum_{(o,d),t_0 \in A_{n,\tau_0,\text{out}}} \gamma_{(o,d),t_0}, \ \forall \tau \in T \tag{5.2}$$

$$\sum_{(o,d),t_0 \in A_{\text{dep},1,\text{out}}} \gamma_{(o,d),t_0} = 1 \tag{5.3}$$

$$\sum_{(o,d),t_0 \in A_{\text{ter},T,\text{in}}} \gamma_{(o,d),t_0} = 1 \tag{5.4}$$

式中，t_0 和 τ_0 分别表示 t 时段和 τ 时段的起始时刻；(o,d) 表示移动储能行驶路径的起点和终点；A 是移动储能所有可能移动状态的集合；0/1 变量 $\gamma_{(o,d),t_0}$ 表示移动储能的移动状态 $(o,d),t_0$ 是否被实现，当移动储能在 t_0 时刻从站点 o 前往站点 d 时，$\gamma_{(o,d),t_0}=1$，否则 $\gamma_{(o,d),t_0}=0$。

约束(5.1)表示单时段行驶状态的唯一性，在某一时刻，状态为停留在某一站点上或者在行驶途中;约束(5.2)表示全时段行驶状态的连贯性,当在上一时刻到达某一站点后,其下一时刻的状态必定为停留在该站点或者从该站点出发前往第三个站点;约束(5.3)和约束(5.4)分别设定移动储能行驶的起点和终点。在移动状态的唯一性、连贯性及默认站点位置的约束下,图 5.3 中的红色实线是一种可行移动状态决策结果的示例。

5.1.2　电池电量时空管理模型

移动储能在行驶过程中和参与电网调度过程中均存在电量变化。其在行驶过程中时,电池不参与电网集中调度,但需为其装载车辆提供行驶动力,因此存在电能消耗。在站点停靠时,其电池接入电网参与集中调度,电池电量受到充放电功率的影响。在电池的正常运行过程中,出于电池容量和运行安全的考虑,需对其充放电功率和电量进行约束。

$$(p_{e,i,t}^{\mathrm{ch}} - p_{e,i,t}^{\mathrm{di}})^2 + (q_{e,i,t}^{\mathrm{ess}})^2 \leqslant (\gamma_{e,(i,i),t_0} S_e^{\mathrm{ess}})^2, \forall\, t \in T \tag{5.5}$$

$$p_{e,i,t}^{\mathrm{ch}}, p_{e,i,t}^{\mathrm{di}} \geqslant 0, \forall\, t \in T \tag{5.6}$$

$$p_{e,t}^{\mathrm{travel}} = \Big(1 - \sum_{i \in \mathrm{Node}} \gamma_{e,(i,i),t_0}\Big) p_e^{\mathrm{travel}}, \forall\, t \in T \tag{5.7}$$

$$C_{e,t} = C_{e,t-1} + \Delta t \Big(\eta \sum_{i \in \mathrm{Node}} p_{e,i,t}^{\mathrm{ch}} - \frac{1}{\eta} \sum_{i \in \mathrm{Node}} p_{e,i,t}^{\mathrm{di}} - p_{e,t}^{\mathrm{travel}}\Big), \forall\, t \in T \tag{5.8}$$

$$\mathrm{SOC}_{e,\min} C_e^{\mathrm{ess}} \leqslant C_{e,t} \leqslant \mathrm{SOC}_{e,\max} C_e^{\mathrm{ess}}, \forall\, t \in T \tag{5.9}$$

$$C_{e,T} = C_{e,0} \tag{5.10}$$

式中,$p_{e,i,t}^{\mathrm{ch}}$、$p_{e,i,t}^{\mathrm{di}}$、$q_{e,i,t}^{\mathrm{ess}}$ 分别表示电池的充电有功功率、放电有功功率及无功功率;S_e^{ess}、C_e^{ess} 分别表示电池的额定功率与容量;$C_{e,t}$ 为 t 时段电池电量;Node 表示充放电站母线位置集合;$p_{e,t}^{\mathrm{travel}}$ 为移动储能行驶中单位时间的电池能耗;SOC 为电池荷电状态,通常设定其上下限范围。

约束(5.5)和(5.6)表示移动储能仅接入站点时才可进行充放电,同时设定了移动储能的有功、无功功率上下限;约束(5.7)表示移动储能在行驶中消耗电能;约束(5.8)描述了移动储能在一个时段中的电量变化;约束(5.9)描述了移动储能电量的上下限;约束(5.10)限定了移动储能的初始和终止电量。

其中,含二次项的约束(5.5)可通过分段线性化方法近似为线性模型,即

$$-\gamma_{e,(i,i),t_0} S_e^{\mathrm{ess}} \leqslant p_{e,i,t}^{\mathrm{ch}} - p_{e,i,t}^{\mathrm{di}} \leqslant \gamma_{e,(i,i),t_0} S_e^{\mathrm{ess}} \tag{5.11}$$

$$-\gamma_{e,(i,i),t_0} S_e^{\mathrm{ess}} \leqslant q_{e,i,t}^{\mathrm{ess}} \leqslant \gamma_{e,(i,i),t_0} S_e^{\mathrm{ess}} \tag{5.12}$$

$$-\sqrt{2}\,\gamma_{e,(i,i),t_0} S_e^{\mathrm{ess}} \leqslant p_{e,i,t}^{\mathrm{ch}} - p_{e,i,t}^{\mathrm{di}} + q_{e,i,t}^{\mathrm{ess}} \leqslant \sqrt{2}\,\gamma_{e,(i,i),t_0} S_e^{\mathrm{ess}} \tag{5.13}$$

$$-\sqrt{2}\,\gamma_{e,(i,i),t_0} S_e^{\mathrm{ess}} \leqslant p_{e,i,t}^{\mathrm{ch}} - p_{e,i,t}^{\mathrm{di}} - q_{e,i,t}^{\mathrm{ess}} \leqslant \sqrt{2}\,\gamma_{e,(i,i),t_0} S_e^{\mathrm{ess}} \tag{5.14}$$

5.1.3　移动储能参与的配电网优化运行模型

在配电网中,包含移动储能、分布式光伏等调控资源,在其优化运行模型中,需要考虑

不同类型资源的协同调控,以及各类型资源调控功率对配电网潮流分布的影响。

1.配电网线性 Distflow 模型

配电网潮流分布可基于 Linear Distflow 模型进行刻画,即

$$\sum_{k \in \beta(i)} P_{ik,t} = P_{ji,t} + p_{i,t}, \forall t \in T \tag{5.15}$$

$$\sum_{k \in \beta(i)} Q_{ik,t} = Q_{ji,t} + q_{i,t}, \forall t \in T \tag{5.16}$$

$$U_{i,t} = U_{j,t} - (r_{ji} P_{ji,t} + x_{ji} Q_{ji,t}) / U_1, \forall t \in T \tag{5.17}$$

$$p_{i,t} = G_{p,i,t} + p_{i,t}^{\mathrm{pv}} - p_{i,t}^{\mathrm{ch}} + p_{i,t}^{\mathrm{di}} - p_{i,t}^{\mathrm{load}}, \forall t \in T \tag{5.18}$$

$$q_{i,t} = G_{q,i,t} + q_{i,t}^{\mathrm{pv}} + q_{i,t}^{\mathrm{ess}} - q_{i,t}^{\mathrm{load}}, \forall t \in T \tag{5.19}$$

式中,U_1 为平衡节点电压幅值;$\beta(i)$ 为 i 节点的下游节点集合;$P_{ji,t}$ 为 t 时刻从节点 j 流向节点 i 线路上的有功功率。

配电网通常为辐射状结构,因此可将式(5.18)、(5.19)代入式(5.15)~(5.17),并对式(5.15)~(5.17)进行等效变换,即

$$P_{ji,t} = \boldsymbol{e}_l^T \left[\boldsymbol{A}^{-1} \left(\boldsymbol{G}_{p,t} + \boldsymbol{r}_t^{\mathrm{ren}} \boldsymbol{\xi}_t - \boldsymbol{p}_t^{\mathrm{load}} - \sum_e \boldsymbol{p}_{e,t}^{\mathrm{ch}} + \sum_e \boldsymbol{p}_{e,t}^{\mathrm{di}} \right) \right], \forall t \in T \tag{5.20}$$

$$Q_{ji,t} = \boldsymbol{e}_l^T \left[\boldsymbol{A}^{-1} \left(\boldsymbol{G}_{q,t} + \boldsymbol{q}_t^{\mathrm{ren}} - \boldsymbol{q}_t^{\mathrm{load}} + \sum_e \boldsymbol{q}_{e,t}^{ess} \right) \right], \forall t \in T \tag{5.21}$$

$$U_{i,t} = \boldsymbol{e}_i^T \left\{ \boldsymbol{U}_1 + \boldsymbol{A}^{-T} \left[\boldsymbol{r} \boldsymbol{A}^{-1} \left(\boldsymbol{G}_t^{\mathrm{p}} + \boldsymbol{r}_t^{\mathrm{ren}} \boldsymbol{\xi}_t - \boldsymbol{p}_t^{\mathrm{load}} - \sum_{e \in E} \boldsymbol{p}_{e,t}^{\mathrm{ch}} + \sum_{e \in E} \boldsymbol{p}_{e,t}^{\mathrm{di}} \right) + \right.\right.$$
$$\left.\left. \boldsymbol{x} \boldsymbol{A}^{-1} \left(\boldsymbol{G}_t^{\mathrm{q}} + \boldsymbol{q}_t^{\mathrm{ren}} - \boldsymbol{q}_t^{\mathrm{load}} + \sum_{e \in E} \boldsymbol{q}_{e,t}^{\mathrm{ess}} \right) \right] \right\} \tag{5.22}$$

式中,$\boldsymbol{A}$ 为配电网节点—线路关联矩阵,$\boldsymbol{A}^{-1}$ 为 $\boldsymbol{A}$ 的逆,$\boldsymbol{A}^T$ 和 $\boldsymbol{A}^{-T}$ 为 $\boldsymbol{A}$ 的转置和 $\boldsymbol{A}$ 转置的逆;$\boldsymbol{r}$ 和 $\boldsymbol{x}$ 为线路电阻和电抗的对角矩阵;$\boldsymbol{e}_l$ 和 $\boldsymbol{e}_i$ 为第 l 个元素或第 i 个元素为 1,其余元素为 0 的列向量。

基于式(5.20)~(5.22),配电网线路潮流与节点电压可表示为节点注入功率的函数形式。

在配电网潮流模型的基础上,进一步引入运行过程中配电网线路潮流与节点电压的安全约束,即

$$P_{ji,t}^2 + Q_{ji,t}^2 \leqslant S_{ji,\max}^2, \forall t \in T \tag{5.23}$$

$$U_{i,\min} \leqslant U_{i,t} \leqslant U_{i,\max}, \forall t \in T \tag{5.24}$$

其中,含二次项的约束(5.23)可通过分段线性化方法近似为一组线性约束,即

$$-S_{ji,\max} \leqslant P_{ji,t} \leqslant S_{ji,\max} \tag{5.25}$$

$$-S_{ji,\max} \leqslant Q_{ji,t} \leqslant S_{ji,\max} \tag{5.26}$$

$$-\sqrt{2} S_{ji,\max} \leqslant P_{ji,t} + Q_{ji,t} \leqslant \sqrt{2} S_{ji,\max} \tag{5.27}$$

$$-\sqrt{2} S_{ji,\max} \leqslant P_{ji,t} - Q_{ji,t} \leqslant \sqrt{2} S_{ji,\max} \tag{5.28}$$

2.配电网中分布式光伏调控模型

分布式新能源机组通过电力电子设备接入配电网中,可为配电网的优化运行提供有功、无功协同的调节能力。在本章中,主要考虑配电网中配置一定数量的分布式光伏机组,其调控模型为

$$0 \leqslant p_{i,t}^{\mathrm{pv}} \leqslant p_{i,t}^{\mathrm{pv,output}}, \forall t \in T \tag{5.29}$$

$$(p_{i,t}^{\mathrm{pv}})^2 + (q_{i,t}^{\mathrm{pv}})^2 \leqslant (s_i^{\mathrm{pv}})^2, \forall t \in T \tag{5.30}$$

式中,$p_{i,t}^{\mathrm{pv}}$、$q_{i,t}^{\mathrm{pv}}$ 分别为光伏机组对配电网的注入有功和无功功率;$p_{i,t}^{\mathrm{pv,output}}$ 为光伏机组的最大出力;s_i^{pv} 为光伏机组的额定发电功率。

含二次项的约束(5.30)可通过分段线性化方法近似为一组线性约束,即

$$-s_i^{\mathrm{pv}} \leqslant p_{i,t}^{\mathrm{pv}} \leqslant s_i^{\mathrm{pv}} \tag{5.31}$$

$$-s_i^{\mathrm{pv}} \leqslant q_{i,t}^{\mathrm{pv}} \leqslant s_i^{\mathrm{pv}} \tag{5.32}$$

$$-\sqrt{2}\,s_i^{\mathrm{pv}} \leqslant p_{i,t}^{\mathrm{pv}} + q_{i,t}^{\mathrm{pv}} \leqslant \sqrt{2}\,s_i^{\mathrm{pv}} \tag{5.33}$$

$$-\sqrt{2}\,s_i^{\mathrm{pv}} \leqslant p_{i,t}^{\mathrm{pv}} - q_{i,t}^{\mathrm{pv}} \leqslant \sqrt{2}\,s_i^{\mathrm{pv}} \tag{5.34}$$

3.配电网优化运行模型

考虑配电网中移动储能、分布式光伏的协同调控,优化配电网的总运行成本。因此,可建立配电网的优化运行模型,即

$$\min C_{\mathrm{ope}} = \sum_{t=1}^{T} c_p G_{p,t} \Delta t \tag{5.35}$$

$$s.t.\ (4.1) \sim (4.4), (4.6) \sim (4.14), (4.20) \sim (4.22), (4.24) \sim (4.30)$$

为便于后续分析,将模型(5.35)写为简化形式,即

$$\min_{x,y} \sum_{t \in T} \boldsymbol{c}^{\mathrm{T}} \boldsymbol{y}_t \tag{5.36}$$

$$s.t.\ \boldsymbol{M}\boldsymbol{x}_t + \boldsymbol{N}\boldsymbol{y}_t + \boldsymbol{O}\hat{\boldsymbol{\xi}}_t \leqslant \boldsymbol{a}, \forall t \in T \tag{5.37}$$

$$\sum_{\tau=1}^{t} \boldsymbol{B}\boldsymbol{y}_\tau \leqslant \boldsymbol{b}, \forall t \in T \tag{5.38}$$

$$\sum_{t=1}^{T} \boldsymbol{D}_t \boldsymbol{x}_t = \boldsymbol{d} \tag{5.39}$$

式中,$\boldsymbol{x}_t$ 为移动储能行驶状态,为0/1决策变量;$\boldsymbol{y}_t$ 包含了配电网从主网购电功率,以及光伏和储能的有功、无功功率,为连续决策变量;$\hat{\boldsymbol{\xi}}_t$ 表示光伏发电和负荷功率的预测值。

约束(5.37)包含了约束(5.6)～(5.7)、(5.11)～(5.14)、(5.20)～(5.22)、(5.24)～(5.29)、(5.31)～(5.34);约束(5.38)包含了约束(5.8)～(5.10);约束(5.39)包含了约束(5.1)～(5.4)。矩阵 $\boldsymbol{M}$、$\boldsymbol{N}$、$\boldsymbol{O}$、$\boldsymbol{B}$、$\boldsymbol{D}$ 和向量 $\boldsymbol{a}$、$\boldsymbol{b}$、$\boldsymbol{c}$、$\boldsymbol{d}$ 为对应约束中的系数。

5.2 移动储能参与配电网日前鲁棒经济调度

5.2.1 源荷不确定性建模

基于历史运行数据,可建立光伏发电功率 $\xi_{p,t}$ 和负荷功率 $\xi_{d,t}$ 的不确定性集合,即

$$
\Xi = \left\{
\begin{array}{l}
\Xi_{p,t} = [\underline{\xi}_{p,t} \leqslant \xi_{p,t} \leqslant \bar{\xi}_{p,t}], \\[2mm]
\Xi_{d,t} = [\underline{\xi}_{d,t} \leqslant \xi_{d,t} \leqslant \bar{\xi}_{d,t}], \\[2mm]
\forall\, p \in C_{\mathrm{pv}}, \forall\, d \in C_{\mathrm{load}}, \forall\, t \in T
\end{array}
\right\}
\tag{5.40}
$$

式中,$\underline{\xi}_{p,t}$、$\bar{\xi}_{p,t}$、$\underline{\xi}_{d,t}$、$\bar{\xi}_{d,t}$ 为不确定性集合的边界。

考虑到地理位置相近等因素,源荷功率的随机变量之间可能存在一定相关性,且部分随机变量对决策结果的影响极小,引入主成分分析(principal component analysis, PCA)方法,对不确定性集合进行降维。在 PCA 方法中,通过正交变换将原随机变量映射为一组独立的变量,并保留其中方差较大的部分关键变量,即

$$
\Xi_t = \{\Xi_{k,t} = [\underline{\xi}_{k,t} \leqslant \xi_{k,t} \leqslant \bar{\xi}_{k,t}], k = 1, \cdots, K\}, \forall\, t \in T
\tag{5.41}
$$

定义 $\lambda_1, \cdots, \lambda_{K'}$ 为变量协方差矩阵的特征值。最终保留的维度由设定的累计方差占比 ε 决定,本章中 ε 设为 95%,即

$$
\sum_{i=1}^{K} \lambda_i \Big/ \sum_{i=1}^{K'} \lambda_i \geqslant \varepsilon
\tag{5.42}
$$

式中,K 和 K' 为保留的变量维度和正交变换后的原始维度。

5.2.2 鲁棒优化建模

基于源荷功率的不确定性集合(5.41),可建立移动储能参与的配电网日前鲁棒优化调度模型,即

$$
\min_{x_t} \max_{\xi \in \Xi} \min_{y_t} \sum_{t \in T} c^{\mathrm{T}} y_t
\tag{5.43}
$$

$$
\text{s.t.} \, M x_t + N y_t + O \xi_t \leqslant a, \forall\, t \in T
\tag{5.44}
$$

$$
\sum_{\tau=1}^{t} B y_\tau \leqslant b, \forall\, t \in T
\tag{5.45}
$$

$$
\sum_{t=1}^{T} D_t x_t = d
\tag{5.46}
$$

在模型(5.43)中,在日前阶段,考虑约束(5.46),对移动储能行驶状态 x_t 进行优化决

策;在日内阶段,根据随机变量的实现和移动储能行驶状态 x_t 的决策结果,考虑约束 (5.44)、(5.45),在随机变量不确定性集合中的最劣场景下对配电网日内运行策略 y_t (具体包括配电网从主网购电功率,以及光伏和储能的有功、无功功率)进行优化决策,实现在随机变量不确定性集合最劣场景下配电网运行成本的最小化。

5.3　　移动储能参与的配电网多阶段鲁棒经济调度

5.3.1　　交通网和配电网不确定性因素动态更新机制

现有研究中随机变量的建模通常基于预测值或历史场景。在实际运行中,天气、故障等多种因素均会对随机变量的实现产生影响,难以实现准确预测。对于移动储能的优化调度而言,道路通行时间的预测误差可能导致日前行驶路径调度方案在实际运行中难以执行,导致配电网运行经济性较低。因此,研究交通网和配电网中不确定性因素的动态更新机制,实现移动储能的实时路径规划,可充分发挥移动储能的调度灵活性。

1.通行时间

采用实时信息与历史数据相结合的方式,动态描述交通网通行时间变化(图 5.4 ～ 5.5)。

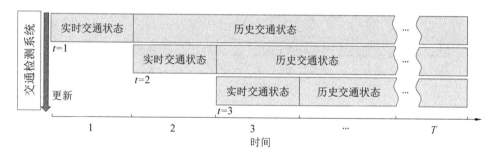

图 5.4　　基于实时信息和历史信息的交通状态不确定性动态更新

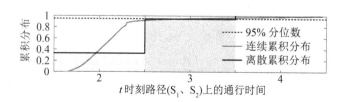

图 5.5　　通行时间的累积概率分布

基于路况监测系统可获取当前时段各路段的平均通行时间,作为实时路况信息。通过读取路况存储数据,可获得各路段的历史通行时间,在此基础上可对未来时段的道路通行时间进行预测。在实时通行时间大于预测通行时间时,即发生交通阻塞状况时,移动储能难以按日前计划到达相应站点参与电网运行。为避免这一情况,通常对道路通行时间进行保守预估。另外,为减少极端历史运行场景数据对路况预测信息的影响,可采用概率分布的 95% 分位数作为道路通行时间的预测值。

2.源荷功率

在 5.2.1 节所建源荷功率不确定性集合的基础上,可采用实时信息与历史数据相结合的方式对不确定性集合的边界信息进行动态更新,建立各时段的源荷功率不确定性集合。

5.3.2　多阶段鲁棒优化建模

结合动态更新的交通网和配电网不确定性建模方法,考虑移动储能行驶路径决策的非预期性,将 5.2.2 节中移动储能参与的配电网日前鲁棒优化调度模型拓展为移动储能多阶段鲁棒优化调度模型。

在多阶段鲁棒优化调度模型中,移动储能的调度策略随着每一时段随机变量的实现而依次进行决策。换言之,当前时段的决策仅依赖于过去时段随机变量的实现,每个时段的决策空间都受到过去时段决策结果的影响,其决策过程如图 5.6 所示。

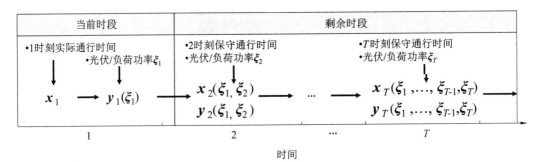

图 5.6　多阶段鲁棒优化调度模型决策过程

当前时段为模型的第 1 阶段,剩余时段为模型的第 $2 \sim T$ 阶段。当前时段的移动储能调度策略在随机变量实现之前进行决策,后续时段的移动储能调度和配电网运行策略根据各时段最劣随机场景依次进行鲁棒决策。移动储能多阶段鲁棒优化调度模型表述为

$$\min_{x_1} \max_{\xi_1 \in \Xi_1} \min_{y_1} \left[c^T y_1 + \max_{\xi_2 \in \Xi_2} \min_{x_2, y_2} (c^T y_2 + \cdots \max_{\xi_T \in \Xi_T} \min_{x_T, y_T} c^T y_T) \right] \tag{5.47}$$

$$\text{s.t.} Mx_1 + Ny_1(\xi_1) + O\xi_1 \leqslant a, \forall \xi_1 \in \Xi_1 \tag{5.48}$$

$$Mx_t(\xi_{[t]}) + Ny_t(\xi_{[t]}) + O\xi_t \leqslant a, \forall \xi_t \in \Xi_t, \forall t \in T/\{1\} \tag{5.49}$$

$$\sum_{\tau=1}^{t} By_\tau(\xi_{[\tau]}) \leqslant b, \forall \xi_\tau \in \Xi_\tau, \forall t \in T \tag{5.50}$$

$$D_1 x_1 + \sum_{t=2}^{T} D_t x_t(\xi_{[t]}) = d, \forall \xi_t \in \Xi_t \tag{5.51}$$

式中，$\boldsymbol{\xi}_t$ 为 t 时段的随机变量向量，$\boldsymbol{\xi}_{[t]} =: \{\boldsymbol{\xi}_1, \boldsymbol{\xi}_2, \cdots, \boldsymbol{\xi}_t\}$ 表示时段 $1 \sim t$ 的随机变量集合；当 $t = 2, \cdots, T$ 时，决策变量 $\boldsymbol{x}_t$ 和 $\boldsymbol{y}_t$ 由从 1 至 t 时段的随机变量决定，因此，$\boldsymbol{x}_t$ 和 $\boldsymbol{y}_t$ 可表示为 $1 \sim t$ 时段的随机变量的函数。目标函数(5.47)可以写为

$$\min_{\boldsymbol{x}_1} \max_{\boldsymbol{\xi} \in \Xi} \min_{\langle \boldsymbol{x}_2, \cdots, T, \boldsymbol{y}_1, \cdots, T \rangle} \sum_{t \in T} \boldsymbol{c}^{\mathrm{T}} \boldsymbol{y}_t(\boldsymbol{\xi}_{[t]}) \tag{5.52}$$

在求解得到当前时段的移动储能调度策略后，更新下一时段实时路况信息和随机变量预测信息，可继续求解下一时段的移动储能调度策略。最终，通过滚动求解获得所有优化时段内的移动储能调度策略。

5.3.3　模型近似变换方法

模型(5.48)～(5.52)的求解需要基于决策变量与随机变量之间的最优映射关系，为克服包含 $\boldsymbol{x}_t(\boldsymbol{\xi}_{[t]})$ 和 $\boldsymbol{y}_t(\boldsymbol{\xi}_{[t]})$ 的优化模型的求解困难，引入混合仿射规则及对偶理论，在如图 5.7 所示的流程下，将所建的多阶段鲁棒优化调度模型近似变换为易于求解的混合整数线性规划问题，再通过求解器进行求解。

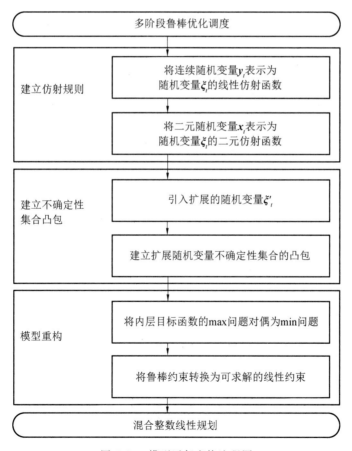

图 5.7　模型近似变换流程图

1.混合仿射规则

模型(5.48)～(5.52)中的决策变量 $\boldsymbol{x}_t$、$\boldsymbol{y}_t$ 与随机变量 $\boldsymbol{\xi}_{[t]}$ 存在映射关系,直接导致了模型求解难题。因此,首先利用仿射决策规则(affine decision rule,ADR),将所建立模型中对决策变量的求解转换为对有限个仿射系数的求解。考虑到所建多阶段鲁棒优化调度模型中各阶段均同时存在连续决策变量 $\boldsymbol{y}_t$ 和0/1决策变量 $\boldsymbol{x}_t$,因此还需分别针对不同类型决策变量进行仿射变换。

决策变量 $\boldsymbol{y}_t$ 与随机变量之间的仿射关系可用基本的线性仿射函数进行表示。由于在本章模型中,$\boldsymbol{y}_t$ 为 $1\sim t$ 时段所有随机变量 $\boldsymbol{\xi}_{[t]}$ 的线性组合,因此引入了大量待决策的仿射系数。为简化模型,可以将 $\boldsymbol{y}_t$ 仅表示为当前时段随机变量 $\boldsymbol{\xi}_t$ 的线性组合,即

$$\boldsymbol{y}_t(\boldsymbol{\xi}_{[t]})=\boldsymbol{Y}_t\boldsymbol{\xi}_t=\boldsymbol{y}_0\boldsymbol{\xi}_{0,t}+\boldsymbol{Y}_{1,t}\boldsymbol{\xi}_{1,t}+\cdots+\boldsymbol{Y}_{K,t}\boldsymbol{\xi}_{K,t},\boldsymbol{Y}_t\in\boldsymbol{R}^{Ny_t\times(K+1)} \quad (5.53)$$

式中,$\boldsymbol{\xi}_{0,t}$ 设为 1,表示常数项;$\boldsymbol{Y}_t$ 是线性仿射函数的仿射系数矩阵,$\boldsymbol{Y}_t=[\boldsymbol{y}_0,\boldsymbol{Y}_{1,t},\cdots,\boldsymbol{Y}_{K,t}]$。

对于模型中所包含的0/1决策变量 $\boldsymbol{x}_t$ 而言,如公式(5.53)的线性仿射函数不再适用。因此,针对引入了适用于 $\boldsymbol{x}_t$ 的二元仿射函数。

第一步,在不确定性集合上下限范围内,对随机变量 $\boldsymbol{\xi}_{k,t}$ 的取值进行离散化处理,通过引入断点 $\mu_{r,k,t}$ 将取值范围均分为 $\rho+1$ 段,即

$$\mu_{r,k,t}=\underline{\boldsymbol{\xi}}_{k,t}+r(\overline{\boldsymbol{\xi}}_{k,t}-\underline{\boldsymbol{\xi}}_{k,t})/(\rho+1),r=1,\cdots,\rho \quad (5.54)$$

第二步,定义分段二元函数 $\boldsymbol{G}(\ )$,即

$$\boldsymbol{G}(\boldsymbol{\xi}_t)=[1,\boldsymbol{G}(\boldsymbol{\xi}_{1,t}),\cdots,\boldsymbol{G}(\boldsymbol{\xi}_{K,t})]^T \quad (5.55)$$

其中

$$\boldsymbol{G}(\boldsymbol{\xi}_{k,t})=[\boldsymbol{G}_1(\boldsymbol{\xi}_{k,t}),\cdots,\boldsymbol{G}_\rho(\boldsymbol{\xi}_{k,t})],k=1,\cdots,K \quad (5.56)$$

$$\boldsymbol{G}_r(\boldsymbol{\xi}_{k,t})=1,\text{ if }\boldsymbol{\xi}_{k,t}\geqslant\mu_{r,k,t},r=1,\cdots,\rho \quad (5.57)$$

第三步,0/1决策变量 $\boldsymbol{x}_t$ 可近似等效为

$$\boldsymbol{x}_t(\boldsymbol{\xi}_{[t]})=\boldsymbol{X}_t\boldsymbol{G}(\boldsymbol{\xi}_t)=\boldsymbol{x}_0\boldsymbol{G}(\boldsymbol{\xi}_{0,t})+\boldsymbol{X}_{1,t}\boldsymbol{G}(\boldsymbol{\xi}_{1,t})+\cdots+\boldsymbol{X}_{K,t}\boldsymbol{G}(\boldsymbol{\xi}_{K,t}),\boldsymbol{X}_t\in\boldsymbol{R}^{Ny_t\times(K+1)} \quad (5.58)$$

$$0\leqslant\boldsymbol{X}_t\boldsymbol{G}(\boldsymbol{\xi}_t)\leqslant1,\boldsymbol{X}_t\in\{0,1\}^{N\boldsymbol{x}_t\times(K\rho+1)} \quad (5.59)$$

式中,$\boldsymbol{X}_t$ 是二元映射函数的映射系数矩阵,$\boldsymbol{X}_t=[\boldsymbol{x}_0,\boldsymbol{X}_{1,t},\cdots,\boldsymbol{X}_{K,t}]$。

基于以上的混合决策变量的仿射规则,模型(5.48)～(5.52)中 $2\sim T$ 阶段的所有决策变量均可以替换为随机变量的仿射函数形式,即

$$\min_{\langle\boldsymbol{x}_1,\boldsymbol{X}_t,\boldsymbol{Y}_t\rangle}\max_{\boldsymbol{\xi}_t\in\Xi_t}\sum_{t\in T}\boldsymbol{c}^T\boldsymbol{Y}_t\boldsymbol{\xi}_t \quad (5.60)$$

$$\text{s.t.}\boldsymbol{M}\boldsymbol{x}_1+\boldsymbol{N}\boldsymbol{Y}_1\boldsymbol{\xi}_1+\boldsymbol{O}\boldsymbol{\xi}_1\leqslant\boldsymbol{a},\forall\boldsymbol{\xi}_1\in\Xi_1 \quad (5.61)$$

$$\boldsymbol{M}\boldsymbol{X}_t\boldsymbol{G}(\boldsymbol{\xi}_t)+\boldsymbol{N}\boldsymbol{Y}_t\boldsymbol{\xi}_t+\boldsymbol{O}\boldsymbol{\xi}_t\leqslant\boldsymbol{a},\forall\boldsymbol{\xi}_t\in\Xi_t,\forall t\in T/\{1\} \quad (5.62)$$

$$\sum_{\tau=1}^{t} \boldsymbol{B} \boldsymbol{Y}_{\tau} \boldsymbol{\xi}_{\tau} \leqslant \boldsymbol{b}, \forall \boldsymbol{\xi}_{\tau} \in \varXi_{\tau}, \forall t \in T \tag{5.63}$$

$$\boldsymbol{D}_1 \boldsymbol{x}_1 + \sum_{t=2}^{T} \boldsymbol{D}_t \boldsymbol{X}_t \boldsymbol{G}(\boldsymbol{\xi}_t) = \boldsymbol{d}, \forall \boldsymbol{\xi}_t \in \varXi_t \tag{5.64}$$

2.扩展随机变量及不确定性集合

模型(5.60)～(5.64)包含二元函数 $\boldsymbol{G}(\ )$，仍为非凸模型，因此引入扩展的随机变量 $\boldsymbol{\xi}'_t$。对模型做进一步重构变换，即

$$\boldsymbol{\xi}'_t = \{[\boldsymbol{\xi}'_{0,t}]^T, [\boldsymbol{\xi}'_{1,t}]^T, \cdots, [\boldsymbol{\xi}'_{K,t}]^T\}^T$$

$$= \{[1,1], [\boldsymbol{\xi}_{1,t}, \boldsymbol{G}(\boldsymbol{\xi}_{1,t})], \cdots, [\boldsymbol{\xi}_{K,t}, \boldsymbol{G}(\boldsymbol{\xi}_{K,t})]\}^T, \forall t \in T \tag{5.65}$$

同时，引入矩阵 $\boldsymbol{L}_1$ 和 $\boldsymbol{L}_2$ 可以将扩展的随机变量 $\boldsymbol{\xi}'_t$ 还原为 $\boldsymbol{\xi}_t$ 和 $\boldsymbol{G}(\boldsymbol{\xi}_t)$，即

$$\begin{cases} \boldsymbol{\xi}_t = \boldsymbol{L}_1 \boldsymbol{\xi}'_t \\ \boldsymbol{G}(\boldsymbol{\xi}_t) = \boldsymbol{L}_2 \boldsymbol{\xi}'_t \end{cases} \tag{5.66}$$

对于非连续且非凸的扩展不确定性集合 $\varXi'_{k,t} = \{\boldsymbol{\xi}'_{k,t}\}$，通过凸包可将其进行松弛。将 $\varXi'_{k,t}$ 的极值点表示为 $[\boldsymbol{v}_w, \boldsymbol{G}(\boldsymbol{v}_w)]$，$w=1, \cdots, 2\rho+2$，其中 $\boldsymbol{v}_w$ 包括了随机变量的上下界及断点。不确定性集合 $\varXi'_{k,t}$ 的凸包可表述为其极值点的凸组合，即

$$\mathrm{conv}(\varXi'_{k,t}) = \left\{ \boldsymbol{\xi}'_{k,t} = [\boldsymbol{\xi}_{k,t}, \boldsymbol{G}(\boldsymbol{\xi}_{k,t})]^T, \exists \boldsymbol{\zeta}_{w,t} \in \mathbf{R}^+ : \right.$$

$$\left. \sum_{w=1}^{2\rho+2} \boldsymbol{\zeta}_{w,t} = 1, \sum_{w=1}^{2\rho+2} \boldsymbol{\zeta}_{w,t} \boldsymbol{v}_w = \boldsymbol{\xi}_{k,t}, \sum_{w=1}^{2\rho+2} \boldsymbol{\zeta}_{w,t} \boldsymbol{G}(\boldsymbol{v}_w) = \boldsymbol{G}(\boldsymbol{\xi}_{k,t}) \right\} \tag{5.67}$$

在不确定性集合中，K 维随机变量是相互独立的，将 $\varXi'_{k,t}(k=1, \cdots, K)$ 的集合表示为 $\varXi'_t$，$\varXi'_t$ 的凸包表示为 $\mathrm{conv}(\varXi'_t)$。由式(5.67)可知，$\mathrm{conv}(\varXi'_t)$ 是闭合且有界的多面体集合，因此可以采用简化形式表示，即

$$\mathrm{conv}(\varXi'_t) = \left\{ \begin{matrix} \boldsymbol{\xi}'_t : \exists \boldsymbol{\zeta}_t \in \mathbf{R}^{K \times (2\rho+2)} : \\ \boldsymbol{A}_{1,t} \boldsymbol{\xi}'_t + \boldsymbol{A}_{2,t} \boldsymbol{\zeta}_t = \boldsymbol{h}_t, \boldsymbol{\zeta}_t \geqslant 0 \end{matrix} \right\} \tag{5.68}$$

式中，$\boldsymbol{A}_{1,t}$、$\boldsymbol{A}_{2,t}$ 和 $\boldsymbol{h}_t$ 均为式(5.67)中的系数矩阵。

3.线性化变换

基于扩展随机变量的凸包(5.68)，模型(5.60)～(5.64)松弛为

$$\min_{\{\boldsymbol{x}_1, \boldsymbol{X}_t, \boldsymbol{Y}_t\}} \max_{\boldsymbol{\xi}'_t \in \mathrm{conv}(\varXi'_t)} \sum_{t \in T} \boldsymbol{c}^T \boldsymbol{Y}_t \boldsymbol{L}_1 \boldsymbol{\xi}'_t \tag{5.69}$$

$$\mathrm{s.t.} \boldsymbol{M} \boldsymbol{x}_1 + \boldsymbol{N} \boldsymbol{Y}_1 \boldsymbol{L}_1 \boldsymbol{\xi}'_1 + \boldsymbol{O} \boldsymbol{L}_1 \boldsymbol{\xi}'_1 \leqslant \boldsymbol{a}, \forall \boldsymbol{\xi}'_1 \in \mathrm{conv}(\varXi'_1) \tag{5.70}$$

$$\boldsymbol{M} \boldsymbol{X}_t \boldsymbol{L}_2 \boldsymbol{\xi}'_t + \boldsymbol{N} \boldsymbol{Y}_t \boldsymbol{L}_1 \boldsymbol{\xi}'_t + \boldsymbol{O} \boldsymbol{L}_1 \boldsymbol{\xi}'_t \leqslant \boldsymbol{a}, \forall \boldsymbol{\xi}'_t \in \mathrm{conv}(\varXi'_t), \forall t \in T/\{1\} \tag{5.71}$$

$$\sum_{\tau=1}^{t} \boldsymbol{B} \boldsymbol{Y}_{\tau} \boldsymbol{L}_1 \boldsymbol{\xi}'_{\tau} \leqslant \boldsymbol{b}, \forall \boldsymbol{\xi}'_{\tau} \in \mathrm{conv}(\varXi'_{\tau}), \forall t \in T \tag{5.72}$$

$$\boldsymbol{D}_1 \boldsymbol{x}_1 + \sum_{t=2}^{T} \boldsymbol{D}_t \boldsymbol{X}_t \boldsymbol{L}_2 \boldsymbol{\xi}'_t = \boldsymbol{d}, \forall \boldsymbol{\xi}'_t \in \mathrm{conv}(\varXi'_t) \tag{5.73}$$

双层目标函数(5.69)的内层 max 问题可以通过对偶理论转换为 min 问题,即

$$\min_{\{x_1, X_t, Y_t, \pi_t, \omega_t, \sigma_{t,\tau}\}} \sum_{t \in T} \boldsymbol{h}_t^\mathrm{T} \boldsymbol{\pi}_t \tag{5.74}$$

$$\text{s.t.} \boldsymbol{A}_{1,t}^\mathrm{T} \boldsymbol{\pi}_t = (\boldsymbol{Y}_t \boldsymbol{L}_1)^\mathrm{T} \boldsymbol{c}, \boldsymbol{A}_{2,t}^\mathrm{T} \boldsymbol{\pi}_t \geqslant 0, \forall t \in T \tag{5.75}$$

式中,$\boldsymbol{\pi}_t$ 为引入的对偶变量向量。

鲁棒约束(5.70)~(5.72)通过标准鲁棒技术转换为

$$\boldsymbol{h}_1^\mathrm{T} \boldsymbol{\omega}_1 \leqslant (\boldsymbol{a} - \boldsymbol{M} \boldsymbol{x}_1)^\mathrm{T} \tag{5.76}$$

$$\boldsymbol{A}_{1,1}^\mathrm{T} \boldsymbol{\omega}_1 = (\boldsymbol{N} \boldsymbol{Y}_1 \boldsymbol{L}_1 + \boldsymbol{O} \boldsymbol{L}_1)^\mathrm{T}, \boldsymbol{A}_{2,1}^\mathrm{T} \boldsymbol{\omega}_1 \geqslant 0 \tag{5.77}$$

$$\boldsymbol{h}_t^\mathrm{T} \boldsymbol{\omega}_t \leqslant \boldsymbol{a}^\mathrm{T}, \forall t \in T/\{1\} \tag{5.78}$$

$$\boldsymbol{A}_{1,t}^\mathrm{T} \boldsymbol{\omega}_t = (\boldsymbol{M} \boldsymbol{X}_t \boldsymbol{L}_2 + \boldsymbol{N} \boldsymbol{Y}_t \boldsymbol{L}_1 + \boldsymbol{O} \boldsymbol{L}_1)^\mathrm{T}, \boldsymbol{A}_{2,t}^\mathrm{T} \boldsymbol{\omega}_t \geqslant 0, \forall t \in T/\{1\} \tag{5.79}$$

$$\sum_{\tau=1}^{t} \boldsymbol{h}_\tau^\mathrm{T} \boldsymbol{\sigma}_{t,\tau} \leqslant \boldsymbol{b}, \forall t \in T \tag{5.80}$$

$$\boldsymbol{A}_{1,t}^\mathrm{T} \boldsymbol{\sigma}_{t,\tau} = (\boldsymbol{B} \boldsymbol{Y}_t \boldsymbol{L}_1)^\mathrm{T}, \boldsymbol{A}_{2,t}^\mathrm{T} \boldsymbol{\sigma}_{t,\tau} \geqslant 0, 1 \leqslant \tau \leqslant t, \forall t \in T \tag{5.81}$$

式中,$\boldsymbol{\omega}_t$、$\boldsymbol{\sigma}_{t,\tau}$ 均为引入的对偶变量向量。

此外,对于约束(5.73)则可直接等效变换为

$$\boldsymbol{D}_1 \boldsymbol{x}_1 - \boldsymbol{d} = 0 \tag{5.82}$$

$$\boldsymbol{D}_t \boldsymbol{X}_t \boldsymbol{L}_2 = 0, \forall t \in T/\{1\} \tag{5.83}$$

至此,本章所建立的多阶段鲁棒优化调度模型转换为 MILP 模型,可通过 Gurobi 等求解器直接进行求解。

5.4 算 例 分 析

本章分别测试了移动储能在不同运行场景、不同调度方式、不同应用规模下的运行灵活性,以及不同测试场景下配电网运行的经济性,验证了本章所提出的移动储能调度策略的有效性。

5.4.1 移动储能的时空调控结果

1.测试系统参数

IEEE 33 节点配电网与交通网的耦合测试系统如图 5.8 所示,其中配置了 1 台移动储能和 4 座充放电站,充放电站位置如图中绿色圆点所示。移动储能规模为 2 MW/20 MW·h,其充放电效率为 95%,SOC 安全范围为[20%,80%],优化初始和终止时段 SOC 均设为 50%,行驶过程中的能耗为 0.05 MW/s,默认站点为 S_1 站点,道路上的实时及历史行驶时间基于高德地图开发者平台获取。

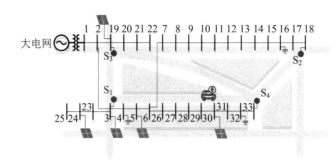

图 5.8　IEEE33 节点配电网与交通网的耦合测试系统

光伏机组配置位置及容量见表 5.1。光伏发电功率和负荷功率基于某地历史光照强度和负荷历史数据。

表 5.1　光伏机组配置位置及容量

接入母线	额定功率 /MW
3	3.7
5	3.3
19	2.3
24	4
30	4.4

本章所提方法中考虑了源荷功率的不确定性,因此在本测试系统中随机变量为32个节点所带负荷功率和5个光伏机组发电功率。主成分分析降维后的多阶段鲁棒优化调度模型计算结果和计算时间见表 5.2。设定保留 95% 方差贡献率,可将随机变量维度从 37 维降低到 6 维,单次多阶段鲁棒优化调度模型求解时间从 145.40 s 降低到 38.30 s。由此可见,本章所建多阶段鲁棒优化调度模型的求解效率与随机变量的维度密切相关。同时模型决策结果的保守性由于非关键随机变量的删除而略有降低。

表 5.2　主成分分析降维后的多阶段鲁棒优化调度模型计算结果和计算时间

主成分累积贡献率	随机变量 ξ_t 维度	计算时间 /s	日运行成本 / 美元	弃光量 /MW·h
1	37	145.40	4 172.0	46.91
0.95	6	38.30	3 926.4	48.19

2.不同新能源发电场景下的移动储能运行效果

不同天气条件下的光伏发电功率如图 5.9 所示。相比于晴天,阴天中光照受云雾遮挡的情况更加复杂,光伏平均发电量更低,波动性更大。

不同光照条件对移动储能的时空调度策略有较大影响,不同天气下移动储能调度结果如图 5.10 所示。在图 5.10(a)中,凌晨时段各光伏机组没有发电功率,此时为满足负荷用电需求,移动储能进行放电,SOC下降直至到达下限。光伏在 7:00 左右开始出力逐

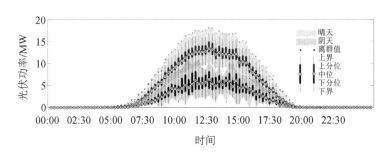

图 5.9　不同天气条件下的光伏发电功率

渐上升,移动储能随之开始充电。正午时段光照强,光伏发电量大,易出现线路传输功率或节点电压达到上限而造成的弃光。从图 5.10 中结果可见,移动储能在 11:30 ～ 11:45 从 S_1 站点移动到 S_3 站点,以存储 S_3 站点上过剩的光伏功率。傍晚时段光伏发电量开始下降,移动储能在 16:00 ～ 16:15 返回默认站点 S_1,此后保持放电状态直至结束运行。

在图 5.10 (b) 中,由于阴天,整体的光伏发电功率较低,移动储能始终停留在 S_1 站点进行充放电。这是由于系统输电容量能够满足少量光伏电量的输送与消纳,少有弃光,在该情况下,移动储能行驶到其他站点带来的经济性改善不明显,难以补偿移动成本。

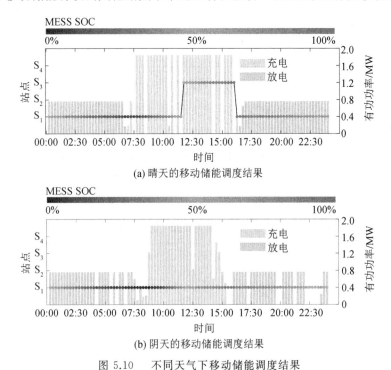

(a) 晴天的移动储能调度结果

(b) 阴天的移动储能调度结果

图 5.10　不同天气下移动储能调度结果

5.4.2　不同储能调度方法运行效果对比

本节在不同路况场景下对比不同移动储能调度方法的灵活性,以及不同储能调度方法下配电网的运行经济性。交通网中的通行时间如图 5.11 所示。在图 5.11 (a) 中,横轴代表一天内的各时段,纵轴中标出不同的路径,用色块给出了一天内获取的各时段不同路径的实际通行时间,红色表示通行时间长,绿色则代表通行时间短。图 5.11（b）展示了路径 S_3-S_1 的预测通行时间、某日正常路况下的实际通行时间和某日该路径阻塞后的实际通行时间。在正常路况下,大部分时段的实际通行时间小于保守预估通行时间。但在阻塞路况下,造成阻塞的突发事件难以被预测,实际通行时间比预测通行时间长。

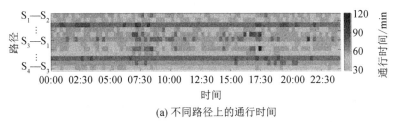

(a) 不同路径上的通行时间

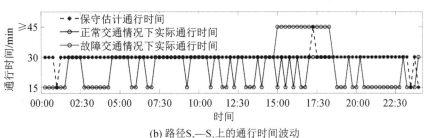

(b) 路径S_3—S_1上的通行时间波动

图 5.11　交通网中的通行时间

1.移动储能动态调度策略结果

在本小节中,仅考虑晴天时的光伏出力场景。图 5.12 展示了在移动储能动态优化调度策略下,正常路况和道路阻塞时的移动储能动态调度策略的优化结果。如图 5.12（b）所示,路径 S_3-S_1 在 $15:00 \sim 18:30$ 发生阻塞。阻塞发生后,移动储能的行驶路径将重新进行规划,避免了在阻塞时段内无法执行从 S_3 返回 S_1 的指令。如图 5.12（b）所示,移动储能将经由 S_4 返回至 S_1。由此可见,该方法可实时更新路况并滚动求解移动储能调度策略,调度策略具有显著灵活性。

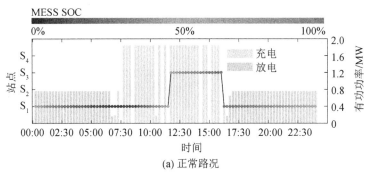

(a) 正常路况

图 5.12　移动储能的实时调度策略及其日内运行效果

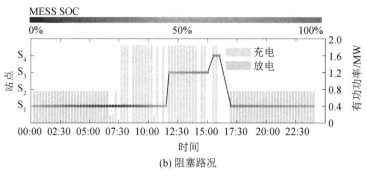

(b) 阻塞路况

续图 5.12

2.移动储能日前调度策略结果

在不同路况场景下,对移动储能的日前调度策略及其日内运行效果进行分析,如图 5.13 所示。由于道路通行时间的波动性,移动储能可能难以严格按照日前调度策略到达站点参与充放电运行。在图 5.13 中,黑色虚线表示移动储能的日前调度策略,紫色和绿色实线分别表示移动储能在正常路况和阻塞路况下的实际运行状态。在图 5.13(a)中,移动储能从 S_1 行驶到 S_3 时比预期时间提前了一个时段(15 min)到达,在从 S_4 行驶到 S_3 时则延误了一个时段到达。如图 5.13(b)所示,当移动储能提前到达充放电站时,其将保持待机状态。当移动储能行驶状态出现延误情况时,其日前指定的充放电决策难以执行。因此,当实际运行环境的波动性较大时,移动储能的日前调度策略适用性较弱,电池充放电效率偏低,影响了配电网运行的经济性。

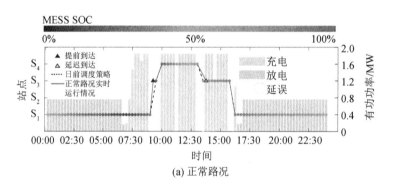

(a) 正常路况

图 5.13 移动储能的日前调度策略及其日内运行效果

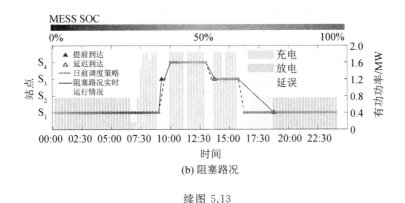

(b) 阻塞路况

续图 5.13

3.不同储能调度方法下配电网运行经济性对比

本书分析了 4 种不同储能配置与调度方法下系统在不同路况下的配电网运行经济性,不同案例中的储能调度方式见表 5.3。

表 5.3　　不同案例中的储能调度方式

案例	描述
1	基于多阶段鲁棒优化的动态移动储能调度策略
2	基于两阶段鲁棒优化的日前移动储能调度策略
3	基于两阶段鲁棒优化的静态储能调度策略
4	无储能的配电网优化运行

案例 1 和案例 2 的移动储能调度结果如图 5.12 和图 5.13 所示,案例 3 和案例 4 中的调度策略基于鲁棒优化模型进行求解。基于样本外测试结果评估不同案例策略的应用效果。

基于样本外测试对不同储能调度方式下配电网运行的经济性,对比了 1 000 组样本下储能调度策略求解时间、配电网运行成本均值及光伏消纳量均值(表 5.4)。其中,在案例 1 中需要滚动求解多阶段鲁棒优化调度模型以获得移动储能的调度策略,表 5.4 中仅给出单次模型求解时间;在案例 4 中,由于不存在储能调度策略,因此计算时间为空。从表 5.4 中可见,案例 1 中的混合整数规划模型规模较大,因此计算时间比案例 2 和案例 3 长,但比滚动求解的时间窗短,因此其求解效率在应用中是可接受的。

由表 5.4 可知,案例 1~3 的配电网样本外测试结果均优于案例 4,这说明配置储能对改善配电网运行经济性效果显著。案例 2 的运行成本大于案例 3,这是由于在日前移动储能调度中未能准确估计交通网行驶时间,导致在实际运行中配电网运行经济性降低。相比之下,案例 1 决策结果在配电网实际运行中各方面均表现较优。

案例 1、2 的样本外测试中 1 000 组样本的运行成本和光伏消纳量的对比图如图 5.14 所示。其结果体现出在所有样本中,移动储能动态调度下的运行表现均优于日前调度。

表 5.4　移动储能／储能调度策略应用于 33 节点配电网的样本外测试结果

案例	计算时间 /s	正常路况			阻塞路况		
		配电网运行成本／美元	光伏消纳量/(MW·h)	移动储能行驶能耗/(MW·h)	配电网运行成本／美元	光伏消纳量/(MW·h)	移动储能行驶能耗/(MW·h)
1	48.19	3 926.4	48.19	0.025	4 087.8	47.27	0.087 5
2	6.10	4 202.3	46.42	0.1	4 365.1	45.79	0.237 5
3	4.05	4 169.4	46.29	—	4 169.4	46.29	—
4	—	5 700.1	34.98	—	5 700.1	34.98	—

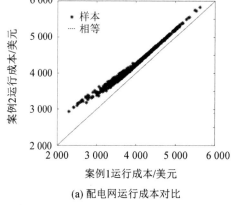

(a) 配电网运行成本对比

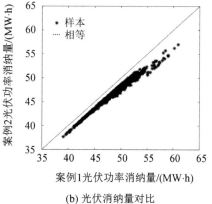

(b) 光伏消纳量对比

图 5.14　案例 1、2 的样本外测试中 1 000 组样本的运行成本和光伏消纳量的对比图

4.大规模系统应用效果对比

123 节点配电网与交通网耦合的大规模测试系统示意图如图 5.15 所示,在该系统中验证模型在不同规模测试系统中的可拓展性,并测试不同储能调度方法的经济性。测试系统中配置的移动储能、光伏机组和电容器组的设备参数见表 5.5～5.6。测试系统中共设有 9 个充放电站、72 条连接路径,充放电站之间路径的实际通行时间如图 5.16 所示。

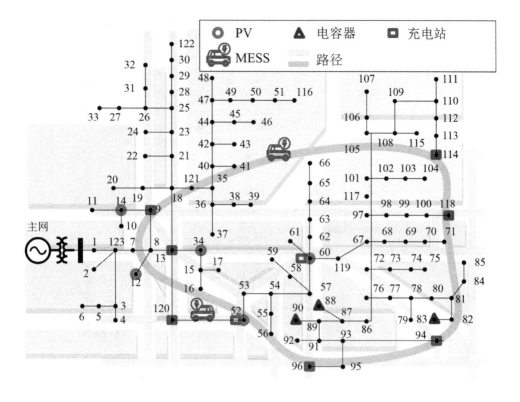

图 5.15　123 节点配电网与交通网耦合的大规模测试系统示意图

表 5.5　移动储能参数

序号	起点 / 终点 母线	容量 /(MW · h)	额定功率 /MW	起始 / 最大 / 最小 SOC	效率	行驶能耗 /MW
1	114	8	1.5	50%/90%/10%	0.95	0.01
2	96	10	2	50%/90%/10%	0.95	0.01

表 5.6　光伏及电容器参数

类型	接入点	容量 /MW
光伏机组	12/14/34/52/60	3.5/1/3.5/2/3
电容器组	83/88/90	0.8/0.8/0.8

123 节点系统中移动储能调度策略如图 5.17 所示。MESS 1 在母线 114 和母线 96 位置进行充放电,MESS 2 在母线 96 和母线 60 位置进行充放电。同样,在 123 节点中测试如表 5.3 所设 4 类不同储能调度方法下配电网运行的经济性,其中将案例 1 的滚动优化窗口设为 4 h。如表 5.7 中的结果所示,案例 1 中配电网的平均运行成本、光伏消纳量均表现更优。因此,在 123 节点系统中也验证了相比日前移动储能调度策略及固定储能调度方法,本书所提出的多阶段移动储能鲁棒优化方法能够更有效地改善配电网运行的经济性。

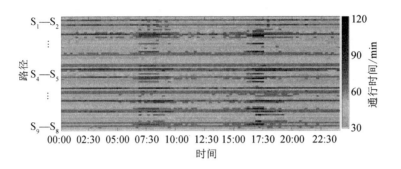

图 5.16　充放电站之间路径的实际通行时间

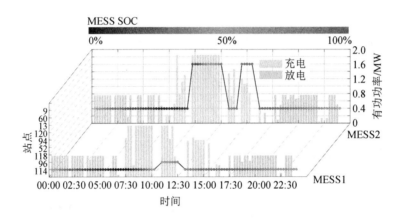

图 5.17　123 节点系统中移动储能调度策略

表 5.7　移动储能／储能调度策略应用于 123 节点配电网的样本外测试结果

案例	计算时间 /s	配电网的平均 运行成本／美元	光伏消纳量 ／(MW・h)	移动储能行驶能耗 ／(MW・h)
1	814.16	3 333.9	44.09	0.162 5
2	103.15	3 357.9	43.99	0.212 5
3	10.82	3 399.8	43.24	—
4	—	5 191.4	29.71	—

5.5　本 章 小 结

本章考虑配电网源荷功率和交通网路况的复杂不确定性,提出了支撑配电网经济运行和新能源消纳的移动储能调度模型,包括动态调度方法和日前调度方法。其中,在动态调度方法中建立了多阶段鲁棒优化调度模型,并引入混合仿射策略、对偶理论及滚动求解架构实现所建模型的高效求解。本书将所提方法在不同规模配电网－交通网耦合系统和不同运行环境中进行了测试分析,并将所提方法的移动储能调度策略与常见日前移动储能调度策略、静态储能调度策略进行对比,验证了所提移动储能动态调度方法能够灵活应对实际运行中路况、天气等因素的变化,提供有效促进配电网新能源消纳的运行路径和充放电策略。

本章参考文献

[1] GUAN Y P, WANG J H.Uncertainty sets for robust unit commitment[J].IEEE transactions on power systems, 2013, 29(3): 1439-1440.

[2] 魏韡, 刘锋, 梅生伟.电力系统鲁棒经济调度(一):理论基础[J].电力系统自动化, 2013, 37(17): 37-43.

[3] ZHANG Z, CHEN Y B, LIU X Y, et al.Two-stage robust security-constrained unit commitment model considering time autocorrelation of wind/load prediction error and outage contingency probability of units[J].IEEE access, 2019, 7: 25398-25408.

[4] NING C, YOU F Q.Optimization under uncertainty in the era of big data and deep learning: When machine learning meets mathematical programming[J].Computers & chemical engineering, 2019, 125: 434-448.

[5] BERTSIMAS D, LITVINOV E, SUN X A, et al.Adaptive robust optimization for the security constrained unit commitment problem[J].IEEE transactions on power systems, 2013, 28(1): 52-63.

[6] VERÁSTEGUI F, LORCA Á, OLIVARES D, et al.An adaptive robust optimization model for power systems planning with operational uncertainty[J]. IEEE power & energy society general meeting, 2019, 34(6): 4606-4616.

[7] ZHOU Y Z, SHAHIDEHPOUR M, WEI Z N, et al.Multistage robust look-ahead unit commitment with probabilistic forecasting in multi-carrier energy systems[J]. IEEE transactions on sustainable energy, 2021, 12(1): 70-82.

[8] BERTSIMAS D, GEORGHIOU A.Binary decision rules for multistage adaptive mixed-integer optimization[J].Mathematical programming, 2018, 167(2): 395-433.

第6章 基于等效重构法的移动储能经济调度

与传统的固定式储能相比，MESS 具有更好的空间转移能力，能够跨时空传输能量，灵活地向电网提供各种辅助服务。由于 MESS 的运行调度受到电力－交通耦合网络的影响，优化模型的约束条件多、混合整数变量多、非线性使得求解困难。

针对上述问题，本章引入了"虚拟开关"，以一种新视角来对 MESS 的动态调度过程进行建模，并与配电网重构类比，提出"等效重构法"。该方法将 MESS 在交通网络中位置转移所需的时间和费用，等效为其在电力网络中通过虚拟开关接入不同电网节点的开关动作参数，从而实现该问题中电力－交通网络的解耦，以及交通网络影响因素向电力网络运行约束参数的映射。基于所提的方法，MESS 的运行调度问题被等效转化为一个装有固定储能和虚拟开关的配电网重构问题，即将电网－交通网络耦合问题简化为纯配网问题，为解决 MESS 调度问题提供了新的思路。最后，在 IEEE 33 节点配电网系统和 36 节点交通网络中验证模型及所提方法的有效性和可行性。

6.1 等效重构法

在本章中，MESS 被认为是原始电网的一个额外的虚拟节点，并假定在 MESS 和不同的充电／放电站之间均存在一个虚拟开关。虚拟开关示意图如图 6.1 所示。

若某时刻虚拟开关 S_1 闭合，S_2 和 S_3 断开，这表明 MESS 在该时刻连接至站点 1（配电网节点 5）进行工作，此时配电网的拓扑结构如图 6.2(a) 所示。类似的，若某时刻虚拟开关 S_2 闭合，S_1 和 S_3 断开，这表明 MESS 在该时刻连接至充／放电站 2（配电网节点 33）进行工作；若某时刻虚拟开关 S_3 闭合，S_1 和 S_2 断开，这表明 MESS 在该时刻连接至充／放电站 3（配电网节点 17）进行工作，配电网的拓扑结构分别如图 6.2(b) 和图 6.2(c) 所示。若某时刻所有的虚拟开关均处于断开状态，则表明 MESS 正在由一个站点向另一个站点调度的途中。

由此可见，通过求解每个虚拟开关在不同时段的开断状态，即可得到 MESS 的调度方案。实际上，配电网的拓扑结构并没有发生改变，因此称之为"等效重构"。等效重构法的核心是将 MESS 在交通网络中位置转移所需的时间和费用，等效为其在电力网络中通过虚拟开关接入不同电网节点的开关动作参数。

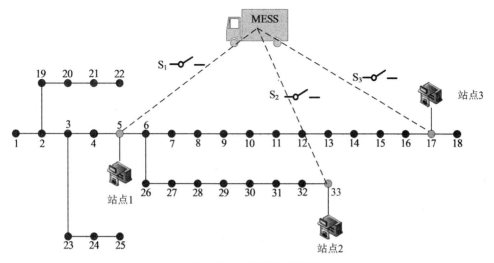

图 6.1　　虚拟开关示意图

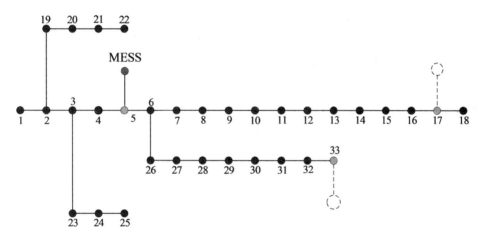

(a) MESS接入5节点时电网拓扑结构

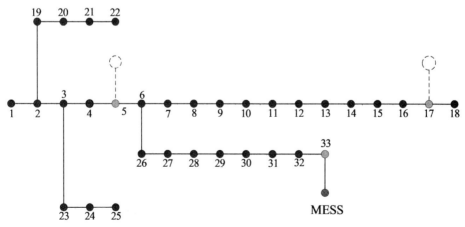

(b) MESS接入33节点时电网拓扑结构
图 6.2　　配电网拓扑结构图

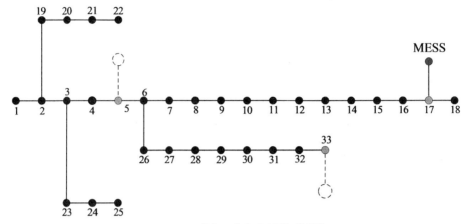

(c) MESS接入17节点时电网拓扑结构

续图 6.2

等效重构与配电网重构的区别在于,前者的虚拟开关投切所需的动作时间和动作成本不可忽略。MESS 在不同站点之间调度所需的时间被等效为虚拟开关投切所需的时间,由于 MESS 的调度不可能瞬间完成,因此不同的虚拟开关切换之间需要满足相应的逻辑关系和一定的时间间隔,如式(6.1)~(6.7)所示。MESS 调度一次所需的成本被等效为虚拟开关投切的成本,如式(6.8)所示。

$$\sum_i x_{i,t} \leqslant 1 \tag{6.1}$$

$$\sum_i \sum_j c_{ij,t} \leqslant 1 \tag{6.2}$$

$$\sum_i x_{i,t} = 1 - \sum_i \sum_j c_{ij,t} \tag{6.3}$$

$$c_{ij,t} \geqslant c_{ij,t+tr_{ij,t}-1} - c_{ij,t+tr_{ij,t}} \tag{6.4}$$

$$\begin{cases} \phi_{i,t} - \varphi_{i,t} = x_{i,t} - x_{i,t-1} \\ \sum_i (\phi_{i,t} + \varphi_{i,t}) \leqslant 1 \end{cases} \tag{6.5}$$

$$\begin{cases} \phi_{j,t} - \mu_{j,t} = \sum_i (c_{ij,t-1} - c_{ij,t}) \\ \sum_i (\phi_{i,t} + \mu_{j,t}) \leqslant 1 \end{cases} \tag{6.6}$$

$$\sum_j c_{ij,t} \geqslant \varphi_{i,t} \tag{6.7}$$

$$C_{ij,t}^{\text{switch}} = C_{ij,t}^{\text{MESS}} \tag{6.8}$$

式中,$x_{i,t}$、$c_{ij,t}$、$\phi_{i,t}$、$\varphi_{i,t}$、$\mu_{j,t}$ 均为 0~1 变量。若 t 时刻虚拟开关在节点 i 处闭合,则 $x_{i,t}=1$,即 MESS 在 t 时刻连接至配电网节点 i;反之,$x_{i,t}=0$。$c_{ij,t}$ 为虚拟开关投切标志位,表示是否正在由一个虚拟开关闭合切换为另一个虚拟开关闭合。若 $c_{ij,t}=1$,则表示 t

时刻虚拟开关从节点 i 处断开,并且将在节点 j 处闭合;反之,虚拟开关不动作时,$c_{ij,t}=$ 0。为了更清楚地描述单个虚拟开关的投切过程,本章引入了两个 $0\sim 1$ 变量 —— $\phi_{i,t}$ 和 $\varphi_{i,t}$,其中 $\phi_{i,t}=1$ 表示 i 节点处的虚拟开关在 t 时刻由断开状态转换为闭合状态;否则 $\phi_{i,t}=0$。类似的,$\varphi_{i,t}=1$ 表示 i 节点处的虚拟开关在 t 时刻由闭合状态转换为断开状态;否则 $\varphi_{i,t}=0$。$\mu_{i,t}$ 为辅助变量,其作用是保证等式始终成立。$tr_{ij,t}$ 为 t 时刻 MESS 从 i 点运输到 j 点所需要的时间,这里 $tr_{ij,t}$ 为已知参数。$C_{ij,t}^{\mathrm{switch}}$ 为 t 时刻虚拟开关从 i 点断开并在 j 点闭合的动作成本,其数值等于 MESS 从 i 点到 j 点的运输成本,这里 $C_{ij,t}^{\mathrm{MESS}}$ 为已知参数。

根据上述参数定义,式(6.1)限制了每个时刻最多只允许一个虚拟开关闭合。式(6.2)确保虚拟开关只能从一个节点投切至另一个节点。如式(6.3)所示,当虚拟开关处于投切过程中时,所有的虚拟开关均处于断开状态;否则,必须有一个虚拟开关闭合。式(6.4)表明不同虚拟开关动作之间要满足一定的时间间隔,该时间间隔即为 MESS 调度途中所需时间。式(6.5)说明了单个虚拟开关的动作与其开断状态之间的关系。式(6.6)说明了虚拟开关闭合与虚拟开关投切标志位之间的关系,如果 $c_{ij,t-1}-c_{ij,t}=1$,这意味着虚拟开关在 t 时刻由正在切换状态变为在节点 j 处闭合,因此 $\phi_{j,t}=1$,$\mu_{j,t}=0$。式(6.7)限制了虚拟开关断开的位置必须与 MESS 调度的起点位置一致。通过式(6.8)可得到虚拟开关的投切成本。

MESS 运输过程示例如图 6.3 所示,表示 MESS 在第 t 时刻准备由接入点 i 调度至接入点 j,并经过 tr 时间在 $t+tr+1$ 时刻到达接入点 j。MESS 运输过程各虚拟开关标志位的值见表 6.1。

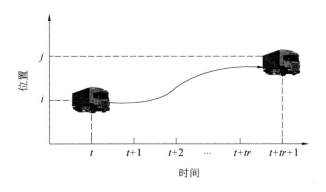

图 6.3　MESS 运输过程示例

表 6.1 MESS 运输过程各虚拟开关标志位的值

时间	t	$t+1$	$\cdots$	$t+tr$	$t+tr+1$
$x_{i,t}$	1	0	$\cdots$	0	0
$x_{j,t}$	0	0	$\cdots$	0	1
$\phi_{i,t}$	0	0	$\cdots$	0	1
$\varphi_{i,t}$	0	1	$\cdots$	0	0
$c_{ij,t}$	0	1	$\cdots$	1	0

上述等效过程将 MESS 的运行和调度问题转化为具有虚拟固定储能节点的配电网重构问题,实现了交通网与配电网的解耦,等效重构过程示意图如图 6.4 所示。等效后的模型与传统配电网重构的模型具有相似的结构和求解方法,进而用配电网重构的思想来求解,这为研究 MESS 的运行和调度问题提供了一种新的思路。

6.2 基于等效重构法的配电网移动储能经济调度模型

6.2.1 目标函数

本章将配电网运营商(DNO)视为 MESS 的投资者,因此 MESS 获得的收入属于 DNO。DNO 通过向用户出售电能来获取收益,其出售的电能一部分来自配电网中的可再生能源发电,另一部分来自上级电网。当配电网中可再生能源发电不能满足用户的用电需求时,则需要从上级电网购买电能以满足用户的需求。DNO 可通过在不同节点间调度 MESS,存储富余的可再生能源并调度至负荷中心,在用电高峰时段放电,实现"低充高放",赚取更多收益。为考虑系统中的不确定性因素,包括风电、光伏出力以及交通需求量,本节采用基于场景的随机优化对 MESS 经济调度问题进行建模。目标函数是使 DNO 在各种场景下的期望利润最大化,即收入减成本最大化,其中成本包含了向上级电网的购电成本、弃风弃光的惩罚成本、储能电池的退化成本以及等效后的虚拟开关成本,如式 (6.9)~(6.17) 所示。

$$\max \text{pro} = \sum_{s=1}^{S} p_s \cdot (\text{inc}_s - C_s^{\text{grid}} - C_s^{\text{curt}} - C_s^{\text{Deg}} - C_s^{\text{switch}}) \tag{6.9}$$

$$\text{inc}_s = \sum_{i=1}^{D} \sum_{t=1}^{T} (\tau \cdot P_{i,t,s}^{\text{L}} \cdot \text{SP}_t) \tag{6.10}$$

$$C_s^{\text{grid}} = \sum_{t=1}^{T} (\tau \cdot \text{PP}_t \cdot P_{t,s}^{\text{grid}}) \tag{6.11}$$

$$C_s^{\text{curt}} = \sum_{i}^{D} \sum_{t}^{T} \eta_{\text{RDG}} \cdot P_{\text{RDG},i,t,s}^{\text{curt}} \tag{6.12}$$

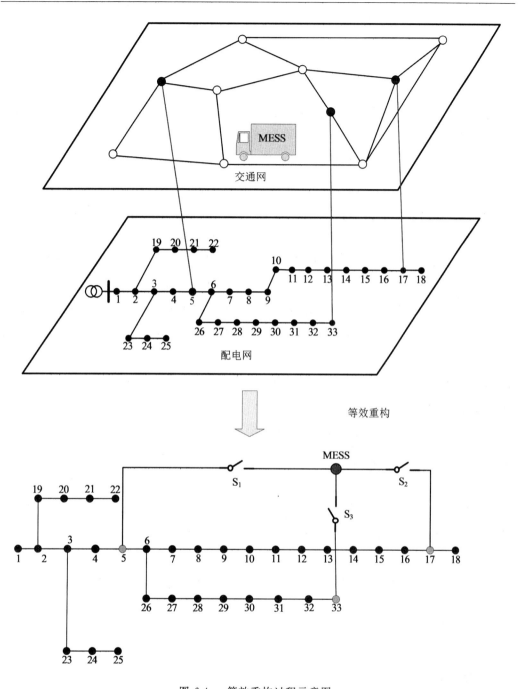

图 6.4　等效重构过程示意图

$$C_s^{\text{Deg}} = \sum_i^D \sum_t^T p_{\text{Deg}} \cdot P_{i,t,s}^{\text{dis}} \cdot \tau \tag{6.13}$$

$$C_s^{\text{switch}} = C_{\text{inv}} + C_{\text{mtc}} + C_{\text{stg}} \tag{6.14}$$

$$C_{\text{inv}} = \frac{1}{365} \times \frac{r}{1 - (1+r)^{-y}} (I_{\text{MESS}} \cdot E_{\text{MESS}}) \tag{6.15}$$

$$C_{\mathrm{mtc}} = \frac{1}{365} \times (G_{\mathrm{MESS}} \cdot E_{\mathrm{MESS}}) \tag{6.16}$$

$$C_{\mathrm{stg}} = \sum_i \sum_j \sum_{t=1}^{T} C_{ij,t,s}^{\mathrm{switch}} \tag{6.17}$$

式中,pro 表示模型的目标函数,即 DNO 的运营利润最大化;s 表示场景索引;p_s 表示场景 s 发生的概率;S 表示总场景数;inc_s 表示场景 s 中 DNO 向用户出售电能所获得的收入;C_s^{grid} 表示场景 s 中 DNO 向上级电网购电所需的成本;C_s^{curt} 表示场景 s 中弃风弃光的惩罚成本;C_s^{Deg} 表示场景 s 中储能电池的退化成本;C_s^{switch} 表示场景 s 中虚拟开关的总成本;i 表示配电网节点索引;D 表示节点总数;t 表示时间索引;T 表示最大仿真时段数;τ 表示单位仿真步长;$P_{i,t,s}^{\mathrm{L}}$ 表示场景 s 中 t 时段节点 i 处负荷的有功功率;SP_t 表示 t 时段 DNO 向用户出售电能的单价;PP_t 表示 t 时段 DNO 向上级电网购买电能的单价;$P_{t,s}^{\mathrm{grid}}$ 表示场景 s 中 t 时段上级电网向配电网输送的有功功率;η_{RDG} 表示单位可再生能源削减量的惩罚系数;$P_{\mathrm{RDG},i,t,s}^{\mathrm{curt}}$ 表示场景 s 中 t 时段节点 i 处可再生能源的削减功率;p_{Deg} 表示 MESS 放电单位功率电池退化的成本;$P_{i,t,s}^{\mathrm{dis}}$ 表示场景 s 中 t 时段节点 i 处 MESS 的放电有功功率;C_{inv} 表示 MESS 的日平均投资成本;I_{MESS} 表示 MESS 单位容量的投资成本;r 和 y 分别表示贴现率和 MESS 的使用寿命;C_{mtc} 表示 MESS 的日维护成本;G_{MESS} 表示 MESS 单位容量的维护成本;C_{stg} 表示调度周期内虚拟开关投切的总成本。

式(6.10)说明 DNO 通过向用户出售电能产生收益。式(6.11)中,当 $P_{t,s}^{\mathrm{grid}} > 0$ 时,表示上级电网向配电网输送有功功率,即配电网从上级电网购买电能;当 $P_{t,s}^{\mathrm{grid}} < 0$ 时,表示配电网将富余的电能返送至上级电网。随着可再生能源在配电网中的比例不断升高,弃风弃光现象时有发生,弃风弃光的惩罚成本由式(6.12)计算。充放电次数会影响储能电池的使用寿命,可以根据电池的放电量来衡量,电池的退化成本由式(6.13)计算。有关 MESS 的成本被等效为虚拟开关的相关成本,如式(6.14)~(6.17)所示,虚拟开关的总成本由投资成本、维护成本和投切成本组成。其中有关虚拟开关的投切成本已在 6.1 节中详细说明,不再赘述。

6.2.2　约束条件

1.潮流约束

本章采用基于辐射状配电网的 Dist-Flow 支路潮流模型,该模型被广泛应用于配电网重构和优化运行。

$$P_{i,t,s}^{\mathrm{RDG}} - P_{i,t,s}^{\mathrm{L}} - P_{i,t,s}^{\mathrm{MESS}} = \sum_{(i,j) \in A} P_{ij,t,s} - \sum_{(k,i) \in A} (P_{ki,t,s} - r_{ki} I_{ki,t,s}^2) \tag{6.18}$$

$$Q_{i,t,s}^{\mathrm{RDG}} - Q_{i,t,s}^{\mathrm{L}} - Q_{i,t,s}^{\mathrm{MESS}} = \sum_{(i,j) \in A} Q_{ij,t,s} - \sum_{(k,i) \in A} (Q_{ki,t,s} - x_{ki} I_{ki,t,s}^2) \tag{6.19}$$

$$U_{j,t,s}^2 = U_{i,t,s}^2 - 2(r_{ij}P_{ij,t,s} + x_{ij}Q_{ij,t,s}) + (r_{ij}^2 + x_{ij}^2)I_{ij,t,s}^2 \tag{6.20}$$

$$I_{ij,t,s}^2 = \frac{(P_{ij,t,s})^2 + (Q_{ij,t,s})^2}{U_{i,t,s}^2} \tag{6.21}$$

$$U_{\min} \leqslant U_{i,t,s} \leqslant U_{\max} \tag{6.22}$$

$$I_{ij,t,s} \leqslant I_{\max} \tag{6.23}$$

式中,A 表示配电网中所有线路的集合;(i, j) 表示潮流由节点 i 流向节点 j 的线路;r_{ij}、x_{ij} 分别表示线路(i, j)的电阻和电抗;$P_{i,t,s}^{\mathrm{RDG}}$ 表示场景 s 中 t 时段节点 i 处可再生能源的有功功率;$P_{i,t,s}^{\mathrm{L}}$ 表示场景 s 中 t 时段节点 i 处负荷的有功功率;$P_{i,t,s}^{\mathrm{MESS}}$ 表示场景 s 中 t 时段 MESS 在接入节点 i 处的有功功率;$P_{ij,t,s}$ 表示场景 s 中 t 时段线路(i, j)上的有功功率;$I_{ij,t,s}$ 表示场景 s 中 t 时段线路(i, j)上电流的大小;$Q_{i,t,s}^{\mathrm{RDG}}$ 表示场景 s 中 t 时段节点 i 处可再生能源的无功功率;$Q_{i,t,s}^{\mathrm{L}}$ 表示场景 s 中 t 时段节点 i 处负荷的无功功率;$Q_{i,t,s}^{\mathrm{MESS}}$ 表示场景 s 中 t 时段 MESS 在接入节点 i 处的无功功率;$Q_{ij,t,s}$ 表示场景 s 中 t 时段线路(i, j)上的无功功率;$U_{i,t,s}$ 表示场景 s 中 t 时段节点 i 处的电压;$U_{\max}$ 与 $U_{\min}$ 分别表示节点电压幅值的上限和下限;$I_{\max}$ 表示线路(i, j)的最大电流。

2.MESS 运行约束

将 MESS 充放电功率模型与虚拟开关状态变量相结合,进一步完善 MESS 的运行约束,如式(6.24)～(6.34)所示。

$$P_{i,t,s}^{\mathrm{MESS}} = P_{i,t,s}^{\mathrm{ch}} + P_{i,t,s}^{\mathrm{dis}} \tag{6.24}$$

$$0 \leqslant P_{i,t,s}^{\mathrm{ch}} \leqslant P_{\max}^{\mathrm{MESS}} \cdot x_{i,t,s}^{\mathrm{ch}} \tag{6.25}$$

$$-P_{\max}^{\mathrm{MESS}} \cdot x_{i,t,s}^{\mathrm{dis}} \leqslant P_{i,t,s}^{\mathrm{dis}} \leqslant 0 \tag{6.26}$$

$$x_{i,t,s}^{\mathrm{ch}} + x_{i,t,s}^{\mathrm{dis}} \leqslant x_{i,t,s} \tag{6.27}$$

$$-Q_{\max}^{\mathrm{MESS}} \cdot x_{i,t,s} \leqslant Q_{i,t,s}^{\mathrm{MESS}} \leqslant Q_{\max}^{\mathrm{MESS}} \cdot x_{i,t,s} \tag{6.28}$$

$$P_{i,t,s}^{\mathrm{MESS}^2} + Q_{i,t,s}^{\mathrm{MESS}^2} \leqslant S^{\mathrm{MESS}^2} \tag{6.29}$$

$$\mathrm{SOC}_{t+1,s} = \mathrm{SOC}_{t,s} + \sum_i \frac{\tau}{E_{\mathrm{MESS}}}(\eta_{\mathrm{ch}}P_{i,t,s}^{\mathrm{ch}} + \eta_{\mathrm{dis}}P_{i,t,s}^{\mathrm{dis}}) \tag{6.30}$$

$$N_{t+1,s} = N_{t,s} + \sum_i \frac{\tau}{2E_{\mathrm{MESS}}}(\eta_{\mathrm{ch}}P_{i,t,s}^{\mathrm{ch}} - \eta_{\mathrm{dis}}P_{i,t,s}^{\mathrm{dis}}) \tag{6.31}$$

$$\mathrm{SOC}_{\min} \leqslant \mathrm{SOC}_{t,s} \leqslant \mathrm{SOC}_{\max} \tag{6.32}$$

$$\mathrm{SOC}_{T,s} \geqslant \mathrm{SOC}_0 \tag{6.33}$$

$$N_{t,s} \leqslant N_{\max} \tag{6.34}$$

式中,$x_{i,t,s}^{\mathrm{ch}}$ 和 $x_{i,t,s}^{\mathrm{dis}}$ 是 $0 \sim 1$ 变量,分别为 MESS 的充电标志位和放电标志位,通过式(6.27)保证 MESS 不能充放电同时进行;式(6.25)～(6.28)中的变量 $x_{i,t,s}^{\mathrm{ch}}$、$x_{i,t,s}^{\mathrm{dis}}$ 及 $x_{i,t,s}$ 保证了 MESS 不接入时其有功功率和无功功率均为 0;$P_{i,t,s}^{\mathrm{MESS}}$ 表示 t 时段内节点 i 处 MESS

的有功功率;$P_{i,t,s}^{\text{ch}}$ 表示 t 时段内节点 i 处 MESS 的充电功率;$P_{i,t,s}^{\text{dis}}$ 表示 t 时段内节点 i 处 MESS 的放电功率;$P_{\max}^{\text{MESS}}$ 表示 MESS 充放电功率所允许的最大值;$Q_{i,t,s}^{\text{MESS}}$ 表示 t 时段内节点 i 处 MESS 的无功功率;$Q_{\max}^{\text{MESS}}$ 表示 MESS 无功功率的最大值;S^{MESS} 表示 MESS 的额定视在功率;$\text{SOC}_{t,s}$ 表示 t 时刻 MESS 的荷电状态;τ 表示单位仿真步长;E_{MESS} 表示 MESS 的额定容量;η_{ch} 和 η_{dis} 分别表示 MESS 的充放电效率;$N_{t,s}$ 表示 t 时刻 MESS 电池的循环次数;$\text{SOC}_{\max}$ 和 $\text{SOC}_{\min}$ 分别表示荷电状态的最大值和最小值;$N_{\max}$ 表示一个调度周期内 MESS 电池循环次数的最大值;各变量下角标 s 为场景索引。

3.可再生能源出力约束

$$0 \leqslant P_{i,t,s}^{\text{RDG}} \leqslant P_{i,t,s}^{\text{f}} \tag{6.35}$$

$$P_{\text{RDG},i,t,s}^{\text{curt}} = P_{i,t,s}^{\text{f}} - P_{i,t,s}^{\text{RDG}} \tag{6.36}$$

$$Q_{i,t,s}^{\text{RDG}} \leqslant P_{i,t,s}^{\text{RDG}} \cdot \tan\theta \leqslant Q_{i,t,s}^{\text{RDG}} \leqslant P_{i,t,s}^{\text{RDG}} \tag{6.37}$$

式中,$P_{i,t,s}^{\text{f}}$ 表示场景 s 中 t 时段节点 i 处可再生能源出力的预测值;$P_{i,t,s}^{\text{RDG}}$ 和 $Q_{i,t,s}^{\text{RDG}}$ 分别表示场景 s 中 t 时段节点 i 处可再生能源的实际有功功率和无功功率;$P_{\text{RDG},i,t,s}^{\text{curt}}$ 表示场景 s 中 t 时段节点 i 处可再生能源的削减功率;θ 表示节点 i 处可再生能源的功率因数限制值。

4.配电网关口功率约束

$$P_{\min}^{\text{grid}} \leqslant P_{t,s}^{\text{grid}} \leqslant P_{\max}^{\text{grid}} \tag{6.38}$$

$$Q_{\min}^{\text{grid}} \leqslant Q_{t,s}^{\text{grid}} \leqslant Q_{\max}^{\text{grid}} \tag{6.39}$$

式中,$P_{t,s}^{\text{grid}}$ 和 $Q_{t,s}^{\text{grid}}$ 分别表示场景 s 中 t 时段上级电网向配电网输送的有功功率和无功功率,若数值为正,表示上级电网向配电网输送功率,若数值为负,表示配电网向上级电网返送功率;$P_{\max}^{\text{grid}}$ 和 $P_{\min}^{\text{grid}}$ 分别表示配电网关口有功交换功率的最大值和最小值;$Q_{\max}^{\text{grid}}$ 和 $Q_{\min}^{\text{grid}}$ 分别表示配电网关口无功交换功率的最大值和最小值。

6.3　模　型　求　解

上述基于等效重构的 MESS 经济调度模型总结如下。

目标函数:(6.9)

$$\text{s.t.} \begin{cases} \text{潮流约束:(6.18)}—\text{(6.23)} \\ \text{MESS 运行约束:(6.24)}—\text{(6.34)} \\ \text{虚拟开关约束:(6.1)}—\text{(6.8)} \\ \text{可再生能源出力约束:(6.35)}—\text{(6.37)} \\ \text{配电网关口功率约束:(6.38)}—\text{(6.39)} \end{cases}$$

由于式(6.18)～(6.21)是带有二次项的等式约束,该模型是一个复杂的非凸非线性规划问题,现有的商业求解软件无法对非凸问题进行求解,因此需要对部分约束条件进行凸化松弛。本章参考文献[2]提出了一个用于分析和优化辐射状配电网支路潮流模型的方法,并证明了该方法的有效性。该方法的核心要点:① 利用变量替换的方法线性化潮流方程,将潮流方程中电流和电压的平方利用二范式电流电压进行替代,使得方程中未出现平方式;② 使用二阶锥松弛技术将支路电流模型转换为一个二阶锥式。

6.3.1　凸优化与二阶锥规划

1.凸优化

优化问题的一般形式为

$$\begin{aligned}
&\min f_o(x)\\
&\text{s.t. } f_i(x) \leqslant 0 \quad i=1,\cdots,m\\
&\quad\quad h_i(x) = 0 \quad\quad i=1,\cdots,q
\end{aligned}\tag{6.40}$$

若满足条件:① 目标函数 f_o 为凸函数;② 不等式约束函数 $f_i,i=1,\cdots,m$ 为凸函数;③ 等式约束函数 $h_i,i=1,\cdots,q$ 为仿射函数,则该优化问题为一个凸优化问题。对于任意的凸优化问题,局部最优解也是全局最优解。对于一般的非凸优化问题,其局部最优解将会影响最终的结果无法收敛至全局最优。因此,将非凸问题转化为凸问题再利用数值优化算法进行求解不失为一种高效的求解手段。

2.二阶锥规划

凸优化与二阶锥规划关系图如图 6.5 所示。二阶锥规划是一类具有线性目标和二阶锥约束的凸优化问题,也是线性规划和二次规划问题的推广。

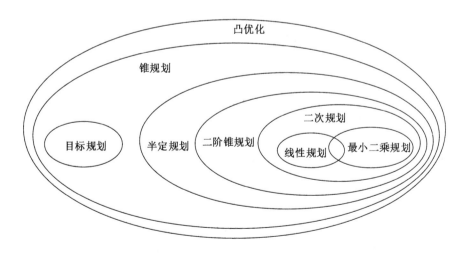

图 6.5　凸优化与二阶锥规划关系图

二阶锥规划的一般形式为

$$\min_{x \in \mathbb{R}^n} c^{\mathrm{T}} x$$

$$\text{s.t.} \quad \| \boldsymbol{A}_i x + \boldsymbol{b}_i \|_2 \leqslant c_i^{\mathrm{T}} x + d_i, \ i = 1, \cdots, m \tag{6.41}$$

式中,$\boldsymbol{A}_i \in \mathbb{R}^{\min}$ 是给定的矩阵;$\boldsymbol{b}_i \in \mathbb{R}^m$ 是向量;$c_i \in \mathbb{R}^n$ 是标量。

6.3.2 模型处理及求解

根据本章参考文献[2],首先将潮流方程中电流和电压的平方分别用 l、v 进行替代,即

$$P_{i,t,s}^{\mathrm{RDG}} - P_{i,t,s}^{\mathrm{L}} - P_{i,t,s}^{\mathrm{MESS}} = \sum_{(i,j) \in A} P_{ij,t,s} - \sum_{(k,i) \in A} (P_{ki,t,s} - r_{ki} l_{ki,t,s}) \tag{6.42}$$

$$Q_{i,t,s}^{\mathrm{RDG}} - Q_{i,t,s}^{\mathrm{L}} - Q_{i,t,s}^{\mathrm{MESS}} = \sum_{(i,j) \in A} Q_{ij,t,s} - \sum_{(k,i) \in A} (Q_{ki,t,s} - x_{ki} l_{ki,t,s}) \tag{6.43}$$

$$v_{j,t,s} = v_{i,t,s} - 2(r_{ij} P_{ij,t,s} + x_{ij} Q_{ij,t,s}) + (r_{ij}^2 + x_{ij}^2) l_{ij,t,s} \tag{6.44}$$

$$l_{ij,t,s} = \frac{(P_{ij,t,s})^2 + (Q_{ij,t,s})^2}{v_{i,t,s}} \tag{6.45}$$

再将式(6.45)变形为式(6.46),进而改写为标准的二阶锥形式,如式(6.47)所示。

$$l_{ij,t,s} \geqslant \frac{(P_{ij,t,s})^2 + (Q_{ij,t,s})^2}{v_{i,t,s}} \tag{6.46}$$

$$\left\| \begin{array}{c} 2P_{ij,t,s} \\ 2Q_{ij,t,s} \\ l_{i,t,s} - v_{i,t,s} \end{array} \right\|_2 \leqslant l_{i,t,s} + v_{i,t,s} \tag{6.47}$$

最终,模型被转化为混合整数二阶锥规划问题,总结为

$$\text{目标函数:}(6.9)$$

$$\text{s.t.} \begin{cases} \text{潮流约束:}(6.22)-(6.23)、(6.42)-(6.44)、(6.47) \\ \text{MESS 运行约束:}(6.24)-(6.34) \\ \text{虚拟开关约束:}(6.1)-(6.8) \\ \text{可再生能源约束:}(6.35)-(6.37) \\ \text{配电网关口约束:}(6.38)-(6.39) \end{cases}$$

在 Matlab 环境下,利用 YALMIP 工具箱对规划问题建模并调用 GUROBI 求解器进行高效求解。

6.4 算 例 分 析

6.4.1 测试系统

针对上述基于等效重构的 MESS 经济调度模型,在拓展后的 IEEE 33 节点配电网系

统和某城市 36 节点交通网络中验证该模型及所提方法的有效性和可行性(图 6.6)。其中 IEEE 33 节点配电网系统的基准容量为 10 MVA,基准电压为 12.66 kV,节点电压的允许范围为 0.95 ~ 1.05 p.u.,支路电流的允许范围为 0 ~ 1.05 p.u.。分别在配电网节点 1、2、9、15、29、33 处安装可再生能源,其中在节点 9 和节点 33 安装太阳能发电设备,在配电网节点 1、2、15、29 安装风力发电设备,其功率因数设置为 0.9。36 节点道路交通网络为某城市部分主干道,每条道路对应的起始节点及路段长度见表 6.2。本章采用的锂电池 MESS 的额定容量为 2 MW/ 2.2 MW·h,该 MESS 还包括一辆强动力卡车,装载一个国际标准的 40 英尺(1 英尺 = 30.48 cm)集装箱,其宽度为 8 英尺,高度为 9 英尺 6 英寸(1 英寸 = 2.54 cm),体积约为 86 m³。由于本章未涉及 MESS 站点的选址与规划问题,根据本章参考文献[5]在配电网中设置 3 个 MESS 站点,分别位于配电网节点 5、17、33 处(交通网络节点 15、9、33),因此虚拟开关整数决策变量的维度为 3×24(3 个虚拟开关,24 h),非整数决策变量的维度为 33×24(33 个节点,24 h)。仿真算例中其他参数取值详见表 6.3。

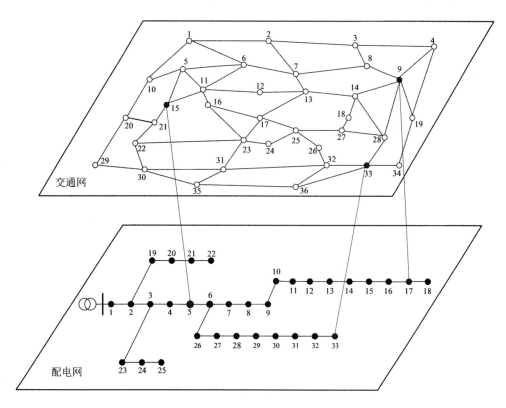

图 6.6 IEEE 33 节点配电网和简单交通网络示意图

表 6.2　道路对应的起始节点及路段长度

路段序号	起点	终点	路段长度 /km	路段序号	起点	终点	路段长度 /km
1	1	2	5.0	30	14	28	4.0
2	1	6	3.5	31	15	21	4.2
3	1	10	4.3	32	16	17	4.3
4	2	3	5.6	33	16	23	5.0
5	2	7	2.4	34	17	23	3.4
6	3	4	6.7	35	17	25	2.8
7	3	8	2.6	36	18	27	3.4
8	4	9	3.6	37	19	34	8.0
9	4	19	7.5	38	20	21	2.2
10	5	6	3.2	39	21	22	2.7
11	5	10	3.8	40	22	23	4.3
12	5	11	4.1	41	22	30	3.0
13	5	15	4.0	42	23	24	2.8
14	6	7	3.0	43	23	31	3.1
15	6	11	4.5	44	24	25	2.4
16	7	8	4.6	45	25	26	1.8
17	7	13	2.7	46	25	27	1.8
18	8	9	3.7	47	26	32	2.4
19	9	14	6.4	48	27	28	2.0
20	9	19	3.9	49	28	33	4.7
21	9	28	7.0	50	29	30	3.0
22	10	20	4.0	51	30	31	3.5
23	11	12	2.0	52	30	35	3.0
24	11	15	3.2	53	31	32	2.8
25	11	16	3.1	54	32	33	2.5
26	12	13	2.5	55	32	36	1.8
27	13	14	4.3	56	33	36	1.5
28	13	17	4.1	57	33	34	5.1
29	14	18	2.3	58	35	36	4.6

表 6.3　参数取值

参数	取值	参数	取值
T	24 h	τ	1 h
SOC_{max}	0.95	SOC_{min}	0.1
SOC_0	0.35	N_{max}	1.5
E^{MESS}	2.2 MW·h	S^{MESS}	2 MVA
η_{RDG}	80 美元 /(MW·h)	p_{Deg}	90 美元 /(MW·h)
P_{max}^{MESS}	2MW	Q_{max}^{MESS}	1.8 Mvar
η_{ch}	0.9	η_{dis}	0.9
I_{MESS}	323 美元 /(kW·h)	G_{MESS}	13.3 美元 /(kW·h)
V_0	40 km/h	r	0.05
y	10		

采用正态分布来表示道路交通需求量的预测误差,平均值为每小时的预测值,标准差设为预测值的 10%。光伏和风力发电的预测误差同样用正态分布表示,平均值为每小时的预测值,标准差设为预测值的 5%。采用蒙特卡罗模拟和 Copula 函数生成满足随机变量联合分布关系的场景数据,然后使用快速前向选择算法将其削减至 10 个典型场景,每个场景发生的概率见表 6.4。可再生能源出力预测曲线如图 6.7 所示,负荷预测曲线如图 6.8 所示,电价信息如图 6.9 所示。

表 6.4　场景缩减后 10 个场景发生的概率

场景	1	2	3	4	5	6	7	8	9	10
概率	0.156	0.108	0.082	0.083	0.109	0.107	0.106	0.046	0.124	0.079

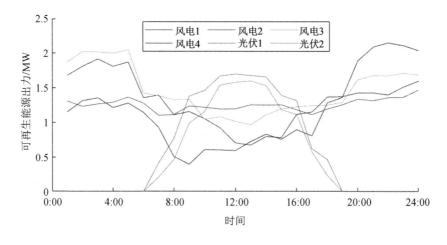

图 6.7　可再生能源出力预测曲线

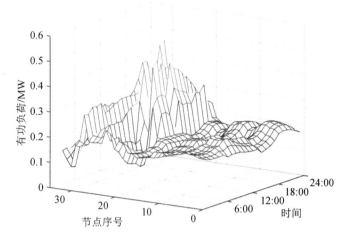

图 6.8　负荷预测曲线

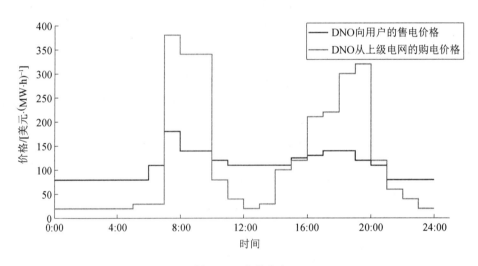

图 6.9　电价信息

本章所使用的风电和光伏数据源于德国电力系统运营商 Amprion 公司数据网站,交通流量历史数据来自英国公路数据集。虽然仿真数据集不是基于测试系统生成的,但是所采用的场景生成方法以及各类数据预测误差的概率信息具有普遍适用性,同样适用于本章的测试系统。

为验证本章所提出的方法及模型的有效性和可行性,设置如下 5 个仿真案例,分别从经济性、可再生能源弃量以及电压方面进行分析比较,其中 SESS 与 MESS 容量相同。

案例 1:不含 MESS 和 SESS 的配电网。

案例 2:5 节点处装有 SESS 的配电网。

案例 3:17 节点处装有 SESS 的配电网。

· 138 ·

案例 4：33 节点处装有 SESS 的配电网。

案例 5：含 MESS 的配电网，其可在节点 5、17、33 之间运输。

6.4.2　仿真结果

在 Intel i7-10710U 处理器和 16 GB 内存的计算机上，利用 YALMIP 工具箱在 Matlab 中实现优化模型，采用 GUROBI 9.1 求解所涉及的混合整数规划问题。不同案例的优化结果对比见表 6.5。

表 6.5　不同案例的优化结果对比

案例	期望弃风弃光量 /MW·h	电压范围 /p.u.	期望利润 / 美元
1	6.321 3	0.90 ~ 1.05	13 417.88
2	3.037 6	0.95 ~ 1.05	14 793.20
3	3.551 2	0.95 ~ 1.05	14 732.75
4	2.923 0	0.95 ~ 1.05	14 835.49
5	2.058 9	0.95 ~ 1.05	15 079.37

案例 1 中配电网未配备储能系统，其 10 个测试场景中弃风弃光量的期望值高达 6.321 3 MW·h。案例 1 中 24 h 的弃风弃光量如图 6.10 所示，弃风现象主要发生在凌晨至早晨这一时段（0：00 ~ 7：00），该时段是风电出力的高峰期，同时用户的用电负荷较少，因此净负荷为负。弃光现象发生在 13：00 ~ 14：00，这是光伏出力的高峰期。而在用户的用电高峰时段（8：00 ~ 11：00,17：00 ~ 23：00），风电和光伏的出力较小，因此高峰时段的净负荷为正。

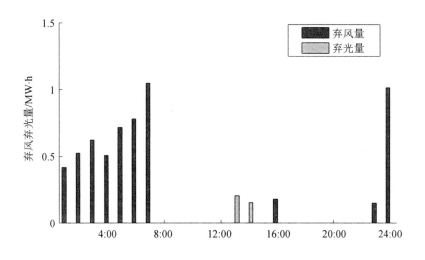

图 6.10　案例 1 中 24 h 的弃风弃光量

将案例 2、3、4 与案例 1 进行对比，结果表明，具有一定容量的 SESS 将弃风弃光量由

6.321 3 MW·h减少至 2.923 0 MW·h,显著地提高了配电网对可再生能源的消纳能力。同时,SESS 能够将节点电压维持在安全范围内,增加了 DNO 的收益。通过案例 2、3、4 与案例 5 的对比,可以看出,在维持节点电压在安全范围内的条件下,MESS 可以进一步提高配电网对可再生能源的消纳能力,与 SESS 相比,可再生能源的弃量减少了 29.6%,每日的期望利润增加了 243.88 美元。

案例 5 中一个随机场景下各时段的虚拟开关状态见表 6.6,其对应的 MESS 的运行状态如图 6.11 所示,图中 MESS 的荷电状态与电池循环次数的折线均对应右侧纵坐标轴,有功功率和无功功率对应左侧纵坐标轴。该场景下 MESS 的最优调度路线和行驶距离见表 6.7。

表 6.6 案例 5 中一个随机场景下各时段的虚拟开关状态

时段	S_1	S_2	S_3
0:00 ~ 10:00	1	0	0
10:00 ~ 11:00	0	0	0
11:00 ~ 17:00	0	1	0
17:00 ~ 18:00	0	0	0
18:00 ~ 24:00	0	0	1

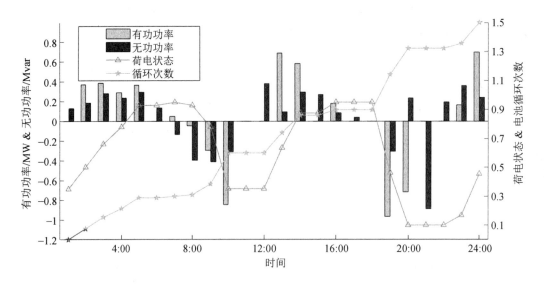

图 6.11 案例 5 中一个随机场景下 MESS 的运行状态

表 6.7 案例 5 中一个随机场景下 MESS 的最优调度路线和行驶距离

站点	最优调度路线	行驶距离 /km
站点 1— 站点 2	15—11—12—13—14—9	18.4
站点 2— 站点 3	9—28—33	11.7

由表 6.6 可以得到 MESS 的调度计划,虚拟开关 S_1 率先闭合,因此 MESS 首先工作于 5 节点,在 0:00 ~ 7:00 进行充电,这一时段的电能购买价格最低,同时也是风电出力的高峰期,MESS 可以储存富余的风电,减少弃风。7:00 ~ 10:00,电能的出售价格达到第一个高峰,此时 MESS 迅速放电以获得最大利润。由表 6.6 可知,MESS 在 10:00 开始调度,从 5 节点运输至 17 节点,途中花费了 1 h,并在 11:00 通过 17 节点连接到电网。11:00 ~ 14:00,电能购买价格下降,在此期间 MESS 在 17 节点充电,存储富余的光伏出力,为随后的放电做准备。MESS 在 17:00 开始进行第二次调度,从 17 节点运输至 33 节点,途中花费了 1 h,并在 18:00 通过 33 节点连接到电网。18:00 ~ 20:00,电能的出售价格达到第二个高峰,MESS 选择放电以赚取收益。22:00 ~ 24:00,电能购买价格降至低谷,MESS 再次充电,吸收夜间富余的风电,为第二天的工作做准备。24 h 的调度周期内 MESS 电池的循环次数是 1.5 次。此外,从图 6.11 中可以看出,在吸收可再生能源进行能源套利的同时,MESS 还为配电网提供无功支持。

MESS 接入后 24 h 内各节点电压如图 6.12 所示,从图 6.12 中可以看出,即使在用电高峰期和低谷期,MESS 也能将系统的电压维持在安全范围内。其中系统的最低电压出现在 21:00 的 33 节点,为 12.15 kV(0.96 p.u.),系统最高电压出现在 15:00 的 15 节点,为 13.11 kV(1.04 p.u.)。

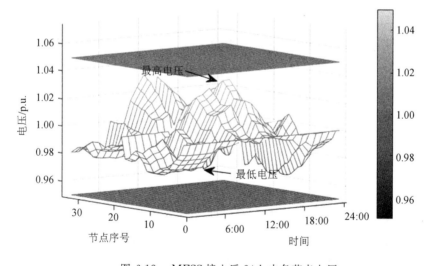

图 6.12　MESS 接入后 24 h 内各节点电压

为了研究 MESS 与 SESS 相比不能提高经济性的场景,本章测试了不同的交通流场景。在案例 5 的基础上,逐渐增加交通流量,并假设增加的交通流量均匀地分布在每条路上。不同交通场景下 MESS 和 SESS 的收益如图 6.13 所示。

可以看出,即使交通流量增加 20%,即交通拥堵等级为 1.2,MESS 仍然可以充分发挥其移动性来赚取更多利润。当交通流量增加 30% ~ 40% 时,即交通拥堵等级为 1.3 ~

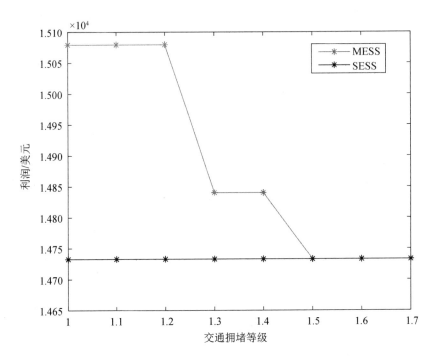

图 6.13　不同交通场景下 MESS 和 SESS 的收益

1.4,由于交通拥堵,MESS 的运输受到一定限制,因此利润降低。当车流量增加超过50%时,即交通拥堵等级大于1.5,道路变得严重拥堵,MESS 在不同站点之间的运输需要很长时间(2 h 以上),这种情况下调度 MESS 是不经济的。因此,MESS 将在某一个站点运行而不移动,此时 MESS 的作用相当于一个 SESS。上述对不同交通场景下 MESS 的测试表明,MESS 适合应用于交通顺畅的地区。在交通严重拥堵的市中心,MESS 与 SESS 相比可能无法提高经济性。

为进一步证明 MESS 可以提高配电网的经济性,本章从延缓电网升级的角度对 MESS 和 SESS 进行了定性对比。假设负荷增加15%,由于负荷过大,部分节点的电压发生越限,小于最低允许值(图 6.14),SESS 无法移动以维持电压在正常范围内。在这种情况下,需要对电网进行升级改造。相比之下,MESS 可以在高负荷时段被运输至相应的节点,以维持节点电压在安全范围内,从而节省电网升级的费用。未来,将进一步研究 MESS 代替 SESS 来延迟电网升级的应用场景。

然而,考虑到 SESS 可以在几秒内做出响应,而 MESS 可能需要几十分钟的调度行程,因此本书并不认为 MESS 在实际应用中可以完全替代 SESS。在某些场景下,MESS 可以比 SESS 更高效、更经济地运行。例如,若某地风力发电充足,负荷却较小,则需要 MESS 将富余的风电储存并输送至负荷中心。对于潜在的实际应用,MESS 和所提基于等效重构法的调度模型尤其适用于可再生能源资源丰富且渗透率较高的配电网系统。

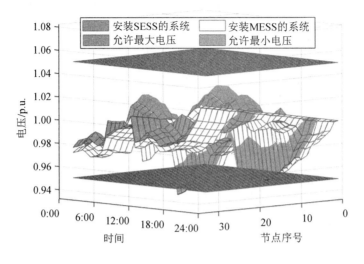

图 6.14　负荷增长后各节点电压

6.5　本章小结

随着可再生能源在电力系统中所占比例的不断升高,MESS 具有良好的发展前景。为了制订合理的 MESS 调度策略,本章提出了等效重构法,通过引入虚拟开关将 MESS 的经济调度问题,即电网－交通网耦合问题,转化为纯配电网问题,并在拓展后的 IEEE 33 节点配电网系统及 36 节点的道路交通网中进行仿真分析,得到如下结论。

通过仿真对比验证了 MESS 参与高比例可再生能源配电网日常优化运行的可行性与经济性。与 SESS 相比,MESS 充分发挥了储能系统对电能的转移能力。MESS 可以将节点电压维持在正常范围内,确保系统的安全运行,同时有效促进可再生能源的消纳,提高 DNO 的收入。此外,MESS 还可以延迟配电网升级,节省电网升级成本。本章提出的等效重构法能够有效地解决 MESS 调度问题,有助于制订合理的 MESS 日前调度策略,为未来 MESS 在配电网中的大规模应用奠定基础。

本章参考文献

[1] 胡代豪,郭力,刘一欣,等.计及光储快充一体站的配电网随机－鲁棒混合优化调度[J].电网技术,2021,45(2):507-519.

[2] FARIVAR M, LOW S H.Branch flow model:Relaxations and convexification (Part Ⅰ,Ⅱ)[J].IEEE transactions on power systems,2013,28(3):2554-2564.

[3] LÖFBERG J.YALMIP:A toolbox for modeling and optimization in MATLAB[C]

Taipei：IEEE International Symposium on Computer Aided Control Systems Design，2004.

［4］ Gurobi Optimizer. Gurobi optimizer reference manual［EB/OL］. ［2024-11-04］. https：//www.gurobi.com/documentation/current/refman/index.html.

［5］ SUN W Q，LIU W，ZHANG J，et al.Bi-level optimal operation model of mobile energy storage system in coupled transportation-power networks［J］.Journal of modern power systems and clean energy，2022，10(6)：1725-1737.

［6］ HEITSCH H，RÖMISCH W.Scenario reduction algorithms in stochastic programming［J］. Computational optimization and applications，2003，24(2)：187-206.

第7章　基于等效重构法的移动储能低碳调度

在当前低碳电力的背景下，拥有多种分布式可再生能源和储能系统的 DNO 被认为能够在碳减排方面发挥出重要作用。为了更加直观地分析碳排放从发电侧到用户侧的"来龙去脉"，本章在传统的配电网优化运行的基础上引入了电力系统碳排放流理论。在前一章提出的"等效重构法"的基础上研究 MESS 对碳流分布的时空影响以及不同区域碳诉求差异下 MESS 的低碳调度策略。基于 Shapley 值(Shapley value,SV)法对负荷侧的碳排放责任进行合理分摊，并与用户侧需求响应相结合，构建了一个 MESS 双层优化调度模型，求解得到电力流－交通流－碳流协同下的 MESS 低碳调度策略。最后，在 IEEE 33 节点配电网系统和36 节点交通网络中验证模型以及所提方法的有效性与可行性。

7.1　碳流视角下移动储能运行特性建模

7.1.1　碳流

所谓碳流是指电力系统的碳排放流，是一种依附于电力系统潮流的虚拟网络流，用于表征某一支路上流过功率所对应的碳排放。在电力行业中，几乎所有的碳排放都是在发电侧由化石燃料燃烧产生的，而很少有碳排放来自输电侧和用户侧。但实际上，发电是由用户侧的需求驱动的，从某种角度来说，电力消费者应该被视为碳排放的真正原因。碳流可以追踪碳排放从发电侧到用户侧的"来龙去脉"。

电力系统碳排放流示意图如图 7.1 所示，通过在配电网运行调度中引入碳排放流理论，可以直观地观察、计算和分析电网中碳排放的分布特性。此外，还可以追踪电力消费行为完整的"碳足迹"，为消费者提供相关信息，使其了解自身"真实"的碳排放情况，有助于在相关行业甚至城市和地区之间分配碳减排义务。

在低碳电力的背景下，MESS 的工作状态与碳流是相互影响的。MESS 利用其跨时空传输电能的特性，通过在不同节点接入，能够改变系统的碳流分布，同时可以根据实时的碳流分布来调度 MESS 以满足区域或节点对低碳的整体性或差异性的诉求。当 MESS 的工作状态发生改变时，系统碳流的改变实时可知，届时 MESS 的低碳调度策略将有据可依，更加有效地实现配电网的低碳优化运行。

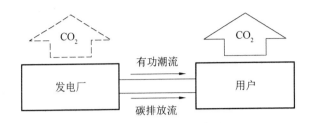

图 7.1　电力系统碳排放流示意图

一般而言,电力网络中的碳排放流可以归纳为 3 种类型,分别是发电机(或上级电网)注入碳流、支路碳流、节点注入碳流。

(1) 发电机(或上级电网)注入碳流:从发电机(或上级电网)流入电网的碳排放,是电网中碳排放的来源。发电机(或上级电网)注入的碳排放量等于相对应的化石燃料燃烧产生的总碳排放量。

(2) 支路碳流:随着电力潮流沿支路流动的碳排放。与潮流类似,支路碳流是来自不同流出节点的碳流的"混合"。

(3) 节点注入碳流:与从支路流入节点的潮流相关联的碳排放。某一节点注入的碳流量为所有流入该节点的支路碳流总和。实际上,节点注入碳流量并不是在该节点产生的,但它反映了该节点消耗电能所对应发电侧产生的碳排放量。

此外,引入以下两个度量指标来描述碳排放流的分布和运动。

(1) 碳流率:用来表示碳流的"速度",其定义为在单位时间内通过网络中某一点(或横截面)的碳流量。

$$R = \frac{\mathrm{d}F}{\mathrm{d}t} \tag{7.1}$$

$$F = \int R \ \mathrm{d}t \tag{7.2}$$

式中,R 表示碳流率;F 表示碳流量。

(2) 碳流密度:可分为两种,一种是支路碳流密度,用符号 ρ 表示,用来表征支路的碳排放流与潮流的关系;另一种是节点碳流密度,用符号 e 表示,用来表征流入和流出节点的碳排放流与潮流之间的关系。其中,节点碳流密度是碳排放流模型中的关键指标,又称节点碳势或节点碳排放强度,单位一般为 $\mathrm{kgCO_2/(kW \cdot h)}$ 或 $\mathrm{tCO_2/(MW \cdot h)}$,其物理含义表示在该节点消费单位电量所造成的等效于发电侧的碳排放量。

节点碳流密度的数学定义如式(7.3)所示。支路碳流密度的数学定义与节点碳流密度数学的定义相同,只需将表达式中的 e 替换为 ρ 即可。

$$e = \frac{F}{G} = \frac{R}{P} \tag{7.3}$$

式中,G 和 P 分别表示电能和有功功率。

　　根据比例共享原则、能量合并原则,任何一条流出节点的支路潮流中,都存在流入该节点支路潮流的分量。因此,电网中每个节点的碳流密度为一定时间段内与该节点所有注入潮流相关的平均碳排放量。下面以节点 x 为例进行说明。比例共享原则示意图如图7.2 所示。

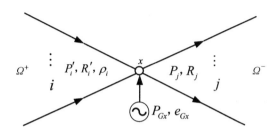

图 7.2　比例共享原则示意图

　　图中,Ω^+ 和 Ω^- 分别表示有功功率流入和流出节点 x 的支路集合;P'_i 和 P_j 分别表示 Ω^+ 中第 i 条支路和 Ω^- 中第 j 条支路的有功功率。

　　设 $P_{j,i}$ 为支路 j 流出功率中来自支路 i 流入功率的部分,$P_{j,G}$ 为支路 j 流出功率中来自节点 x 处发电机 G 流入功率的部分,根据比例共享原则,则有

$$\frac{P_{j,i}}{P_j} = \frac{P'_i}{\sum\limits_{s \in \Omega^+} P'_s + p_{Gx}} \tag{7.4}$$

$$\frac{P_{j,G}}{P_j} = \frac{p_{Gx}}{\sum\limits_{s \in \Omega^+} P'_s + p_{Gx}} \tag{7.5}$$

　　第 j 条流出支路的碳流率 R_j 应该是 Ω^+ 中每个支路的流入碳流率和发电机的流入碳流率之和,因此

$$R_j = \sum\limits_{i \in \Omega^+} P_{j,i} \cdot \rho_i + p_{j,G} \cdot e_{Gx} \tag{7.6}$$

式中,ρ_i 表示第 i 条流入支路的碳流密度;e_{Gx} 表示节点 x 处发电机 G 的碳流密度。

　　则 Ω^- 中第 j 条支路的碳流密度 ρ_j 可表示为

$$\rho_j = \frac{R_j}{P_j} = \frac{\sum_{i \in \Omega^+} P_{j,i} \cdot \rho_i + p_{j,G} \cdot e_{Gx}}{P_j} \tag{7.7}$$

　　将式(7.4) 式和式(7.5) 代入式(7.7) 可得

$$\rho_j = \frac{\sum_{i \in \Omega^+} P'_i \cdot \rho_i + p_{Gx} \cdot e_{Gx}}{\sum_{i \in \Omega^+} P'_i + p_{Gx}} \tag{7.8}$$

　　从式(7.8) 中可以看出,第 j 条流出支路的碳流密度与 j 无关,从某一节点流出的所有

支路具有相同的碳流密度,其大小取决于流入该节点的各个支路碳流和该节点发电机的流入碳流。

若将有功负荷表示为流出支路,根据式(7.8)可以得到节点 x 的碳流密度,记为 e_{Nx},表达式为

$$e_{Nx} = \frac{\sum_{i \in \Omega^+} P'_i \cdot \rho_i + p_{Gx} \cdot e_{Gx}}{\sum_{i \in \Omega^+} P'_i + p_{Gx}} \tag{7.9}$$

至此,配电网的碳排放流模型已建立,只需已知发电机、上级电网的注入碳流密度和系统的潮流,即可推算出每个节点的碳排放强度。

7.1.2 移动储能对碳流的影响

在碳流视角下,MESS 可被视为一个储存碳的"碳盒子"(图 7.3)。当 MESS 接入配电网且处于充电状态时,碳流量会随着充电功率在 MESS 中不断累积。当 MESS 接入配电网且处于放电状态时,其内部累积的碳流量将重新流入电网,进而影响 MESS 所在节点及其下游节点的碳势。如何计算 MESS 的碳势是研究 MESS 影响配电网碳流分布的重要问题。

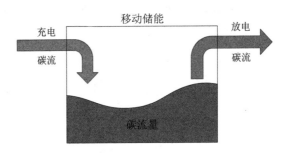

图 7.3 碳流视角下 MESS 运行示意图

当 MESS 处于充电状态时,可将其视为负荷,其电—碳特性与其所在节点的实时碳势及充电功率有关,其内部的碳流量随着充电而累积,如式(7.10)所示。

$$F = F_0 + \int_{T_0}^{T} R(t) \mathrm{d}t \tag{7.10}$$

式中,F_0 表示 MESS 的初始碳流量;T_0 和 T 分别表示 MESS 充电的起始时间。

随着 MESS 内部碳流量的不断积累,其碳势也将发生改变。根据荷电状态和碳势的定义,当 MESS 从 T_0 时刻充电至 T 时刻时,其碳势为

$$e^{\mathrm{MESS}} = \frac{F_0 + \int_{T_0}^{T} R(t) \mathrm{d}t}{\left[Q_0 + \int_{T_0}^{T} P_{\mathrm{MESS}}^{\mathrm{ch}}(t) \mathrm{d}t \right] \cdot \eta_{\mathrm{ch}}} \tag{7.11}$$

式中,Q_0 表示 MESS 初始电量;$P_{\mathrm{MESS}}^{\mathrm{ch}}$ 表示 MESS 充电功率;η_{ch} 表示充电效率。

当MESS处于放电状态时,可将其视为电源,其电－碳特性与其本体的碳势及放电功率有关,其内部累积的碳流量会随着放电而重新注入电网,进而影响MESS所在节点的碳势。类似的,放电时MESS内部的碳流量和碳势如式(7.12)、(7.13)计算。

$$F = F_0 - \int_{T_0}^{T} R(t)\,\mathrm{d}t \tag{7.12}$$

$$e^{\mathrm{MESS}} = \frac{F_0 - \int_{T_0}^{T} R(t)\,\mathrm{d}t}{\left[Q_0 + \int_{T_0}^{T} P_{\mathrm{MESS}}^{\mathrm{dis}}(t)\,\mathrm{d}t\right] \cdot \eta_{\mathrm{dis}}} \tag{7.13}$$

式中,$P_{\mathrm{MESS}}^{\mathrm{dis}}$ 表示 MESS 的放电功率,其值小于 0;η_{dis} 表示放电效率。

以固定时间间隔开展分析,并将式(7.10)～(7.13)中的积分项转化为求和项,可得

$$F_{t+1} = F_t + \sum_i \tau \cdot (e_{i,t} P_{i,t}^{\mathrm{ch}} + e_t^{\mathrm{MESS}} P_{i,t}^{\mathrm{dis}}) \tag{7.14}$$

$$e_{t+1}^{\mathrm{MESS}} = \frac{F_{t+1}}{Q_{t+1}} = \frac{F_t + \sum_i \tau \cdot (e_{i,t} P_{i,t}^{\mathrm{ch}} + e_t^{\mathrm{MESS}} P_{i,t}^{\mathrm{dis}})}{Q_t + \sum_i \tau \cdot (P_{i,t}^{\mathrm{ch}} \cdot \eta_{\mathrm{ch}} + P_{i,t}^{\mathrm{dis}} \cdot \eta_{\mathrm{dis}})} \tag{7.15}$$

式中,F_t 表示 t 时段 MESS 内部的碳流量;τ 表示单位仿真步长;$e_{i,t}$ 表示 t 时段 MESS 所在节点 i 的碳势。

综上所述,通过对 MESS 本体碳量的计量,实现了 MESS 充/放电碳势的定量计算,这也就意味着在 MESS 的运行调度指令中蕴含了 MESS 本体碳量计量和充/放电碳势约束,可以将针对配电网碳流分布的分析由单一潮流断面扩展至时序空间。

7.2　负荷侧碳排放责任分摊

由于用户的地理位置不同、用电量不同、输电线路不同等,每个用户承担的碳排放责任各不相同。若将碳排放责任简单地平均到每个用户显然是不合理的,如何合理分摊碳排放责任至关重要。配电网中不同区域的用户形成了一个天然的合作博弈联盟,配电网的总碳排放量是所有用户的共同责任。因此,碳排放责任分配可以被视为一个经典的成本分配问题。许多方法可用于解决成本分配问题,其中,SV 法和广义核仁(generalized nucleolus,GN)法因其解的唯一性和良好的性质而被广泛使用。与 GN 法相比,SV 法在等同性方面更优越,即任何两个成员之间的相互影响都相同。因此,本研究采用 SV 法对用户侧的碳排放责任进行分摊。

SV 法由 Lloyd Shapley 于 1953 年提出,该方法强调每个成员对不同联盟的边际效应。根据 SV 的定义,每个用户分担的碳排放责任应为其所有边际效应的加权平均值,可表示为

$$X_i = \sum_{S \subseteq N \setminus \{i\}} \frac{n_s! \, (n_N - n_s - 1)!}{n_N!} [E(S \cup \{i\}) - E(S)] \tag{7.16}$$

式中，n_N 表示整个联盟 N 中的成员数量；S 表示不包括成员 i 的任意子联盟；n_s 表示子联盟 S 中的成员数量；$n_s! \, (n_N - n_s - 1)! / n_N!$ 表示子联盟 S 发生的概率；$E(S)$ 表示子联盟 S 的碳排放责任；$S \cup \{i\}$ 表示将联盟成员 i 并入联盟 S 形成的新联盟；$E(S \cup \{i\}) - E(S)$ 表示成员 i 对子联盟 S 的碳排放责任边际效应。

对于有 n_N 个成员的联盟中的每个成员，都有 $2^{n_{N-1}}$ 个边际效应，成员 i 的最小边际效应和最大边际效应分别定义为 $X_{i,\min}$、$X_{i,\max}$，则有

$$X_{i,\min} = \min\{E(S \cup \{i\}) - E(S)\} \tag{7.17}$$

$$X_{i,\max} = \max\{E(S \cup \{i\}) - E(S)\} \tag{7.18}$$

X_i 是所有边际效应的加权平均值，因此 $X_{i,\min} < X_i < X_{i,\max}$。成员 i 的 SV 定义为 $X_{i,\mathrm{mid}}$，即

$$X_{i,\mathrm{mid}} = X_i \tag{7.19}$$

每个用户在 t 时段的碳排放责任应在一个合理的范围内，既不大于 t 时段边际效应的最大值，也不小于 t 时段边际效应的最小值。因此，基于 SV 法，可以采用 $X_{i,\min}$、$X_{i,\mathrm{mid}}$ 和 $X_{i,\max}$ 作为每个用户的碳排放责任边界。根据式（7.16）～（7.19），可以计算得到 $X_{i,\min}$、$X_{i,\mathrm{mid}}$ 和 $X_{i,\max}$ 的值。这样一来，用户每小时都有一个相对应的边际效应，也就是说用户的 $X_{i,\min}$、$X_{i,\mathrm{mid}}$ 和 $X_{i,\max}$ 在一天中分别有 24 个不同的值。但是在实际工程应用中，每小时更新一次碳排放责任边界是不现实的。因此，本章采用 24 h 的碳排放责任边界的平均值作为全天的碳排放责任边界，如式（7.20）～（7.22）所示。

$$\bar{X}_{i,\min} = \sum_{t=1}^{T} X_{i,t,\min} / T \tag{7.20}$$

$$\bar{X}_{i,\mathrm{mid}} = \sum_{t=1}^{T} X_{i,t,\mathrm{mid}} / T \tag{7.21}$$

$$\bar{X}_{i,\max} = \sum_{t=1}^{T} X_{i,t,\max} / T \tag{7.22}$$

式中，$X_{i,t,\min}$、$X_{i,t,\mathrm{mid}}$ 和 $X_{i,t,\max}$ 分别表示时间 t 时段用户的最小、中等和最大碳排放责任边际效应；$\bar{X}_{i,\min}$、$\bar{X}_{i,\mathrm{mid}}$、$\bar{X}_{i,\max}$ 分别表示 $X_{i,t,\min}$、$X_{i,t,\mathrm{mid}}$、$X_{i,t,\max}$ 24 h 的平均值。

基于上述 SV 法对用户侧碳责任进行分摊并形成阶梯型碳交易成本，如式（7.23）所示，阶梯型碳价示意图如图 7.4 所示。

$$
c_{i,t}^{CO_2} = \begin{cases}
\lambda_1(\bar{X}_{i,\min} - E_{i,t}) & 0 \leqslant E_{i,t} < \bar{X}_{i,\min} \\
\lambda_2(E_{i,t} - \bar{X}_{i,\min}) & \bar{X}_{i,\min} \leqslant E_{i,t} < \bar{X}_{i,\mathrm{mid}} \\
\lambda_2(\bar{X}_{i,\mathrm{mid}} - \bar{X}_{i,\min}) + \lambda_3(E_{i,t} - \bar{X}_{i,\mathrm{mid}}) & \bar{X}_{i,\mathrm{mid}} \leqslant E_{i,t} < \bar{X}_{i,\max} \\
\lambda_2(\bar{X}_{i,\mathrm{mid}} - \bar{X}_{i,\min}) + \lambda_3(\bar{X}_{i,\max} - \bar{X}_{i,\mathrm{mid}}) & \\
\quad + \lambda_4(E_{i,t} - \bar{X}_{i,\max}) & E_{i,t} \geqslant \bar{X}_{i,\max}
\end{cases}
\tag{7.23}
$$

式中，$c_{i,t}^{CO_2}$ 表示 t 时段用户 i 的碳交易成本；$E_{i,t}$ 表示 t 时段用户 i 的碳排放量；λ_1、λ_2、λ_3、λ_4 分别表示 4 个等级的碳价。

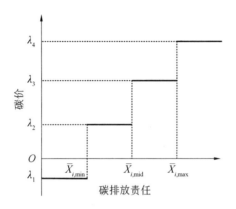

图 7.4　阶梯型碳价示意图

7.3　移动储能双层优化调度模型

本章基于 SV 法对负荷侧的碳排放责任进行分摊，并与用户侧需求响应相结合，构建了一个 MESS 双层优化调度模型，用以制订电力流－交通流－碳流协同下的 MESS 低碳调度策略，其基本逻辑结构如图 7.5 所示。上层模型是 MESS 的日前调度模型，其目标函数为在碳交易市场下 DNO 的利润最大化，得到 MESS 的调度计划以及电力流和碳流的信息，并计算出各节点的碳排放量，将结果传输至下层模型。下层模型是一个考虑用户侧需求响应的低碳优化模型，根据上层的优化结果，以用户在阶梯碳价与分时电价下的用能费用最小为目标，更新用户的用电需求，并将结果返回至上层。通过迭代求解双层模型，最终得到电力流－交通流－碳流协同下的 MESS 运行调度策略。

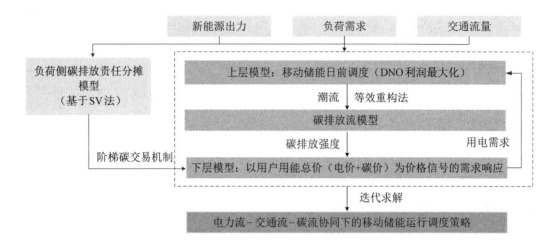

图 7.5 MESS 双层优化调度模型

7.3.1 上层模型

1.目标函数

上层模型主体为 DNO,其目标为在碳交易市场下利润最大化,费用包括购、售电能费用之差,MESS 成本,碳交易成本,弃风弃光惩罚成本以及收取用户的碳交易费用。

$$\max C_{\mathrm{DNO}}^{\mathrm{sell}} - C_{\mathrm{DNO}}^{\mathrm{buy}} - C_{\mathrm{DNO}}^{\mathrm{CO_2}} + C_{\mathrm{user}}^{\mathrm{CO_2}} - C_{\mathrm{MESS}} - C_{\mathrm{curt}} \tag{7.24}$$

式中,$C_{\mathrm{DNO}}^{\mathrm{sell}}$ 表示 DNO 将电能出售给用户所获得的收益;$C_{\mathrm{DNO}}^{\mathrm{buy}}$ 表示 DNO 向上级电网购电所需的成本;$C_{\mathrm{DNO}}^{\mathrm{CO_2}}$ 表示 DNO 参与碳交易市场的费用;$C_{\mathrm{user}}^{\mathrm{CO_2}}$ 表示 DNO 收取用户的碳交易费用;C_{MESS} 表示 MESS 相关的总成本;C_{curt} 表示弃风弃光惩罚成本。

对于 DNO 参与碳交易市场的费用 $C_{\mathrm{DNO}}^{\mathrm{CO_2}}$,若其为正值,表示配电网的碳排放总量大于碳排放额度,需要承担相应的碳排放成本;若其为负值,表示配电网的碳排放总量小于碳排放额度,则可以通过向外出售碳排放额度获取收益。式(7.24)中各项费用的具体计算如式(7.25)~(7.34)所示。

$$C_{\mathrm{DNO}}^{\mathrm{sell}} = \sum_i \sum_t (P_{i,t}^{\mathrm{L}} \cdot \mathrm{SP}_t \cdot \tau) \tag{7.25}$$

$$C_{\mathrm{DNO}}^{\mathrm{buy}} = \sum_t (P_t^{\mathrm{grid}} \cdot \mathrm{PP}_t \cdot \tau) \tag{7.26}$$

$$C_{\mathrm{DNO}}^{\mathrm{CO_2}} = \sum_t c_t^{\mathrm{DNO}} \cdot E_{\mathrm{DNO},t}^{\mathrm{m}} \tag{7.27}$$

$$E_{\mathrm{DNO},t}^{\mathrm{m}} = E_{\mathrm{DNO},t}^{\mathrm{r}} - E_{\mathrm{DNO},t}^{\mathrm{q}} \tag{7.28}$$

$$E_{\mathrm{DNO},t}^{\mathrm{r}} = \sum_i e_{i,t} \cdot P_{i,t}^{\mathrm{L}} \tag{7.29}$$

$$C_{\mathrm{user}}^{\mathrm{CO_2}} = \sum_t \sum_i c_{i,t}^{\mathrm{CO_2}} \tag{7.30}$$

$$E_{i,t} = e_{i,t} \cdot (P_{i,t}^{\mathrm{L}} - \Delta P_{i,t}^{\mathrm{L}}) \tag{7.31}$$

$$c_{i,t}^{CO_2} = \begin{cases} \lambda_1(\bar{X}_{i,\min} - E_{i,t}) & 0 \leqslant E_{i,t} < \bar{X}_{i,\min} \\ \lambda_2(E_{i,t} - \bar{X}_{i,\min}) & \bar{X}_{i,\min} \leqslant E_{i,t} < \bar{X}_{i,\mathrm{mid}} \\ \lambda_2(\bar{X}_{i,\mathrm{mid}} - \bar{X}_{i,\min}) + \lambda_3(E_{i,t} - \bar{X}_{i,\mathrm{mid}}) & \bar{X}_{i,\mathrm{mid}} \leqslant E_{i,t} < \bar{X}_{i,\max} \\ \lambda_2(\bar{X}_{i,\mathrm{mid}} - \bar{X}_{i,\min}) + \lambda_3(\bar{X}_{i,\max} - \bar{X}_{i,\mathrm{mid}}) & \\ + \lambda_4(E_{i,t} - \bar{X}_{i,\max}) & E_{i,t} \geqslant \bar{X}_{i,\max} \end{cases} \quad (7.32)$$

$$C_{\mathrm{MESS}} = C^{\mathrm{switch}} \tag{7.33}$$

$$C^{\mathrm{curt}} = \sum_i \sum_t \eta_{\mathrm{RDG}} \cdot P_{\mathrm{RDG},i,t}^{\mathrm{curt}} \tag{7.34}$$

式中，c_t^{DNO} 表示 t 时段 DNO 参与碳交易市场的碳价；$E_{\mathrm{DNO},t}^{\mathrm{m}}$ 表示 t 时段 DNO 参与碳交易市场的碳排放量；$E_{\mathrm{DNO},t}^{\mathrm{r}}$ 表示 t 时段 DNO 的实际碳排放量；$E_{\mathrm{DNO},t}^{\mathrm{q}}$ 表示 t 时段 DNO 的碳排放量额度；$c_{i,t}^{\mathrm{CO_2}}$ 表示 t 时段 DNO 向用户 i 收取的碳排放费用；$e_{i,t}$ 表示 t 时段节点 i 的碳排放强度。有关 MESS 的成本被等效为虚拟开关的相关成本，与第 6 章所提的"等效重构"过程一致。其余的变量解释与 6.2.1 节和 7.2 节中一致，不再赘述。

值得一提的是，DNO 以所有节点的总碳排放量整体参与碳交易市场交易，每个节点所产生的碳排放费用由 DNO 代收。DNO 参与碳交易市场的碳排放量为实际碳排放量减去其所拥有的碳配额，如式(7.28)所示。目前我国碳配额主要采用无偿分配。本章将 7.2 节中各个区域碳排放责任边际效应的最小值、中间值、最大值之和分别作为配电网相对应的总碳排放区间，并形成阶梯型碳价。

2.约束条件

（1）潮流约束。

本章仍采用基于辐射状配电网的 Dist-Flow 支路潮流模型，并考虑了需求响应变量 $\Delta P_{i,t}^{\mathrm{L}}$。

$$P_{i,t}^{\mathrm{RDG}} - (P_{i,t}^{\mathrm{L}} - \Delta P_{i,t}^{\mathrm{L}}) - P_{i,t}^{\mathrm{MESS}} = \sum_{(i,j) \in A} P_{ij,t} - \sum_{(k,i) \in A} (P_{ki,t} - r_{ki} I_{ki,t}^2) \tag{7.35}$$

$$Q_{i,t}^{\mathrm{RDG}} - Q_{i,t}^{\mathrm{L}} - Q_{i,t}^{\mathrm{MESS}} = \sum_{(i,j) \in A} Q_{ij,t} - \sum_{(k,i) \in A} (Q_{ki,t} - x_{ki} I_{ki,t}^2) \tag{7.36}$$

$$U_{j,t}^2 = U_{i,t}^2 - 2(r_{ij} P_{ij,t} + x_{ij} Q_{ij,t}) + (r_{ij}^2 + x_{ij}^2) I_{ij,t}^2 \tag{7.37}$$

$$I_{ij,t}^2 = \frac{(P_{ij,t})^2 + (Q_{ij,t})^2}{U_{i,t}^2} \tag{7.38}$$

$$U_{\min} \leqslant U_{i,t} \leqslant U_{\max} \tag{7.39}$$

$$I_{ij,t} \leqslant I_{\max} \tag{7.40}$$

式中，$\Delta P_{i,t}^{\mathrm{L}}$ 表示 t 时段节点 i 处的需求响应量，若 $\Delta P_{i,t}^{\mathrm{L}} > 0$，表示需求响应后负荷减少，反之则增加。其余的变量解释与 6.2.2 节中一致，不再赘述。

（2）MESS 运行约束。

本节在第 6 章中 MESS 运行模型的基础上，进一步考虑了 MESS 本体的碳计量，在 MESS 的运行约束中增加了 MESS 的碳计量和充／放电碳势约束，以明确 MESS 充放电时碳流的转移过程，如式（7.41）～（7.53）所示。

$$P_{i,t}^{\text{MESS}} = P_{i,t}^{\text{ch}} + P_{i,t}^{\text{dis}} \tag{7.41}$$

$$0 \leqslant P_{i,t}^{\text{ch}} \leqslant P_{\max}^{\text{MESS}} \cdot x_{i,t}^{\text{ch}} \tag{7.42}$$

$$- P_{\max}^{\text{MESS}} \cdot x_{i,t}^{\text{dis}} \leqslant P_{i,t}^{\text{dis}} \leqslant 0 \tag{7.43}$$

$$x_{i,t}^{\text{ch}} + x_{i,t}^{\text{dis}} \leqslant x_{i,t} \tag{7.44}$$

$$- Q_{\max}^{\text{MESS}} \cdot x_{i,t} \leqslant Q_{i,t}^{\text{MESS}} \leqslant Q_{\max}^{\text{MESS}} \cdot x_{i,t} \tag{7.45}$$

$$P_{i,t}^{\text{MESS2}} + Q_{i,t}^{\text{MESS2}} \leqslant S^{\text{MESS2}} \tag{7.46}$$

$$\text{SOC}_{t+1,s} = \text{SOC}_{t,s} + \sum_i \frac{\tau}{E_{\text{MESS}}} (\eta_{\text{ch}} P_{i,t}^{\text{ch}} + \eta_{\text{dis}} P_{i,t}^{\text{dis}}) \tag{7.47}$$

$$N_{t+1,s} = N_{t,s} + \sum_i \frac{\tau}{2E_{\text{MESS}}} (\eta_{\text{ch}} P_{i,t}^{\text{ch}} - \eta_{\text{dis}} P_{i,t}^{\text{dis}}) \tag{7.48}$$

$$\text{SOC}_{\min} \leqslant \text{SOC}_{t,s} \leqslant \text{SOC}_{\max} \tag{7.49}$$

$$\text{SOC}_T \geqslant \text{SOC}_0 \tag{7.50}$$

$$N_t \leqslant N_{\max} \tag{7.51}$$

$$F_{t+1} = F_t + \sum_i \tau \cdot (e_{i,t} P_{i,t}^{\text{ch}} + e_t^{\text{MESS}} P_{i,t}^{\text{dis}}) \tag{7.52}$$

$$e_{t+1}^{\text{MESS}} = \frac{F_{t+1}}{Q_{t+1}} = \frac{F_t + \sum_i \tau \cdot (e_{i,t} P_{i,t}^{\text{ch}} + e_t^{\text{MESS}} P_{i,t}^{\text{dis}})}{Q_t + \sum_i \tau \cdot (P_{i,t}^{\text{ch}} \cdot \eta_{\text{ch}} + P_{i,t}^{\text{dis}} \cdot \eta_{\text{dis}})} \tag{7.53}$$

式中，F_t 表示 t 时段 MESS 内部的碳流量；e_t^{MESS} 表示 t 时段 MESS 的碳势；其余式子及变量的解释与 6.2.2 节中一致，不再赘述。

（3）虚拟开关约束。

本章采用第 6 章所提的等效重构法，通过引入虚拟开关来对 MESS 的调度过程进行建模，不同的虚拟开关切换之间需要满足相应的逻辑关系和一定的时间间隔。虚拟开关的约束与 6.1 节中式（6.1）～（6.8）一致，不再赘述。

（4）碳排放流约束。

$$e_{i,t} = \frac{\sum P_{i,t}^{\text{RDG}} \rho_i^{\text{RDG}} + P_{i,t}^{\text{dis}} e_t^{\text{MESS}} + \sum_{j:(i,j) \in \Omega_i^{\text{L+}}} |P_{ij,t}| \rho_{ij,t}^{\text{Line}}}{\sum P_{i,t}^{\text{RDG}} + P_{i,t}^{\text{dis}} + \sum_{j:(i,j) \in \Omega_i^{\text{L+}}} |P_{ij,t}|} \tag{7.54}$$

$$\rho_{ij,t}^{\text{Line}} = \begin{cases} e_{i,t} & \text{if } P_{ij,t} \geqslant 0 \\ e_{j,t} & \text{if } P_{ij,t} < 0 \end{cases} \tag{7.55}$$

式中,$\Omega_i^{\mathrm{L}+}$ 表示潮流流入节点 i 的支路集合;ρ_i^{RDG} 表示节点 i 处可再生能源的碳排放强度,其值通常为 0;$\rho_{ij,t}^{\mathrm{Line}}$ 表示 t 时段支路 i—j 的支路碳流密度。

根据式(7.8)~(7.9)可知,从某一节点流出的所有支路具有相同的碳流密度且等于流出节点的碳势,若潮流由节点 i 流向节点 j,则 $\rho_{ij,t}^{\mathrm{Line}}=e_{i,t}$;反之,$\rho_{ij,t}^{\mathrm{Line}}=e_{j,t}$,如式(7.55)所示。

(5)可再生能源出力约束。

可再生能源出力约束与 6.2.2 节的式(6.35)~(6.37)相同,不再赘述。

(6)配电网关口功率约束。

配电网关口功率约束与 6.2.2 节的式(6.38)~(6.39)相同,不再赘述。

7.3.2　下层模型

在下层模型中,优化重点从配电网侧转移至用户侧。在碳交易的背景下,用户的用电需求受分时电价和阶梯碳价的双重影响。为体现不同用户的用电需求及碳诉求的不同,本节将用户分为 3 种类型,分别是电价敏感型用户、碳价敏感型用户、电价碳价均敏感型用户。为促进电能消费低碳化,下层模型建立了以分时电价和阶梯碳价为激励信号的需求响应低碳优化模型,以用户侧购电成本与碳排放成本之和最小为目标,优化响应值。

1.目标函数

$$\min \sum_i C_i^{\mathrm{total}} \tag{7.56}$$

$$C_i^{\mathrm{total}}=C_i^{\mathrm{buy}}+\alpha_i C_i^{\mathrm{CO_2}} \tag{7.57}$$

$$C_i^{\mathrm{buy}}=\sum_t (P_{i,t}^{\mathrm{L}}-\Delta P_{i,t}^{\mathrm{L}}) \cdot \mathrm{SP}_t \cdot \tau \tag{7.58}$$

$$C_i^{\mathrm{CO_2}}=\sum_t c_{i,t}^{\mathrm{CO_2}} \tag{7.59}$$

式中,C_i^{total} 表示节点 i 处用户的总成本,由购电成本和碳排放成本组成,如式(7.57)所示,其中 α_i 为目标函数中碳成本所占的权重,通过 α_i 来反映不同用户对电价和碳价的敏感程度。式(7.58)和式(7.59)分别表示需求响应后用户的购电成本和碳排放成本。

2.需求响应约束

需求响应值为下层优化模型的决策变量,本节根据需求响应的实际特点对其进行建模。可参与需求响应的负荷量限制如式(7.60)所示。本节假设响应后总负荷量保持恒定,如式(7.61)所示。

$$-\beta \cdot P_{i,t}^{\mathrm{L}} \leqslant \Delta P_{i,t}^{\mathrm{L}} \leqslant \beta \cdot P_{i,t}^{\mathrm{L}} \tag{7.60}$$

$$\sum_{t=1}(P_{i,t}^{\mathrm{L}}-\Delta P_{i,t}^{\mathrm{L}})=\sum_{t=1}P_{i,t}^{\mathrm{L}} \tag{7.61}$$

式中,β 表示比例系数,为需求响应最大值与负荷的比值。

7.4 模型求解

建立双层优化模型后,可以看出上层模型是一个混合整数非线性规划问题,与 6.2 节中的模型结构一致,参照 6.3 节中的方法,采用二阶锥松弛技术将上层模型转化为混合整数二阶锥规划问题,可以通过调用商业求解器 GUROBI 高效求解。下层模型是一个线性规划问题,求解器可以直接求解。

在所构建的双层优化模型中,上下层不断迭代优化以达到收敛。上层模型中用户的碳排放成本由用户的碳排放强度和用电需求决定,将求解出的碳排放强度传递至下层模型。下层模型将电价与碳价作为已知参数,优化求解更新用户的电力需求。将更新后的电力需求传递给上层模型并进行下一次迭代求解,当每个用户在每个时间段的电力需求在两次迭代之间足够接近时,则满足了收敛条件,即

$$\left| P_{i,t}^{(k)} - P_{i,t}^{(k-1)} \right| / P_{i,t}^{(k)} \leqslant \xi, \forall i,t \tag{7.62}$$

式中,ξ 是允许误差;k 是迭代次数。

但是迭代的收敛性不一定能够得到保证,可能会出现振荡。本章采用了一种基于二分法的启发式方法来解决振荡问题,其主要思想是给用户提供一个运行区间,该运行区间始终包含最优运行状态,并在每次迭代中通过更新下界或上界逐渐缩小,所提方法示意图如图 7.6 所示。

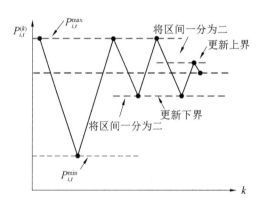

图 7.6 基于二分法的启发式方法示意图

如果振荡发生在第 k 次迭代中,且节点 i 处用户的电力需求为 $P_{i,t}^{(k)}$,令 $P_{i,t}^{\min} = \min\{P_{i,t}^{(k)}, P_{i,t}^{(k-1)}\}$,$P_{i,t}^{\max} = \max\{P_{i,t}^{(k)}, P_{i,t}^{(k-1)}\}$,这是初始运行区间,最优运行状态必须在此区间内,二分法的主要步骤为

步骤 1:令 $\hat{P}_{i,t} = (P_{i,t}^{\max} + P_{i,t}^{\min})/2$,将 k 增加 1,然后转到步骤 2。

步骤 2:将约束 $P_{i,t}^{(k)} = \hat{P}_{i,t}$ 加入上层 MESS 日前调度模型中,然后求解模型。此步骤将当前运行区间一分为二,如果满足收敛条件,则终止迭代;否则,将 k 增加 1,转到步骤 3。

步骤 3：将约束 $P_{i,t}^{\min} \leqslant P_{i,t}^{(k)} \leqslant P_{i,t}^{\max}$ 加入下层需求响应模型中，求解模型，该步骤是为了得到包含最优状态的新运行区间。如果满足收敛条件，则终止迭代；否则，转到步骤 4。

步骤 4：若 $P_{i,t}^{(k)} = P_{i,t}^{\max}$，则最优状态应在区间 $[\hat{P}_{i,t}, P_{i,t}^{\max}]$ 内，令 $P_{i,t}^{\min} = \hat{P}_{i,t}$ 更新下界；否则 $[P_{i,t}^{(k)} = P_{i,t}^{\min}]$，令 $P_{i,t}^{\max} = \hat{P}_{i,t}$ 更新上界。转到步骤 1，重复这些步骤，直到满足收敛条件。

通过执行步骤 $1 \sim 4$，即可得到用户电力需求的新区间，该区间长度为前一运行区间长度的一半，且包含最优运行状态。通过重复这些步骤，用户可以收敛到各自的最优运行状态。最后，利用此方法，模型经过有限次迭代后可以满足收敛条件。双层优化模型求解流程图如图 7.7 所示。

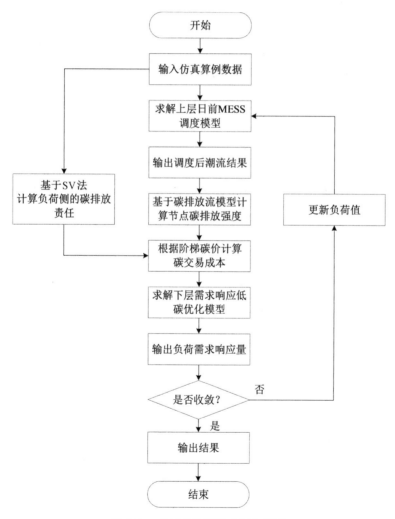

图 7.7　双层优化模型求解流程图

7.5 算 例 分 析

7.5.1 测试系统

针对上述基于等效重构的 MESS 双层低碳调度模型,采用拓展后的 IEEE 33 节点配电网系统和 36 节点交通网验证模型以及所提方法的有效性与可行性。为了体现不同区域用户对碳诉求的差异性,本节将配电网划分为 3 个区域,分别用 A、B、C 表示,且每个区域均设有一个 MESS 站点(图 7.8)。其中区域 A 的用户对电价和碳价的敏感程度相同,区域 B 的用户为电价敏感型,区域 C 的用户为碳价敏感型。交通网的拓扑结构、可再生能源的出力预测曲线、负荷曲线、分时电价信息以及 MESS 额定容量等参数信息均与 6.4.1 节中一致,不再赘述。从上级电网所购买的电能主要由火电机组提供,上级电网注入碳势如图 7.9 所示。负荷响应的最大比例 β 为 0.2,阶梯碳价见表 7.1。

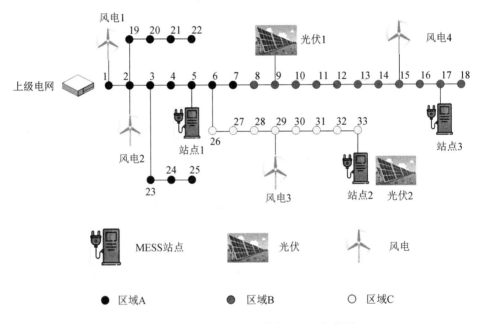

图 7.8 拓展后的 IEEE 33 节点配电网拓扑图

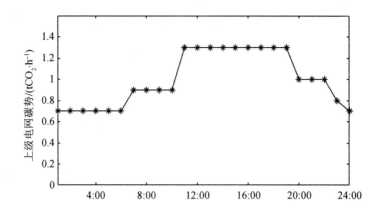

图 7.9　上级电网注入碳势

表 7.1　阶梯碳价

分段区间	碳价 /(美元 · tCO_2^{-1})
$0 \sim x_{min}$	$\lambda_1 = -5$
$x_{min} \sim x_{mid}$	$\lambda_2 = 15$
$x_{mid} \sim x_{max}$	$\lambda_3 = 30$
$x_{max} \sim \infty$	$\lambda_4 = 60$

为了验证所提模型的合理性,建立了以下 4 种案例进行对比分析。

案例 1:传统的 SESS 调度模型,采用传统的碳惩罚模式,无碳交易,无需求响应。

案例 2:传统的 SESS 调度模型,考虑阶梯式碳交易机制,无需求响应。

案例 3:SESS 双层优化调度模型,考虑阶梯式碳交易和需求响应。

案例 4:MESS 双层优化调度模型,考虑阶梯式碳交易和需求响应。

7.5.2　仿真结果

1.碳责任分摊结果

如图 7.8 所示,配电网共划分为 3 个区域,因此,整个联盟为 $N = \{A, B, C\}$,共有 7 个非空子联盟。以 $t = 18$ 为例,求解不同子联盟条件下的配电网运行模型,得到的碳排放责任结果见表 7.2。

表 7.2　碳排放责任结果

子联盟	碳排放量 /($kgCO_2$ · h^{-1})
{A}	733.841
{C}	91.784
{AC}	941.334

续表7.2

子联盟	碳排放量 /(kgCO$_2$ · h^{-1})
{B}	335.257
{AB}	879.266
{BC}	230.121
{ABC}	1 126.671

以区域 A 为研究对象，子联盟{A} 的碳排放量 $E(A)$ 为 733.841 kgCO$_2$/h，$E(A,B) - E(B) = 544.009$ kgCO$_2$/h，$E(A,C) - E(C) = 849.550$ kgCO$_2$/h，$E(A,B,C) - E(B,C) = 896.550$ kgCO$_2$/h。子联盟{A} 发生的概率为 0! (3−0−1)! /3! = 1/3，同理可得子联盟{B}、{C}、{BC} 发生的概率分别为 1/6、1/6、1/3。由式(7.16)~(7.19)计算可得

$$X_{A,max} = E(A,B,C) - E(B,C) = 896.550 \text{ kgCO}_2/\text{h} \tag{7.63}$$

$$X_{A,min} = E(A,B) - E(B) = 544.009 \text{ kgCO}_2/\text{h} \tag{7.64}$$

$$X_{A,mid} = \sum_S \frac{n_s! \ (n_N - n_s - 1)!}{n_N!} [E(S \cup \{A\}) - E(S)] = 733.841 \text{ kgCO}_2/\text{h}$$
$$\tag{7.65}$$

因此，$t = 18$ 时区域 A 的碳排放责任边界分别为 544.009 kgCO$_2$/h、733.841 kgCO$_2$/h、896.550 kgCO$_2$/h。

以区域 B 为研究对象，子联盟{B} 的碳排放量 $E(B)$ 为 335.257 kgCO$_2$/h，$E(A,B) - E(A) = 145.425$ kgCO$_2$/h，$E(B,C) - E(C) = 138.337$ kgCO$_2$/h，$E(A,B,C) - E(A,C) = 185.337$ kgCO$_2$/h。

$$X_{B,max} = E(B) = 335.257 \text{ kgCO}_2/\text{h} \tag{7.66}$$

$$X_{B,min} = E(B,C) - E(C) = 138.337 \text{ kgCO}_2/\text{h} \tag{7.67}$$

$$X_{B,mid} = \sum_S \frac{n_s! \ (n_N - n_s - 1)!}{n_N!} [E(S \cup \{B\}) - E(S)] = 220.825 \text{ kgCO}_2/\text{h}$$
$$\tag{7.68}$$

因此，$t = 18$ 时区域 B 的碳排放责任边界分别为 138.337 kgCO$_2$/h、220.825 kgCO$_2$/h、335.257 kgCO$_2$/h。

以区域 C 为研究对象，子联盟{C} 的碳排放量 $E(C)$ 为 91.784 kgCO$_2$/h，$E(A,C) - E(A) = 207.493$ kgCO$_2$/h，$E(B,C) - E(B) = -105.136$ kgCO$_2$/h，$E(A,B,C) - E(A,B) = 247.405$ kgCO$_2$/h。

$$X_{C,max} = E(A,B,C) - E(A,B) = 247.405 \text{ kgCO}_2/\text{h} \tag{7.69}$$

$$X_{C,min} = E(C) = 91.784 \text{ kgCO}_2/\text{h} \tag{7.70}$$

$$X_{\mathrm{C,mid}} = \sum_{S} \frac{n_s!\,(n_N - n_s - 1)!}{n_N!}\left[E(S \bigcup \{C\}) - E(S)\right] = 130.122 \text{ kgCO}_2/\text{h}$$

$$(7.71)$$

因此，$t = 18$ 时区域 C 的碳排放责任边界分别为 91.784 kgCO$_2$/h、130.122 kgCO$_2$/h、247.405 kgCO$_2$/h。

与式(7.63)～(7.71)相类似，可以计算出 A、B、C 区域其他 23 h 的碳排放责任边界。最后计算得出 24h A、B、C 区域碳排放责任边界的平均值为

$$\overline{X}_{\mathrm{A,min}} = 448.643 \text{ kgCO}_2$$
$$\overline{X}_{\mathrm{A,mid}} = 648.711 \text{ kgCO}_2 \tag{7.72}$$
$$\overline{X}_{\mathrm{A,max}} = 814.903 \text{ kgCO}_2$$

$$\overline{X}_{\mathrm{B,min}} = 221.698 \text{ kgCO}_2$$
$$\overline{X}_{\mathrm{B,mid}} = 291.040 \text{ kgCO}_2 \tag{7.73}$$
$$\overline{X}_{\mathrm{B,max}} = 426.829 \text{ kgCO}_2$$

$$\overline{X}_{\mathrm{C,min}} = 122.474 \text{ kgCO}_2$$
$$\overline{X}_{\mathrm{C,mid}} = 210.251 \text{ kgCO}_2 \tag{7.74}$$
$$\overline{X}_{\mathrm{C,max}} = 323.935 \text{ kgCO}_2$$

根据 SV 法对负荷侧的碳排放责任进行分摊后，可划分配电网 A、B、C 3 个区域的碳排放责任等级，结果如图 7.10 所示。从低到高的碳责任等级分别用绿色、黄色、橙色和红色表示。基于这 4 个等级，每个区域形成一个阶梯式碳价，用于计算碳交易成本。其中绿色区间为可获利区间，这意味着当用户的碳排放量小于碳排放责任的最小值时，可通过出售剩余的碳排放额度获得收益。黄色区间至红色区间碳价依次升高。

综上，区域 A 在 t 时段的阶梯型碳交易成本为

$$C_{\mathrm{A},t} = \begin{cases} \lambda_1(448.643 - E_{\mathrm{A},t}) & 0 \leqslant E_{\mathrm{A},t} < 448.643 \\ \lambda_2(E_{\mathrm{A},t} - 448.643) & 448.643 \leqslant E_{\mathrm{A},t} < 648.711 \\ 200.068\lambda_2 + \lambda_3(E_{\mathrm{A},t} - 648.711) & 648.711 \leqslant E_{\mathrm{A},t} < 814.903 \\ 200.068\lambda_2 + 166.192\lambda_3 + \lambda_4(E_{\mathrm{A},t} - 814.903) & E_{\mathrm{A},t} \geqslant 814.903 \end{cases}$$

$$(7.75)$$

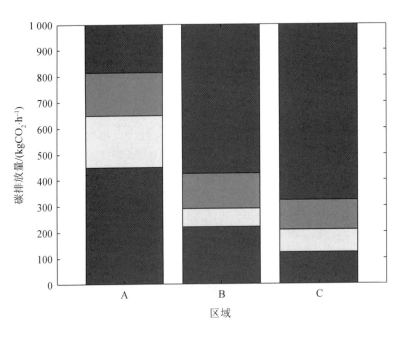

图 7

图 7.10　不同区域的碳排放责任等级

区域 B 在 t 时段的阶梯型碳交易成本为

$$C_{\mathrm{B},t} = \begin{cases} \lambda_1(221.698 - E_{\mathrm{B},t}) & 0 \leqslant E_{\mathrm{B},t} < 221.698 \\ \lambda_2(E_{\mathrm{B},t} - 221.698) & 221.698 \leqslant E_{\mathrm{B},t} < 291.040 \\ 69.342\,\lambda_2 + \lambda_3(E_{\mathrm{B},t} - 291.040) & 291.040 \leqslant E_{\mathrm{B},t} < 426.829 \\ 69.342\,\lambda_2 + 135.789\,\lambda_3 + \lambda_4(E_{\mathrm{B},t} - 426.829) & E_{\mathrm{B},t} \geqslant 426.829 \end{cases}$$

$$(7.76)$$

区域 C 在 t 时段的阶梯型碳交易成本为

$$C_{\mathrm{C},t} = \begin{cases} \lambda_1(122.474 - E_{\mathrm{C},t}) & 0 \leqslant E_{\mathrm{C},t} < 122.474 \\ \lambda_2(E_{\mathrm{C},t} - 122.474) & 122.474 \leqslant E_{\mathrm{C},t} < 210.25 \\ 87.776\,\lambda_2 + \lambda_3(E_{\mathrm{C},t} - 210.25) & 210.25 \leqslant E_{\mathrm{C},t} < 323.935 \\ 87.776\,\lambda_2 + 113.685\,\lambda_3 + \lambda_4(E_{\mathrm{C},t} - 323.935) & E_{\mathrm{C},t} \geqslant 323.935 \end{cases}$$

$$(7.77)$$

可以看出碳排放责任的分摊结果与负荷大小和位置密切相关。区域 A 承担的碳排放责任最大,这是由于区域 A 的负荷量比 B 和 C 都要高。除此之外,区域 A 在地理位置上与上级电网直接相连,配电网从上级电网购买的含碳电能会先注入区域 A,导致区域 A 的碳排放强度与 B、C 相比稍微偏高。区域 C 的碳排放责任最小,一方面是因为区域 C 的负荷较少,另一方面是因为区域 C 的地理位置离上级电网较远,且区域 C 在 29 节点和 33 节点安装了两个大功率的可再生能源发电机,降低了节点的碳排放强度,因此产生的碳排放量就少。上述分析表明,SV 法可以合理地对用户侧进行碳排放责任的分摊。

2.仿真结果分析

4 种案例的仿真结果对比见表 7.3。首先对 4 种案例的经济性和碳排放进行整体分析。

表 7.3　4 种案例的仿真结果对比

案例	运营商利润 / 美元	用户总成本 / 美元	碳排放总量 /kg	用户碳成本 / 美元
1	14 933.28	18 214.86	23 646.3	354.69
2	14 865.47	18 368.67	22 689.9	508.50
3	16 052.41	17 482.26	18 465.6	324.64
4	16 384.13	17 397.03	17 892.2	239.41

在碳排放方面,不难看出,从案例 1 到案例 4,碳排放量呈不断下降趋势。具体而言,与案例 1 相比,案例 2 引入了阶梯碳交易机制,使得碳排放量减少了 4.04%,但由于无需求响应,用户的用电行为几乎没有改变,因此碳减排的效果有限。而案例 3 与案例 2 相比,碳排放量下降了 18.6%。从案例 2 到案例 3,碳减排效果明显提升,这是由于需求响应在碳减排中发挥了重要作用。作为碳排放的根本源头,需求的改变会直接影响碳排放量。通过案例 4 与案例 3 的对比可以看出,MESS 与 SESS 相比可以进一步促进碳减排,MESS 利用其移动性在不同区域调度使得碳排放降低了 3.1%。但与需求响应相比,MESS 促进碳减排的效果有限。由此可见,用户侧需求响应在碳减排中起到了主导作用,MESS 通过其可移动性辅助碳减排,两者相结合能够发挥出配电网碳减排的巨大潜力。

在经济性方面,案例 1 采用的是传统的固定碳价惩罚机制,碳排放惩罚力度较小。虽然案例 1 的碳排放量最多,但其碳排放成本小于案例 2。案例 1 以牺牲环境为代价,提高了一定的经济性,由于没有碳交易和需求响应机制,用户只能被动地接受碳排放费用。案例 2 由于采用了阶梯式碳交易成本,与案例 1 相比碳惩罚力度大,导致碳排放成本上升,总成本增加。案例 3 引入了需求响应机制,用户可以根据实时电价和自身的碳排放强度以及对应的碳价来调整用电行为,将高峰时期和碳排放强度大时段的用电需求转移至其他时段,结果显示,案例 3 与案例 1、2 相比用户成本有了明显的下降,此外,DNO 的利润增长了约 7.7%。与案例 3 相比,案例 4 中用户的成本进一步减少,主要是由于 MESS 将存储的低碳电能释放到碳排放强度高的区域,降低了系统碳排放量,进而降低了碳排放成本,所以用户的总成本也降低了。除此之外,与 SESS 相比,MESS 能够进一步提升配电网收益,这也与第 6 章中算例分析的结论一致。

下面具体分析案例 4 考虑阶梯式碳交易和需求响应的 MESS 双层优化调度,分别从需求响应前与需求响应后各区域节点的碳排放强度、MESS 的工作状态及调度策略进行对比。

案例 4 中需求响应前后节点碳排放强度对比如图 7.11 所示。可以看出无论是需求响应前还是需求响应后,区域 C 的部分节点(29 ~ 33 节点)以及区域 B 的部分节点(12 ~ 18 节点)的碳排放强度在 24 h 内始终为 0,也就是说这部分区域的负荷不会产生碳排放,这是因为上述区域(12 ~ 18、29 ~ 33 节点)的负荷消耗的电能始终由安装在 15 节点和 29 节点的"零碳"可再生能源提供。

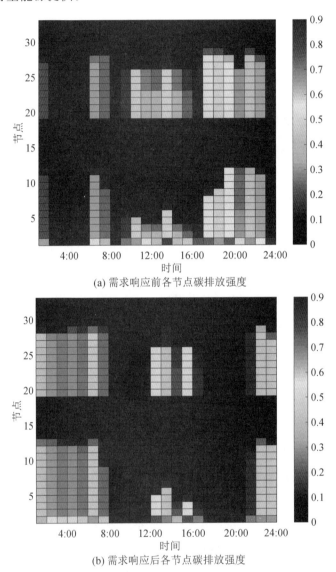

(a) 需求响应前各节点碳排放强度

(b) 需求响应后各节点碳排放强度

图 7.11 案例 4 中需求响应前后节点碳排放强度对比

需求响应前,碳排放强度较高时段集中在 10:00 ~ 15:00 和 17:00 ~ 23:00 这两个时段。碳排放高峰时段与用电高峰时段基本吻合,但碳排放高峰时段时间相对更长一些,这是因为用电高峰时段配电网需要从上级电网额外购买电能,同时高峰时段上级电网中火力发电的比例也会上升,因此高峰时段有更多的碳随着潮流注入配电网。除此之外,碳排放强度还与系统中可再生能源的出力情况有关,晚间时段太阳能发电出力为 0,系统中清洁能源的比例下降,这也会导致系统整体的碳排放强度有一定的上升。21:00 ~ 23:00 虽然已经过了晚高峰,但由于此时系统中光伏出力为 0,因此碳排放强度也相对较高。

用户根据电价、碳价以及自身碳排放的情况进行需求响应,将高峰时段的小部分负荷转移至低谷时段,可以看到需求响应后,两个高峰时段(8:00 ~ 11:00 和 17:00 ~ 20:00)的碳排放强度已经基本降为 0。换句话说,该配电网中安装的可再生能源已经能够满足需求响应后高峰时段的用电负荷,大大降低了高峰时段的碳排放。相对应的,夜间低谷时段的碳排放强度与之前相比略有提升。总体来说,需求响应后系统整体的碳排放强度有所下降。

案例 4 中需求响应前各时段的虚拟开关状态见表 7.4。案例 4 中需求响应 MESS 最优调度路线及行驶距离见表 7.5。案例 4 中需求响应前 MESS 的工作状态如图 7.12 所示,图中 MESS 荷电状态与 MESS 碳势的折线均对应右侧纵坐标轴,有功功率对应左侧纵坐标轴。

表 7.4　案例 4 中需求响应前各时段的虚拟开关状态

时段	S_1	S_2	S_3
00:00 ~ 11:00	1	0	0
11:00 ~ 12:00	0	0	0
12:00 ~ 24:00	0	0	1

表 7.5　案例 4 中需求响应 MESS 最优调度路线及行驶距离

站点	最优调度路线	行驶距离 /km
1—3	15—11—16—17—25—26—32—33	15.6

需求响应前,根据表 7.4 中 0:00 ~ 11:00 时段 S_1 闭合可知,MESS 首先工作于区域 A,通过节点 5 与电网相连,再结合图 7.12 可知,MESS 在 0:00 ~ 5:00 进行缓慢充电,并充满至 95%。该时段(0:00 ~ 5:00)的电能购买价格最低,同时也是风电出力的高峰期,MESS 将富余的风电储存起来,减少弃风量。值得一提的是,0:00 ~ 5:00 MESS 所在的站点(节点 5)的碳排放强度不为 0,这意味着 MESS 此时段充的电并不是"零碳"的绿电,而会积累一定的碳量。在 1:00,节点 5 的碳势高于 MESS 自身的碳势,因此充电后 MESS 的碳势升高。2:00 ~ 5:00,节点 5 的碳势低于 MESS 自身的碳势,随着 MESS 不断充电,虽然其内部积累的碳不断增加,但 MESS 的碳势是逐渐降低的,相当于 MESS 内部存储的碳被"稀释"了,如图 7.12 中的绿色曲线所示。8:00 ~ 10:00,电能的售价达到第一个高

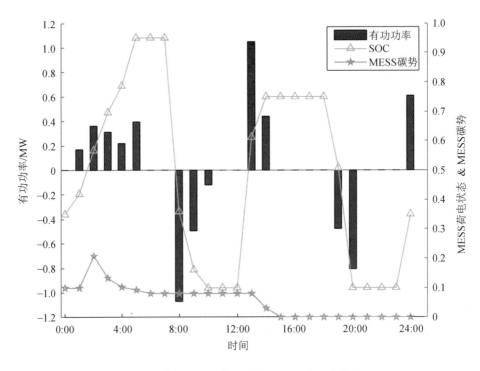

图 7.12　案例 4 中需求响应前 MESS 的工作状态

峰,所以 MESS 在区域 A 迅速放电以获得最大利润,放电结束时 SOC 降至 0.1,放电时 MESS 的碳势不发生改变,MESS 内部储存的碳随着放电功率重新注入电网。由表 7.4 可知,MESS 在 11:00 开始调度,从区域 A 的 5 节点运输至区域 C 的 33 节点,途中花费了 1 h,在 12:00 通过 33 节点与电网相连。12:00 ～ 14:00,购电价格下降,同时也是光伏出力的高峰期,此期间 MESS 在 33 节点充电,为后续的工作做准备。此时 33 节点的碳势为 0,MESS 所吸收的为“零碳”的电能,因此 MESS 的碳势进一步下降,充电完毕后 MESS 的碳势几乎接近于 0。18:00 ～ 20:00,电能的售价达到第二个高峰,此外,由于晚间 33 节点的光伏出力为 0,区域 C 有大量的用电需求需要被满足,且区域 C 的用户为碳价敏感型。因此,MESS 选择将存储的“零碳”电能在 33 节点进行放电以满足区域 C 用户的需求,同时赚取收益。23:00 ～ 24:00,电能购买价格降至低谷,MESS 进行充电,为第二天的工作做准备。

　　案例 4 中需求响应后各时段的虚拟开关状态见表 7.6。案例 4 中需求响应 MESS 的最优调度路线及行驶距离见表 7.7。案例 4 中需求响应后 MESS 的工作状态如图 7.13 所示,图中 MESS 荷电状态与 MESS 碳势的折线均对应右侧纵坐标轴,有功功率对应左侧纵坐标轴。

表 7.6　案例 4 中需求响应后各时段的虚拟开关状态

时段	S_1	S_2	S_3
$00{:}00 \sim 15{:}00$	0	0	1
$15{:}00 \sim 16{:}00$	0	0	0
$16{:}00 \sim 22{:}00$	1	0	0
$22{:}00 \sim 23{:}00$	0	0	0
$23{:}00 \sim 24{:}00$	0	0	1

表 7.7　案例 4 中需求响应 MESS 的最优调度路线及行驶距离

站点	最优调度路线	行驶距离 /km
3—1	33—32—26—25—17—16—11—15	15.6
1—3	15—11—16—17—25—26—32—33	15.6

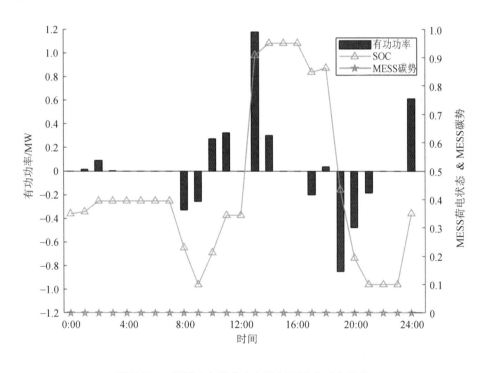

图 7.13　案例 4 中需求响应后 MESS 的工作状态

　　需求响应后的 MESS 充放电计划则与响应前截然不同。根据表 7.6 虚拟开关状态可知,MESS 的初始工作点位于区域 C 的 33 节点,在 $0{:}00 \sim 7{:}00$ 的电价低谷时段几乎不充电,仅在 $1{:}00 \sim 3{:}00$ 以小功率进行充电。这是因为需求响应后凌晨时段的负荷增长,且区域 C 的光伏出力为 0,首先要满足负荷需求。此外,凌晨时段节点碳排放强度也相对较高,因此 MESS 选择不充电。8:00 ~ 10:00,MESS 在电价高峰时段进行放电,赚取收益。随着负荷逐渐减少及光伏出力的增加,10:00 ~ 14:00 区域 C 有大量的光伏发电富余,因此 MESS 在此时段进行充电。由图 7.11(b) 碳排放强度的热力图可以看出,33 节点的碳排放强度始终为 0,因此 MESS 存储的电能全部为"零碳"的电能,MESS 的碳势始终为 0,如图 7.13 中的绿色曲线所示。由表 7.6 可知,MESS 在 15:00 开始调度,从区域 C 的 33 节点运输至区域 A 的 5 节点,途中花费了 1 h,在 16:00 时通过 5 节点与电网相连。16:00 ~ 21:00,在 5 节点放电,在降低区域 A 的碳排放强度的同时获得收益,该时间段区域 B 和区域 C 的碳排放强度几乎均为 0,所以 MESS 调度至碳排放强度相对较高的区域 A 进行放电。最后,23:00 调回至区域 C 的 33 节点进行充电。

通过对比分析需求响应前、后 MESS 的工作状态可以看出,需求响应前 MESS 主要是通过在用电低谷时充电,存储富余的电能,在用电高峰以更高的价格放电,从而赚取收益,此时通过峰谷差价套利获得的收益远大于碳减排的收益,因此需求响应前 MESS 的驱动力是"低充高放",而不是碳减排。需求响应后,用电高峰时段负荷量减少,本地安装的可再生能源即可满足高峰时段的用电需求,因此 MESS 的驱动力偏向碳减排,MESS 会调度到碳强度高的地方进行放电,以降低该区域的碳排放强度,进而降低碳排放量,提升系统总收益。可以看出,MESS 会随着用户需求的变化以及碳流的改变而不断优化调度策略和充放电计划以实现系统总体效益最大化。

7.6　本章小结

本章利用第 6 章所提出的"等效重构法",基于现有的碳排放流理论研究 MESS 对碳流分布的时空影响以及区域碳诉求不同下的 MESS 低碳调度,构建了一个考虑需求响应和阶梯碳交易的双层优化模型,最终得到电力流－交通流－碳流协同下的 MESS 低碳调度策略。根据算例仿真结果的分析,所得结论如下。

(1) 将碳排放流模型引入配电网运行中可以有效将源侧产生的碳排放量归算到负荷侧,体现出负荷消耗电能所对应的碳排放量。

(2) 用户的碳排放责任与负荷大小和地理位置密切相关,SV 法可以合理地对用户侧进行碳排放责任的分摊。

(3) MESS 与需求响应相结合,能够有效地减少系统的碳排放,同时降低用户的成本,提升 DNO 的收益。MESS 会随着用户需求的变化以及碳流的改变而不断优化调度策略和充放电计划以实现总体效益最大化。需求响应在碳减排中起到了主导作用,MESS 通过其可移动性辅助碳减排,两者相结合能够发挥出配电网碳减排的巨大潜力。

本章参考文献

［1］周天睿，康重庆，徐乾耀，等.电力系统碳排放流分析理论初探［J］.电力系统自动化，2012，36(7)：38-43,85.

［2］周天睿，康重庆，徐乾耀，等.电力系统碳排放流的计算方法初探［J］.电力系统自动化，2012，36(11)：44-49.

［3］周全，冯冬涵，徐长宝，等.负荷侧碳排放责任直接分摊方法的比较研究［J］.电力系统自动化，2015，39(17)：153-159.

［4］黄文轩，刘道兵，李世春，等.双碳目标下含 P2G 与需求响应的综合能源系统双层优化［J］.电测与仪表，2022，59(11)：8-17.

第8章 配电网动态重构与移动储能协同优化

随着可再生能源在配电网中渗透率的不断提升,其出力不确定性导致弃风弃光现象日趋严重。针对该问题,本书在高比例可再生能源背景下提出一种配电网动态重构与MESS协同优化方法。首先,为缩减问题规模,融合时序负荷先验信息并采用模糊C均值算法划分重构时段,同时避免多余的开关操作。其次,考虑到可再生能源出力的不确定性,构建计及时空相关性且对稀疏离群点具有鲁棒性的不确定集合。再次,建立配电网动态重构策略与MESS经济调度的两阶段鲁棒协同优化模型,第一阶段选择关键开关与接入位置,第二阶段对重构开关与MESS进行协同优化以评估第一阶段选择方案的经济性。针对模型多层结构的复杂性,采用嵌套的列约束生成算法进行求解。最后,通过测试系统中的仿真计算,验证所提模型和算法的有效性。

8.1 动态重构时段划分

配电网动态重构的含义是指在一段时间内对每个时刻的网络拓扑结构进行变化,但在实际操作中很难对每个时间断面都进行网络重构。目前最常用的动态重构方法主要分为两种:① 根据调度计划内的单位时间段进行重构;② 根据预测的负荷曲线进行时段划分后重构。由于在实际操作中很难对每个时间断面都进行网络重构,且控制重构操作的整数变量增多会导致"维数灾"问题,因此本章将采用第二种动态重构方案以缩减问题规模。首先,根据预测的负荷和风、光数据生成等效负荷曲线,并在本章参考文献[2]的基础上结合先验信息和时序关系改写模糊C均值(FCM)聚类算法的目标函数 C^{FCM},从而对等效负荷曲线进行聚类分割。

作为一种无监督学习的数据聚类方法,FCM聚类算法通过最小化样本点到各聚类中心的欧式距离之和,将给定数据集划分至规定的类别中。假设等效负荷时间序列为 $X = \{x_n \mid 1 \leqslant n \leqslant N\}$,其中 $x_n = [x_{1,n}, \cdots, x_{h,n}, \cdots, x_{H,n}]^{\mathrm{T}}$,$N$ 为等效负荷样本数;$x_{h,n}$ 为等效负荷数据 x_n 的第 h 个特征值;H 为特征值数量。

考虑到负荷需求和风、光出力数据在相邻时段具有较强的时间相关性,本章将当前时段和相邻时段的等效负荷值同时作为当前时段的数据特征值,故特征值数量 $H = 3$。利用线性模型描述相邻时段等效负荷数据的特征函数关系为

$$x_{h',n} = b_{c,h} x_{h,n} + d_{c,h}$$
$$c = 1, 2, \cdots, C, n = 1, 2, \cdots, N, \forall h, h' \in \{1, 2, 3\}, h \neq h' \tag{8.1}$$

式中，$b_{c,h}$ 和 $d_{c,h}$ 为第 c 个聚类下第 h 个特征函数关系的回归系数；C 为时段划分数量，即聚类数目；$x_{2,n}$ 为当前时段的等效负荷值；$x_{1,n}$ 为上一时段的等效负荷值；$x_{3,n}$ 为下一时段的等效负荷值。

将等效负荷相邻时段特征函数关系的平方和 $(x_{h',n} - b_{c,h} x_{h,n} - d_{c,h})^2$ 作为先验信息融入数据点到聚类中心的距离中。此外，由于等效负荷曲线本质上是一组随时间变化的序列数据，在时段划分中还需在目标函数中引入等效负荷数据的时序关系 $\| t_n - v_c^{\text{Time}} \|_2^2$，保证聚类结果符合时间顺序。因此，最终的目标函数为

$$C^{\text{FCM}} = \sum_{c=1}^{C} \sum_{n=1}^{N} u_{c,n} \| t_n - v_c^{\text{Time}} \|_2^2 D_p^2(x_n, v_c)$$

$$= \sum_{c=1}^{C} \sum_{n=1}^{N} u_{c,n} \| t_n - v_c^{\text{Time}} \|_2^2 \left\{ \| x_n - v_c \|_2^2 + \sum_{c=1}^{C} \sum_{n=1}^{N} \left[\sum_{h,h'=1,h\neq h'}^{H} (x_{h',n} - b_{c,h} x_{h,n} - d_{c,h})^2 \right] \right\}$$

$$\tag{8.2}$$

式中，$u_{c,n} \in [0,1]$ 为数据 x_n 对第 c 个聚类中心的隶属度关系；v_c 为第 c 个聚类中心列向量；$\| x_n - v_c \|_2^2$ 为数据点 x_n 到第 c 个聚类中心 v_c 的距离；$D_p^2(x_n, v_c)$ 为融入先验信息后数据点到聚类中心的等效距离；t_n 为数据点 x_n 所属的时间点；v_c^{Time} 为第 c 个序列分段（即聚类中心 v_c）的时间聚类中心点。

时段划分的约束条件须保证数据点到各聚类中心的隶属度之和为 1。

$$\sum_{c=1}^{C} u_{c,n} = 1 , \quad n = 1, 2, \cdots, N \tag{8.3}$$

综上所述，重构时段划分本质上是一个含等式约束的最优化问题，应用拉格朗日乘子法即可求其最优解。

为选取最优时段划分数目（即聚类数），采用中位数分段系数（median partition coefficient，MPC）和中位数分段熵（median partition entropy，MPE）作为判别指标。相较于均值分段系数 I^{PC} 和均值分段熵 I^{PE}，MPC 和 MPE 对噪声和离群点具有更强的鲁棒性。当 MPC 越大、MPE 越小时，该聚类数目下的效果最佳。

$$I^{\text{PC}} = \frac{1}{N} \sum_{n=1}^{N} \left(\sum_{c=1}^{C} u_{c,n}^2 \right) = \frac{1}{N} \sum_{n=1}^{N} I_n^{\text{PC}} = \text{mean}(I_1^{\text{PC}}, I_2^{\text{PC}}, \cdots, I_N^{\text{PC}}) \tag{8.4}$$

$$I^{\text{PE}} = \frac{1}{N} \sum_{n=1}^{N} \left(\sum_{c=1}^{C} - u_{c,n} \log_a u_{c,n} \right) = \frac{1}{N} \sum_{n=1}^{N} I_n^{\text{PE}} = \text{mean}(I_1^{\text{PE}}, I_2^{\text{PE}}, \cdots, I_N^{\text{PE}}) \tag{8.5}$$

$$I^{\text{MPC}} = \text{median}(I_1^{\text{PC}}, I_2^{\text{PC}}, \cdots, I_N^{\text{PC}}) \tag{8.6}$$

$$I^{\text{MPE}} = \text{median}(I_1^{\text{PE}}, I_2^{\text{PE}}, \cdots, I_N^{\text{PE}}) \tag{8.7}$$

式中，$\text{mean}(\cdot)$ 为均值计算；$\text{median}(\cdot)$ 为中位数计算；I_n^{PC} 为第 n 个样本的均值分段系数；I_n^{PE} 为第 n 个样本的均值分段熵；a 为对数函数底数，通常取值大于 1。

最终的时段划分结果为$T^{\text{seg}} = \{[T_1^{\text{seg}}, T_2^{\text{seg}}], [T_2^{\text{seg}}, T_3^{\text{seg}}], \cdots, [T_u^{\text{seg}}, T_{u+1}^{\text{seg}}], \cdots, [T_C^{\text{seg}}, T_{C+1}^{\text{seg}}]\}$，其中$T_u^{\text{seg}}$既是第$u$个时段划分周期的起始时间，也是第$u-1$个时段划分周期的终止时间。重构时段划分流程图如图8.1所示。

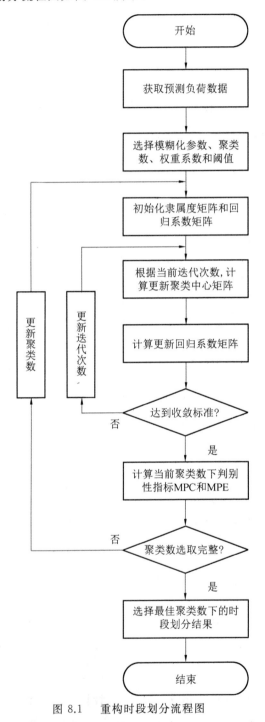

图 8.1　重构时段划分流程图

8.2　基于数据驱动的不确定集合构建

　　鉴于可再生能源出力的不确定性将对配电网中 MESS 的优化调度策略产生影响,本节在构建 MESS 与开关动态重构的协同优化模型前还须建立两个不确定集合分别对风电和光伏出力的预测误差进行刻画。以风电预测误差为例,对不确定集合的建立过程进行描述。针对风电预测误差的时空相关性,首先构造针对空间相关性的多面体不确定集合,而后根据预测误差的时间相关性模型,在不确定集合中添加时间相关性约束。

　　假设风电误差样本集合为 w,按时间段将样本集合进行分类处理得到 $w = \{w_1, w_2 \cdots, w_t, \cdots, w_T\}$,其中 T 表示仿真周期中的最大时段数,t 时段风电出力的误差序列具体包含 $w_t = [w_{t,1}, w_{t,2} \cdots, w_{t,n}, \cdots, w_{t,N'}]^{\mathrm{T}}$,$N'$ 表示数据样本的个数,序列中的每一个元素又表示一个行向量 $w_{t,n} = [w_{t,n,1}, w_{t,n,2}, \cdots w_{t,n,f}, \cdots, w_{t,n,F}]$,$F$ 表示配电网中风电的建设数量,同时也是样本数据的最大空间维度数,按此空间维度数将各个时段下的风电出力误差序列 w_t 建立成一个不确定集合。

　　此外,为适应不同的样本数据,尤其是在各维度间表现弱相关性甚至无相关性的样本数据,所建立的出力误差不确定集合需要保证尽可能少地囊括低概率发生甚至是零概率发生的数据场景,故而将 8.1 节中采用的 FCM 聚类算法引入集合的建模过程中。

　　首先,采用 FCM 聚类算法对不同时段下风电出力的预测误差样本进行处理,并根据 8.1 节中所采纳的 MPC 和 MPE 两种指标参数判定最佳的聚类类别数 C'。风电出力预测误差样本 w_t 在经过聚类后可初步分为 $w_{t,1}, w_{t,2}, \cdots, w_{t,c}, \cdots, w_{t,C'}$,然后根据本章参考文献 [4] 中不确定集合的建模流程,对聚类后各个类别下的样本数据进行处理。为挖掘样本数据中可能存在的潜在不确定性,一般采用主成分分析(principal component analysis, PCA)方法进行处理。但当数据中含有非高斯噪声点或是离群点时,传统的 PCA 所构建的坐标系会偏向噪声点或是离群点的方向,导致不确定集囊括的范围增大,纳入部分极低概率出现甚至不会出现的场景,进而影响 MESS 调度策略的经济性。鉴于此,本章将采用鲁棒主成分分析(robust principal component analysis, RPCA)方法将所有聚类后风电出力预测误差数据 $w_{t,c}$ 投影至各主成分方向,$W_{t,c,f}$ 即为数据 $w_{t,c}$ 在维度 f 上的投影结果。

　　然后,为获取投影数据的概率分布,需要对其进行密度估计,核密度估计(kernel density estimation, KDE)便是一种常用的估计方法。作为一种基本的非参数估计方法,KDE 会从不确定变量的样本信息中直接估计其实际分布,但其估计结果对离群点异常敏感。为解决这一问题,在 KDE 的基础上又衍生出鲁棒核密度估计(robust kernel density estimation, RKDE)这一方法。RKDE 本质上是一种加权的 KDE 方法,在迭代求解的过程中对离群点赋予较小的权重以削弱其对估计的影响,提高估计结果的准确性。但由于 RKDE 的模型复杂,且需采用核化迭代加权最小二乘法进行求解,操作难度较大,故本章将采用比 RKDE 具有更低复杂性的基于均值中位数原则的核密度估计(kernel density estimator with median of means principle,MoM-KDE)方法。利用 MoM-KDE 方法对投影点进行密度估计,以获取各主成分方向上数据不确定性的概率分布。MoM-KDE 是 KDE 及 RKDE 的衍生,改进了 KDE 对离群点鲁棒性较差以及 RKDE 模型复杂、求解困难等问题。本章参考文献[5]证明 MoM-KDE 不仅能够抵御离群点对估计值的影响,还与 KDE 具有相似的收敛速度。

MoM-KDE 方法的步骤:首先,将投影后在空间维度 f 下的风电出力预测误差数据序列 $W_{t,c,f}$ 分割成 M 个不重叠且数据长度均为 L' 的数据区块 $[W_{t,c,1,f}$,$W_{t,c,2,f}$,$\cdots$,$W_{t,c,L',f}]_1$,$[W_{t,c,L'+1,f}$,$W_{t,c,L'+2,f}$,$\cdots$,$W_{t,c,2L',f}]_2$,$\cdots$,$[W_{t,c,L'(m-1)+1,f}$,$W_{t,c,L'(m-1)+2,f}$,$\cdots$,$W_{t,c,L'm,f}]_M$。

其次,对分割后的各数据区块分别采用 KDE 进行密度估计,并将各数据区块估计结果中的中位数作为 MoM-KDE 处理后的最终结果。例如,对于点 r 而言,其 MoM-KDE 结果为

$$\hat{f}_{\text{MoM},f}(r) \propto \text{median}[\hat{f}_{1,f}(r),\hat{f}_{2,f}(r),\cdots,\hat{f}_{m,f}(r),\cdots,\hat{f}_{M,f}(r)] \quad (8.8)$$

式中,$\hat{f}_{m,f}(\cdot)$ 为空间维度 f 下用第 m 个数据区块通过 KDE 得到的概率密度估计;$\hat{f}_{\text{MoM},f}(r)$ 为最终的 MoM-KDE 结果;$\propto$ 表示两者关系成正比。需要注意,若 $\hat{f}_{\text{MoM},f}(\cdot)$ 的积分不等于 1,还须对结果进行标准化处理。在得到概率估计结果后,根据概率密度函数计算得到相应的累积分布函数。

最后,通过估计的累积分布函数 $\hat{F}_{\text{MoM}}(\cdot)$ 和预先设置的置信度水平 $1-\alpha$,计算各空间维度下预测误差的正、负偏差向量 $\boldsymbol{\zeta}^+$ 和 $\boldsymbol{\zeta}^-$,最终所构建的空间相关性下关于风电出力预测误差的不确定集合的数学表达式为

$$\Phi_{t,c}^{\text{Spatial}} = \left\{ \boldsymbol{U}_{t,c} \left| \begin{array}{l} \boldsymbol{U}_{t,c} = \bar{\boldsymbol{W}}_{t,c} + \boldsymbol{V}_{t,c}\boldsymbol{\zeta}_{t,c} \\ \boldsymbol{\zeta}_{t,c} = \boldsymbol{\zeta}_{t,c}^- \circ \boldsymbol{W}_{t,c}^- + \boldsymbol{\zeta}_{t,c}^+ \circ \boldsymbol{W}_{t,c}^+ \\ \boldsymbol{W}_{t,c}^-,\boldsymbol{W}_{t,c}^+ \in \{0,1\} \\ \boldsymbol{W}_{t,c}^- + \boldsymbol{W}_{t,c}^+ \leqslant 1 \\ \boldsymbol{e}^{\text{T}}(\boldsymbol{W}_{t,c}^- + \boldsymbol{W}_{t,c}^+) \leqslant \Gamma \\ \boldsymbol{\zeta}_{t,c}^- = [\hat{F}_{\text{MoM},1}^{-1}(\alpha) \; \hat{F}_{\text{MoM},2}^{-1}(\alpha) \; \cdots \; \hat{F}_{\text{MoM},f}^{-1}(\alpha),\cdots,\hat{F}_{\text{MoM},F}^{-1}(\alpha)]^{\text{T}} \\ \boldsymbol{\zeta}_{t,c}^+ = [\hat{F}_{\text{MoM},1}^{-1}(1-\alpha) \; \hat{F}_{\text{MoM},2}^{-1}(1-\alpha) \; \cdots \; \hat{F}_{\text{MoM},f}^{-1}(1-\alpha),\cdots,\hat{F}_{\text{MoM},F}^{-1}(1-\alpha)]^{\text{T}} \end{array} \right. \right\}$$

$$(8.9)$$

式中，$\Phi_{t,c}^{\text{Spatial}}$ 表示 t 时段聚类类别 c 中风电出力预测误差在空间维度下的不确定性集合；$U_{t,c} \in \mathbf{R}^{F \times 1}$ 表示 t 时段聚类类别 c 中风电出力预测误差在空间维度下的向量；$\overline{W}_{t,c} \in \mathbf{R}^{F \times 1}$ 表示相应的风电出力预测误差在空间维度下的均值向量；$V_{t,c} \in \mathbf{R}^{F \times F}$ 表示各主成分对应的特征向量矩阵；$W_{t,c}^{+} \in \mathbf{R}^{F \times 1}$ 和 $W_{t,c}^{-} \in \mathbf{R}^{F \times 1}$ 分别表示决策向量下的正偏差和负偏差，其中正、负偏差向量中的元素 $W_{t,c}^{+}$ 和 $W_{t,c}^{-}$ 均为 $0 \sim 1$ 变量；$\boldsymbol{\zeta}_{t,c}$ 是用于表示潜在不确定性的向量；$\boldsymbol{\zeta}_{t,c}^{+}$ 和 $\boldsymbol{\zeta}_{t,c}^{-}$ 分别表示潜在不确定性的上界向量和下界向量；$e \in \mathbf{R}^{F \times 1}$ 表示元素全为 1 的列向量；$\circ$ 表示 Hadamard 积；Γ 表示空间维度下的不确定性预算。

对于风电预测误差的时间相关性，也可通过上述方法进行刻画，最终的不确定性集合为两者的交集：$\Phi_{c}^{\text{Wind}} = \Phi_{t,c}^{\text{Spatial}} \bigcap \Phi_{t,c}^{\text{Temporal}}$。但 $\Phi_{t,c}^{\text{Spatial}}$ 和 $\Phi_{t,c}^{\text{Temporal}}$ 作为离散化的多面体不确定集合，各维度上的实际取值由偏差决策向量的 3 种组合决定（$W^{+} \mid W^{-} = 0 \mid 0$，$0 \mid 1$，$1 \mid 0$）。若两者在该 3 种组合下的取值不完全相等，则无法构成离散化的交集。为将时间相关性纳入考虑范围，采用本章参考文献[3]中的方法定义时间维度下表示正、负偏差变化的标志向量 $y^{+}, y^{-} \in \mathbf{R}^{F \times 1}$，以这两个向量变量描述相邻时段正、负偏差变量的变化，以 y^{+} 为例，该向量中元素的数学表达式为

$$y^{+} \left| \; y_{t}^{+} = \begin{cases} 0 & W_{t,c}^{+} = W_{t+1,c}^{+} \\ 1 & W_{t,c}^{+} \neq W_{t+1,c}^{+} \end{cases} \right. \tag{8.10}$$

式中，y_{t}^{+} 为 t 时段与 $t+1$ 时段间的正偏差在时间维度下的变化标志变量。

设定变化量预算 Δ 控制风电出力预测误差在时间维度下的相关性强弱，两者关系已在本章参考文献[6]中得到证明。至此，考虑时空相关性的风电出力预测误差不确定集合可归纳为

$$\Phi_{c}^{\text{Wind}} = \left\{ U_{t,c} \left| \begin{array}{l} \Phi_{t,c}^{\text{Spatial}} \\ W_{t,c}^{+} - W_{t+1,c}^{+} \leqslant y_{t}^{+} \\ W_{t+1,c}^{+} - W_{t,c}^{+} \leqslant y_{t}^{+} \\ W_{t,c}^{-} - W_{t+1,c}^{-} \leqslant y_{t}^{-} \\ W_{t+1,c}^{-} - W_{t,c}^{-} \leqslant y_{t}^{-} \\ e^{\top} (y^{-} + y^{+}) \leqslant \Delta \end{array} \right. \right\} \tag{8.11}$$

不确定性集合构建流程图如图 8.2 所示。

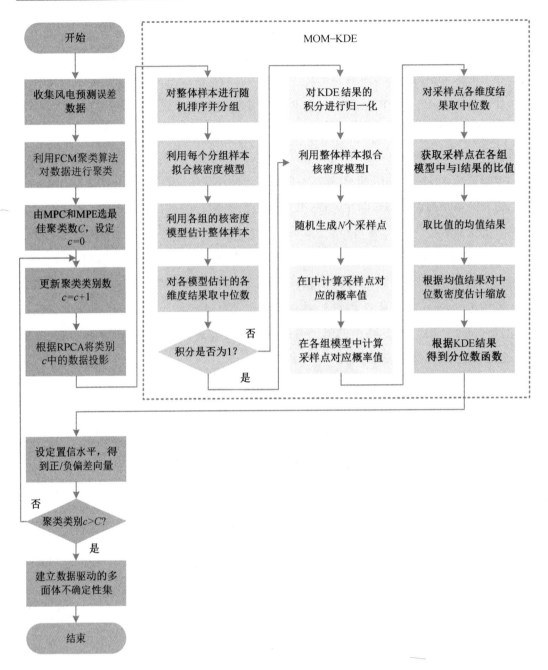

图 8.2　不确定性集合构建流程图

8.3　两阶段鲁棒优化模型

在 8.1 节和 8.2 节的基础上,将动态重构与 MESS 的协同优化问题构建为一个两阶段鲁棒优化模型。由于配电网动态重构和 MESS 调度分别依赖于远程控制开关和储能接入位置的部署,过多的开关及接入位置会产生较大数量的 $0 \sim 1$ 变量,造成优化问题的搜索空间成倍扩大,模型的求解效率降低,故在模型构建的过程中,将远程控制开关和储能接入位置的筛选动作放在第一阶段中,而在第二阶段建立 MESS 和远程控制开关在配电网中的协同优化模型,以系统效益评估第一阶段筛选方案的合理性。

1.第一阶段模型

(1)目标函数。

为了便于模型书写,将 DNO 利润的相反数设置为目标函数,其中包含 DNO 向上级电网的购电成本 C^{grid}、DNO 因弃风或弃光产生的惩罚成本 C^{curt}、MESS 在调度过程中产生的运行成本 C^{MESS} 以及配电网运营通过售电产生的收益 C^{load}。

$$\min C^{\mathrm{DNO}} = C^{\mathrm{grid}} + C^{\mathrm{car}} + C^{\mathrm{O\&M}} + C^{\mathrm{labor}} + C^{\mathrm{curt}} - C^{\mathrm{load}} \tag{8.12}$$

上述公式的变量说明和计算可参照 3.4.2 节,在此不再赘述。

(2)约束条件。

由于动态重构状态下配电网的拓扑结构是不断变化的,MESS 接入位置的规划也会随之变化,因此在本章设计中不考虑接入位置的建设成本,仅关注动态重构与 MESS 的协同作用。第一阶段约束条件包含对关键开关数量和对接入位置数量的限制,即

$$\sum_{b \in \mathbb{N}_b} \phi_b \leqslant N_{b,\max} \tag{8.13}$$

$$\sum_{l \in \mathbb{N}_i} \phi_l \leqslant N_{l,\max} \tag{8.14}$$

式中,ϕ_b 和 ϕ_l 分别表示关键远程开关和 MESS 接入位置建设的决策变量,均为 $0 \sim 1$ 变量;$N_{b,\max}$ 和 $N_{l,\max}$ 分别表示关键远程开关和 MESS 接入位置建设数量上限。

2.第二阶段模型

(1)目标函数。

第二阶段构建协同优化模型,其目标函数仍为式(8.12)。

(2)约束条件。

约束条件包含以下内容。

① 关键远程开关的动作限制约束。

$$\forall b \in \mathbb{N}_b\, u \in T^{\mathrm{seg}}$$

$$\chi_{b,u} \leqslant \chi_{b,0} + \phi_b \tag{8.15}$$

$$\chi_{b,u} \geqslant \chi_{b,0} - \phi_b \tag{8.16}$$

$$\varepsilon_{b,u} \geqslant \chi_{b,u} - \chi_{b,u-1} \tag{8.17}$$

$$\varepsilon_{b,u} \geqslant \chi_{b,u-1} - \chi_{b,u} \tag{8.18}$$

$$\sum_{b \in \mathbb{N}_b} \Big(\sum_{u \in T^{\mathrm{seg}}} \varepsilon_{b,u} \Big) \leqslant N_{\mathrm{a}} \tag{8.19}$$

式中,$\chi_{b,u}$ 为 $0 \sim 1$ 变量,用于指示第 u 个重构时段内配电网支路 b 的开断状态,值为 0 时表示该条支路断开,值为 1 时表示该条支路接通;$\chi_{b,0}$ 表示配电网支路 b 在初始时段的状态;$\varepsilon_{b,u}$ 为 $0 \sim 1$ 变量,用于指示第 u 个重构时段内配电网支路 b 处的远程控制开关在下一时段的动作,值为 0 表示控制开关在下一时段准备断开,值为 1 表示控制开关在下一时段准备闭合;N_a 表示关键控制开关进行开断动作的数量上限。

上述约束中,式(8.15)和式(8.16)只允许关键控制开关在动态重构过程中进行闭合或者断开的动作,配电网中其他未含有控制开关的支路在调度周期内始终保持原状态。在实际工程应用中,过多的开断动作会对关键控制开关的寿命产生影响,因此,利用式(8.19)对其闭合和断开的动作数量进行限制。

② 配电网的径向约束。

$$\forall b \in \mathbb{N}_b \quad b = (i,j) \quad i,j \in \mathbb{N}_i \quad u \in T^{\mathrm{seg}}$$

$$\delta_{i-j,u} + \delta_{j-i,u} = \chi_{b,u} \tag{8.20}$$

$$\sum_{j \in \Omega_i} \delta_{i-j,u} = 1 \tag{8.21}$$

$$\delta_{1-j,u} = 0 \tag{8.22}$$

$$0 \leqslant \chi_{b,u} \leqslant 1 \tag{8.23}$$

式中,$\delta_{i-j,u}$ 为 $0 \sim 1$ 变量,用于指示配电网中各节点间的从属关系,若 $\delta_{i-j,u} = 1$,表示第 u 个重构时段内配电网节点 j 是节点 i 的父节点;Ω_i 表示与所有配电网节点 i 连接的节点集合。

上述约束中,式(8.20)避免了 $\delta_{i-j,u}$ 和 $\delta_{j-i,u}$ 同时取 1 的情况。由于支路状态变量 $\chi_{b,u}$ 被 $\delta_{i-j,u}$ 和 $\delta_{j-i,u}$ 钳制在 0 和 1 这两种取值中,无法产生其他数值结果,故而为减少 $0 \sim 1$ 变量个数,可将 $0 \sim 1$ 变量 $\chi_{b,u}$ 松弛为一个实数变量,并用式(8.23)限制其取值的上下限。配电网一般都遵循闭环设计、开环运行的原则。为保证配电网以辐射状拓扑结构运行,式(8.20)~(8.22)采用生成树约束来保证每个时段内配电网拓扑结构的辐射性。

③ 潮流约束。

本节仍采用 Dist-Flow 的线性化模型对配电网潮流进行描述。

$$\forall b \in \mathbb{N}_b \quad b = (i,j) \quad i,j \in \mathbb{N}_i \quad l \in \mathbb{N}_l \quad t \in \mathbb{N}_t, T_u^{\mathrm{seg}} \leqslant t \leqslant T_{u+1}^{\mathrm{seg}} \quad r \in \mathbb{N}_r \quad q \in \mathbb{N}_q$$

$$\begin{cases} P_{(b \neq 1),t} = \sum_{\forall b' \in \mathbb{N}_b, b' = (j,j'), j' \neq i, j' \in \mathbb{N}_i} P_{b',t} + P_{j,t} + P_{l,t}^{\mathrm{MESS}} - P_{r,t} \\ P_{(b=1),t} = \sum_{\forall b' \in \mathbb{N}_b, b' = (j,j'), j' \neq i, j' \in \mathbb{N}_i} P_{b',t} + P_{j,t} + P_{l,t}^{\mathrm{MESS}} - P_{r,t} - P_t^{\mathrm{grid}} \end{cases} \tag{8.24}$$

$$\begin{cases} Q_{(b \neq 1),t} = \sum_{\forall b' \in \mathbb{N}_b, b' = (j,j'), j' \neq i, j' \in \mathbb{N}_i} Q_{b',t} + Q_{j,t} + Q_{l,t}^{\mathrm{MESS}} - Q_{r,t} \\ Q_{(b=1),t} = \sum_{\forall b' \in \mathbb{N}_b, b' = (j,j'), j' \neq i, j' \in \mathbb{N}_i} Q_{b',t} + Q_{j,t} + Q_{l,t}^{\mathrm{MESS}} - Q_{q,t}^{\mathrm{svc}} - Q_{r,t} - Q_t^{\mathrm{grid}} \end{cases}$$

$$\tag{8.25}$$

$$\begin{cases} v_{i,t} - v_{j,t} \leqslant (1 - \chi_{b,u})M + 2(P_{b,t} \cdot r_b + Q_{b,t} \cdot x_b) \\ v_{i,t} - v_{j,t} \geqslant (\chi_{b,u} - 1)M + 2(P_{b,t} \cdot r_b + Q_{b,t} \cdot x_b) \end{cases} \tag{8.26}$$

式中，M 为一个值很大的实数，用于松弛在断开支路处节点电压的取值范围；其余变量解释可参见 3.4.2 节。

④ 系统安全运行约束。

$$\forall b \in \mathbb{N}_b, b = (i,j)\; i \in \mathbb{N}_i\; t \in \mathbb{N}_t, T_u^{\text{seg}} \leqslant t \leqslant T_{u+1}^{\text{seg}}\; r \in \mathbb{N}_r\; q \in \mathbb{N}_q$$

$$V_{\min}^2 \leqslant v_{i,t} \leqslant V_{\max}^2 \tag{8.27}$$

$$\begin{cases} P_{\min}^{\text{grid}} \leqslant P_t^{\text{grid}} \leqslant P_{\max}^{\text{grid}} \\ Q_{\min}^{\text{grid}} \leqslant Q_t^{\text{grid}} \leqslant Q_{\max}^{\text{grid}} \end{cases} \tag{8.28}$$

$$-S_b \leqslant P_{b,t} \leqslant S_b \tag{8.29}$$

$$-S_b \leqslant Q_{b,t} \leqslant S_b \tag{8.30}$$

$$-\sqrt{2}S_b \leqslant P_{b,t} + Q_{b,t} \leqslant \sqrt{2}S_b \tag{8.31}$$

$$-\sqrt{2}S_b \leqslant P_{b,t} - Q_{b,t} \leqslant \sqrt{2}S_b \tag{8.32}$$

上式中的变量解释可参照 3.4.2 节和 4.1.1 节。

⑤ MESS 运行约束。

在式（3.2）～（3.4）、式（3.6）～（3.16）、式（3.68）～（3.79）的基础上添加式（8.33）和式（8.34）。

$$\forall i \in \mathbb{N}_i\; l \in \mathbb{N}_l\; t \in \mathbb{N}_t, T_u^{\text{seg}} \leqslant t \leqslant T_{u+1}^{\text{seg}}$$

$$\begin{cases} 0 \leqslant P_t^{\text{ch}} \leqslant P_{\max}^{\text{MESS}} \cdot \phi_l \\ -P_{\max}^{\text{MESS}} \cdot \phi_l \leqslant P_t^{\text{dh}} \leqslant 0 \\ -Q_{\max}^{\text{MESS}} \cdot \phi_l \leqslant Q_{l,t} \leqslant Q_{\max}^{\text{MESS}} \cdot \phi_l \end{cases} \tag{8.33}$$

$$z_{l,t} \leqslant \phi_l \tag{8.34}$$

⑥ 风电、光伏出力约束。

$$\forall r \in \mathbb{N}_r\; t \in \mathbb{N}_t, T_u^{\text{seg}} \leqslant t \leqslant T_{u+1}^{\text{seg}}$$

$$\begin{cases} 0 \leqslant P_{r,t,u} \leqslant \hat{P}_{r,t,u} + U_{r,t,c} \\ P_{r,t}^{\text{curt}} = \hat{P}_{r,t} + U_{r,t,c} - P_{r,t} \\ Q_{r,t} = P_{r,t} \cdot \tan(\arccos \lambda_r) \end{cases} \tag{8.35}$$

式中，$U_{r,t,c}$ 表示 8.2 节中不确定集合中风电或光伏出力预测值的误差量；下角标中的 r 表示分布式可再生能源的索引；其余的变量解释可参照 3.4.2 节。

8.4　模型求解

两阶段鲁棒优化问题是一个包含"min max-min"三层结构的数学模型。通常将原问题分解为主问题"min{}"和子问题"max-min{}",并采用 C&CG 算法进行求解。但是本章构建的子问题中的内层"min"问题包含 $0\sim1$ 变量(如开关状态变量、MESS 位置变量等),其本质上是混合整数规划问题。由于整数变量所带来的不连续性,致使内层"min"模型无法进行对偶转换。在这种情况下,对于该问题,单层的 C&CG 算法将不再适用,故本章采用嵌套的 C&CG 算法处理内层具有整数决策变量的多层优化问题,外层 C&CG 将整体模型分解为主—子问题,并根据最恶劣场景生成的约束条件对主问题进行求解;内层 C&CG 处理子问题,并将优化后所得的最恶劣场景返还给主问题。

由于 8.2 节使用了聚类算法构建不确定集,导致多个不确定集合的出现,因此需在子问题中添加一层结构,使其结构变为"max-max-min",以保证子问题在求解中生成最恶劣场景。额外添加"max"表示基本不确定性集合索引上的最大化问题。最终本章建立的模型包含四层结构,可归纳为如式(8.36)所示的紧凑形式。第一、三、四层结构实际构成为两阶段鲁棒模型,分别代表外层问题 $\min_{m\in M}\{\cdot\}$、中间层问题 $\max_{n\in N}(\cdot)$ 和内层问题 $\min_{(p,q)\in\Psi F(m,n)}(\cdot)$。第二层结构 $\max_{c=1,\cdots,C}[\cdot]$ 是由 8.2 节构建不确定集合时聚类算法产生的,可在内层 C&CG 求解过程中通过枚举各聚类类别下的场景,求解 $\max_{n\in N}[min_{(p,q)\in\Psi F(m,n)}(\cdot)]$ 最大值获取。

$$
\begin{cases}
\min_{m\in M}\{\max_{c=1,\cdots,C}[\max_{n\in N}(\min_{(p,q)\in\Psi F(m,n)}\boldsymbol{a}^{\mathrm{T}}q)]\}\\
\text{s.t. } m=\{\phi_b,\phi_l\}\\
\qquad n=\{\boldsymbol{W}_{t,c}^+,\boldsymbol{W}_{t,c}^-\}\\
\qquad p=\{\chi_{b,0},\varepsilon_{b,u},\delta_{i-j,u},z_{l,t}\}\\
\qquad q=\begin{cases}P_{b,k}/Q_{b,k},P_{l,t}^{\mathrm{MESS}}/Q_{l,t}^{\mathrm{MESS}}\\P_{r,t}/Q_{r,t},v_{i,t}/v_{j,t},P_t^{\mathrm{grid}}/Q_t^{\mathrm{grid}}\\P_t^{\mathrm{ch}}/P_t^{\mathrm{dh}},S_t^{\mathrm{SOC}},N_t,\chi_{b,u}\end{cases}\\
\qquad \Lambda=\{m:\boldsymbol{C}m\geqslant\boldsymbol{c}\}\\
\qquad \Phi=\{n:\boldsymbol{D}n\geqslant\boldsymbol{d}\}\\
\qquad \Psi=\{\boldsymbol{E}p+\boldsymbol{F}q\geqslant\boldsymbol{I}-\boldsymbol{G}m-\boldsymbol{H}n\}
\end{cases}\tag{8.36}
$$

式中,m 为外层变量;n 为中间层变量;p 为内层整数变量;q 为内层连续变量;Λ 为外层问题约束,包含式(8.13)和式(8.14);Φ 为中间层问题约束,包含式(8.11)和式(8.35);Ψ 为内层问题约束,包含式(8.13)~(8.34);a、$\boldsymbol{C}$、$\boldsymbol{c}$、$\boldsymbol{D}$、$\boldsymbol{d}$、$\boldsymbol{E}$、$\boldsymbol{F}$、$\boldsymbol{I}$、$\boldsymbol{G}$ 和 $\boldsymbol{H}$ 均为系数矩阵。

针对内层 C&CG 产生的双线性项 $n\mu^r$,采用 McCormick 线性松弛进行处理,由于 n 内的元素均为 $0\sim1$ 变量,因此该线性松弛是精确的。令 σ 为 $0\sim1$ 变量 n 和对偶变量 μ 的乘积,采用下列线性约束进行替换($\mu_{\max}$、$\mu_{\min}$ 分别为对偶变量的上下限值,若不易获取,则可用极大/极小的常数值进行代替)。

$$\begin{cases} \mu_{\min} n \leqslant \sigma \leqslant \mu_{\max} n \\ \mu_{\min}(1-n) \leqslant \mu - \sigma \leqslant \mu_{\max}(1-n) \end{cases} \tag{8.37}$$

嵌套 C&CG 算法的具体流程如下,首先执行内层 C&CG 求解。

步骤 1:任意选择一个可行的开关和接入位置方案m^*。

步骤 2:任意选择一组风电 / 光伏场景n^*。

步骤 3:求解如下问题。

$$\min_{p,q} \ \boldsymbol{a}^{\mathrm{T}} q \tag{8.38}$$

$$\text{s.t. } \boldsymbol{E}p + \boldsymbol{F}q \geqslant \boldsymbol{I} - \boldsymbol{G}m^* - \boldsymbol{H}n^*$$

步骤 4:获得最优解p^*、q^*;设置内层下限$\mathrm{LB}_{\mathrm{inner}} = \boldsymbol{a}^{\mathrm{T}} q^*$、内层上限$\mathrm{UB}_{\mathrm{inner}} = +\infty$、内层迭代次数$o=1$和索引$O=\{o\}$;整数变量的最优解为$p^{1*}=p^*$,$P=\{p^{1*}\}$。

步骤 5:求解如下对偶问题。

$$\max_{\theta,n,\mu} \theta$$

$$\text{s.t. } \theta \leqslant (\boldsymbol{I} - \boldsymbol{G}m^* - \boldsymbol{H}n^* - \boldsymbol{E}p^{r*})^{\mathrm{T}} \mu^r$$

$$\forall r \in O, p^{r*} \in P$$

$$\boldsymbol{D}n \geqslant \boldsymbol{d} \tag{8.39}$$

$$\boldsymbol{F}^{\mathrm{T}} \mu^r = \boldsymbol{a}, \forall r \in O$$

$$\mu^r \geqslant 0, \forall r \in O$$

步骤 6:获得最优解n^*、θ^*;更新上界$\mathrm{UB}_{\mathrm{inner}} = \theta^*$。

步骤 7:在获得新的最优解n^*的情况下,求解式(8.38),获得最优解p^*、q^*;更新内层下限$\mathrm{LB}_{\mathrm{inner}} = \max(\mathrm{LB}_{\mathrm{inner}}, \boldsymbol{a}^{\mathrm{T}} q^*)$。

步骤 8:根据判据$\mathrm{UB}_{\mathrm{inner}} - \mathrm{LB}_{\mathrm{inner}} \leqslant \varepsilon_{\mathrm{inner}}$判断是否收敛,若不收敛,则更新迭代次数$o=o+1$和索引$O=O \bigcup (o+1)$,增加变量$p^{o*}=p^*$,$P=P \bigcup p^{o*}$和约束条件$\boldsymbol{F}^{\mathrm{T}} \mu^o = \boldsymbol{a}$、$\mu^o \geqslant 0$、$\theta \leqslant (\boldsymbol{I} - \boldsymbol{G}m^* - \boldsymbol{H}n^* - \boldsymbol{E}p^{o*})^{\mathrm{T}} \mu^o$后,转至步骤 5。

步骤 9:若收敛,则获取场景n^*和内层最优解$\mathrm{obj}_{\mathrm{inner}} = \theta^*$。

内层 C&CG 执行结束,转至外层 C&CG 求解。

步骤 10:设置外层下限$\mathrm{LB}_{\mathrm{outer}} = -\infty$;外层上限$\mathrm{UB}_{\mathrm{outer}} = \mathrm{obj}_{\mathrm{inner}}$;外层迭代次数$s=1$和索引$S=\{s\}$;中间层变量$n^{1*}=n^*$,$N=\{n^{1*}\}$。

步骤 11:求解如下问题。

$$\min_{m,pf,qf} \vartheta$$

$$\text{s.t. } \boldsymbol{C}m \geqslant \boldsymbol{c}$$

$$\vartheta \geqslant \boldsymbol{a}^{\mathrm{T}} q^f, \forall f \in S \tag{8.40}$$

$$\boldsymbol{E}p^f + \boldsymbol{F}q^f \geqslant \boldsymbol{I} - \boldsymbol{G}m - \boldsymbol{H}n^{f*}$$

$$\forall f \in S, n^{f*} \in N$$

步骤12：获得最优解 m^*、ϑ^*；更新下界 $\mathrm{LB_{outer}} = \max(\mathrm{LB_{outer}}, \vartheta^*)$。

步骤13：根据判据 $\mathrm{UB_{outer}} - \mathrm{LB_{outer}} \leqslant \varepsilon_{outer}$ 判断是否收敛，若收敛，则转至步骤15；若不收敛，则在当前方案 m^* 下调用内层 C&CG，获得 n^* 和 $\mathrm{obj_{inner}}$，更新外层上限 $\mathrm{UB_{outer}} = \min(\mathrm{UB_{outer}}, \mathrm{obj_{inner}})$ 后，再次判断是否收敛，若不收敛，转至步骤14；若收敛，转至步骤15。

步骤14：更新迭代次数 $s = s + 1$ 和索引 $S = S \bigcup (s+1)$，增加变量 $n^{s*} = n^*$，$N = N \bigcup n^{s*}$ 和约束条件 $\vartheta \geqslant \boldsymbol{a}^{\mathrm{T}} \boldsymbol{q}^s$，$\boldsymbol{E} \boldsymbol{p}^s + \boldsymbol{F} \boldsymbol{q}^s \geqslant \boldsymbol{I} - \boldsymbol{G} \boldsymbol{m} - \boldsymbol{H} n^{s*}$，转至步骤11。

步骤15：输出开关和接入位置方案 m^*，以及目标函数 $\mathrm{obj_{outer}} = \vartheta^*$，算法流程结束。

8.5 算 例 仿 真

1.测试系统

以拓展后的 IEEE 33 节点配电网和 29 节点交通网作为测试系统，验证上述模型和算法的有效性。两阶段鲁棒协同优化模型通过 Yalmip 工具箱进行构建，嵌套 C&CG 算法流程中所涉及的线性规划以及混合整数规划可通过 GUROBI 9.0 求解器解决，内层 C&CG 和外层 C&CG 收敛间隙均为 0.2%。

风电/光伏在空间维度和时间维度上的变化量不确定预算 Γ_w、Δ_w、Γ_{pv}、Δ_{pv} 分别设置为 1、3、0 和 3。关键远程控制开关的数量限制为 6，开关动作限制为 30 次。为验证动态重构与 MESS 协同优化所带来的经济效益，假设 MESS 的配置功率和容量为 1.5 MW 和 3 MW·h。其余的参数信息同 3.5 节。

2.算例结果

（1）多场景优化结果对比分析。

在求解协同优化模型前，需要先获取重构时段数和风电/光伏的时空不确定性集合，具体流程分别见 8.1 节、8.2 节。重构时段划分有效性指标见表 8.1。指标结果呈现出波动的态势，在时段划分数为 20~23 时，其指标结果极优。但时段划分数量过多会产生大量的 0~1 变量，这与本节采用重构时段划分的目的相悖，故而选取划分数为 3 这个次优结果作为最终的重构时段划分数。重构时段具体的划分信息为 0:00~7:00（时段 1）、7:00~20:00（时段 2）、20:00~24:00（时段 3）。不确定性集合中聚类数目的有效性指标见表 8.2，最佳的聚类数取 2。

表 8.1   重构时段划分有效性指标

时段划分数	MPC	MPE
2	0.563 665	1.123 79
3	0.868 992	0.432 522
4	0.692 342	0.644 762
5	0.419 426	0.751 010 9
6	0.434 237	0.955 205
7	0.437 374	1.068 077
8	0.455 384	1.289 117
9	0.434 198	1.297 952
10	0.431 169	1.366 672
11	0.378 445	1.401 191
12	0.387 748	1.409 443
13	0.331 095	1.617 053
14	0.335 747	1.529 262
15	0.438 965	1.431 019
16	0.341 209	1.635 940
17	0.748 626	0.739 815
18	0.751 548	0.841 872
19	0.853 103	0.450 253
20	0.959 039	0.250 937
21	0.964 691	0.191 858
22	0.986 798	0.138 180
23	0.990 044	0.091 948

表 8.2   不确定性集合中聚类数目的有效性指标

聚类数	MPC	MPE
2	1.723 799	0.401 191
3	1.532 522	0.509 443
4	1.444 762	0.729 262
5	1.651 019	1.031 019
6	0.555 205	1.135 940

续表8.2

聚类数	MPC	MPE
7	0.868 077	1.339 815
8	0.489 117	1.441 872
9	0.297 952	1.550 253
10	0.199 672	1.750 937
11	0.117 053	1.878 180

为验证 MESS 与配电网动态重构协同优化的有效性和可行性,设置如下仿真场景进行优化结果对比。

场景 1:原系统,不考虑 MESS 和配电网重构操作。

场景 2:考虑配电网静态重构。

场景 3:考虑时段划分数为 2 的配电网动态重构。

场景 4:考虑时段划分数为 3 的配电网动态重构。

场景 5:考虑时段划分数为 4 的配电网动态重构。

场景 6:考虑时段划分数为 5 的配电网动态重构。

场景 7:考虑配电网中 MESS 的调度。

场景 8:考虑时段划分数为 3 的配电网动态重构和 MESS 的调度。

通过嵌套C&CG算法求解,为了使优化计算收敛,场景1下的配电网节点电压上限值和下限值扩宽至 0.94 ~ 1.10 p.u.,场景2 ~ 7下配电网节点电压均在安全范围内波动。8种场景下的优化结果见表 8.3,重构场景下(包含静态、动态重构)的远程控制开关状态见表 8.4。

表 8.3 8 种场景下的优化结果

场景	弃风弃光量/(MW·h)	利润/美元
1	9.398 6	1 627.5
2	2.163 9	6 356.5
3	1.448 0	6 825.3
4	1.396 1	6 860.6
5	1.396 1	6 860.6
6	1.396 1	6 860.6
7	4.011 9	5 459.7
8	0	7 936.7

表 8.4　　重构场景下的远程控制开关状态

场景	重构时段	断开开关	关键开关
2	0:00 ～ 24:00	10—11/15—16/28—29/8—21/9—15	—
3	0:00 ～ 9:00	8—9/9—10/14—15/28—29/8—21	6—7/9—10/11—12/14—15/16—17/8—21
	9:00 ～ 24:00	6—7/8—9/11—12/16—17/28—29	
4	0:00 ～ 7:00	7--8/8—9/9—10/14—15/28—29	8—9/6—26/28—29/29—30/18—33
	7:00 ～ 20:00	7—8/9—10/14—15/6—26/18—33	
	20:00 ～ 24:00	7—8/9—10/14—15/6—26/29—30	
5	0:00 ～ 8:00	7—8/8—9/9—10/14—15/28—29	8—9/24—25/6—26/28—29/29—30
	8:00 ～ 14:00	7—8/8—9/9—10/14—15/28—29	
	14:00 ～ 20:00	7—8/8—9/9—10/14—15//24—25	
	20:00 ～ 24:00	7—8/8—9/14—15/6—26/29—30	
6	0:00 ～ 7:00	7—8/8—9/9—10/14—15/28—29	8—9/6—26/28—29/29—30/18—33
	7:00 ～ 13:00	7—8/9—10/14—15/6—26/18—33	
	13:00 ～ 17:00	7—8/8—9/9—10/14—15/6—26	
	17:00 ～ 20:00	7—8/9—10/14—15/6—26/18—33	
	20:00 ～ 24:00	7—8/9—10/14—15/6—26/29—30	
8	0:00 ～ 7:00	8—9/14—15/26—27/29—30/8—21	16—17/3—22/26—27/29—30/9—15
	7:00 ～ 20:00	8—9/14—15/16—17/3—23/8—21	
	20:00 ～ 24:00	8—9/14—15/26—27/8—21/9—15	

由优化结果可知,在配电网保持拓扑结构不变的情况下,场景 1 中产生的弃风量和弃光量总计高达 9.398 6 MW·h。由分布式可再生能源装机信息可知,配电网中风电的装机占比较高,加之风电具有“反调峰”的特性,在夜间 22:00 至早间 7:00 风电出力处于高峰时期,用户用电负荷偏少,净负荷曲线为负,富余的风电将返送至上级电网,配电网中节点电压最高可升至 1.1 p.u.;而 7:00 至 11:00 以及 16:00 至 20:00 期间,处于用户用电高峰期,风电出力较少且光伏出力无法完全满足负荷,净负荷曲线为正,只能依靠上级电网向该配电网输送电能以满足用户的负荷需求。

通过对比场景 1 和场景 2 下的优化结果可知,在考虑静态重构操作后,配电网可通过改变自身的拓扑结构减少的弃风弃光量共计 7.234 7 MW·h,DNO 的利润增加了 4 729

美元,各节点的电压波动维持在正常范围内。场景 3、场景 4、场景 5 和场景 6 均在场景 2 的基础上进一步减少了弃风弃光量,增加了 DNO 的收益。因此,相较于静态重构,动态重构能更好地应对可再生能源出力和负荷的变化。

为校验时段划分的合理性,场景 3 ~ 6 中的时段划分数量均不同,故而其计算时间也不尽相同。场景 2 的求解时间为 367.4 s,场景 3 的求解时间为 673.5 s,场景 4 的求解时间为 1 039.5 s,场景 5 的求解时间为 1 646 s,场景 6 的求解时间为 2 439.3 s。显然,在最佳重构时段划分数下,即场景 4 下,风电、光伏和负荷呈现相同变化趋势的时段已划分为同一个动态重构时段。若继续细分重构时段,不仅无法改变优化结果,还会增加额外的开关动作,影响配电网运行的稳定性。另外,每增加一个重构时段,就会添加一组额外的变量,扩大问题规模,影响模型的求解效率。除此之外,无论是静态重构还是动态重构,都仅改变配电网的拓扑结构,不会给系统额外增添容量消纳风电、光伏,加之关口功率和电压波动安全范围的限制,即使采用动态重构操作,配电网系统仍存在 1.396 1 MW · h 的消纳空间。

反之,若配电网的网络拓扑未得到优化,仅利用 MESS 去消纳配电网中的分布式可再生能源,即如场景 7 所描述。优化后 MESS 的运输路径如图 8.3(a) 所示,场景 7 下所规划的 MESS 接入位置分别为配电网节点 5 和 17。由图 8.3(a) 可知,MESS 在 0:00 ~ 10:00 期间一直位于配电网节点 17 处;在 10:00 ~ 12:00 期间 MESS 从配电网节点 17 向配电网节点 5 行驶;在 12:00 ~ 17:00 期间 MESS 一直位于配电网节点 5;在 17:00 ~ 19:00 期间 MESS 从配电网节点 5 返回至配电网节点 17。由于该场景下配电网的拓扑结构无法改善,再加上考虑到节点电压的安全波动范围以及配电网支路容量的限制,MESS 在系统中的接入位置局限在配电网节点 5 和配电网节点 17 中,故该场景下弃风和弃光量仍有 4.011 9 MW · h。

场景 8 下,MESS 与配电网动态重构进行协同优化,其优化后的 MESS 运输结果如图 8.3(b) 所示,场景 8 下所规划的 MESS 接入位置分别为配电网节点 4、22、24、25 和 31。协同优化场景下,MESS 在配电网中共运输了 5 次,在 4:00 ~ 5:00 期间 MESS 从配电网节点 22 行驶至配电网节点 4;在 6:00 ~ 7:00 期间 MESS 从配电网节点 4 行驶至配电网节点 24;在 10:00 ~ 11:00 期间 MESS 从配电网节点 24 行驶至配电网节点 31;在 16:00 ~ 17:00 期间 MESS 从配电网节点 31 行驶至配电网节点 4;在 20:00 ~ 21:00 期间 MESS 从配电网节点 4 行驶至配电网节点 25。通过 MESS 调度和配电网动态重构协同消纳可再生能源,场景 8 下的配电网系统可完全消除弃风弃光现象,从而提升 DNO 的经济效益。相较于场景 4 下仅考虑配电网的动态重构操作以及场景 7 下仅考虑 MESS 的经济调度,协同优化场景下 DNO 的利润分别提升了 15.69% 和 45.37%。

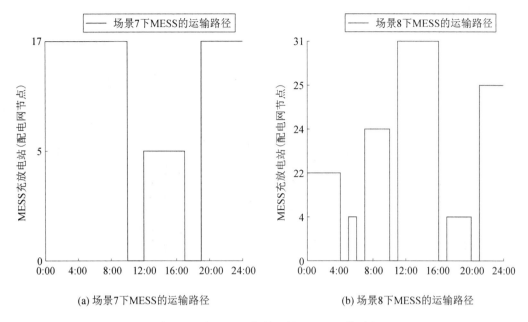

(a) 场景7下MESS的运输路径　　　　　　(b) 场景8下MESS的运输路径

图 8.3　含 MESS 场景下的 MESS 运输路径

　　场景 7 和场景 8 下 MESS 的工作状态分别如图 8.4 和图 8.5 所示。通过图中 MESS 的 SOC 曲线不难发现,MESS 的充放电动作不仅受到弃风弃光量、支路容量、电压安全波动范围等技术指标的限制,还需考虑电价影响,关于此点已在前述章节进行了详细分析。

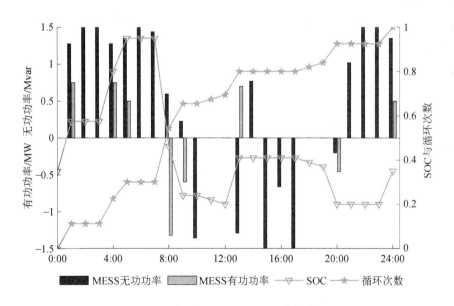

图 8.4　场景 7 下 MESS 的工作状态

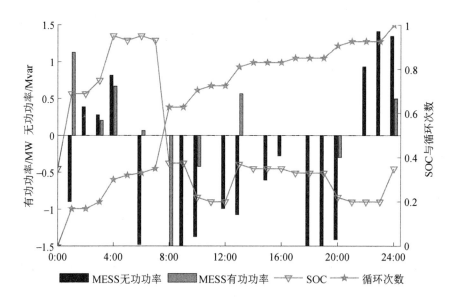

图 8.5　场景 8 下 MESS 的工作状态

（2）模型鲁棒性分析。

为验证 8.2 节中针对风电、光伏出力不确定性集合的构建方法对离群点的鲁棒性，在风电和光伏出力预测误差的数据中添加具有稀疏性的离群点，对更改后的数据进行不确定性集合的构建。数据在经过 FCM 聚类后，通过选择包含离群点的聚类类别，观察预测误差数据投影在各维度下的 KDE 结果。原始的风电、光伏出力预测误差数据和包含稀疏离群点的数据在第一维度下的 KDE 结果如图 8.6 所示，其余维度下的 KDE 结果如图 8.7 所示。图中的维度数值正对应配电网中分布式风电和分布式光伏的建设数量，故风电的 KDE 结果有 4 个维度，光伏的 KDE 结果有 2 个维度。显然，通过与 KDE 的估计结果相比较，MoM-KDE 的估计结果对离群点的鲁棒性较强，即在离群值分布的区段，MoM-KDE 估计的概率值趋近于 0。但受到均值中位数原则的影响，MoM-KDE 在两端的概率估计结果小于原始数据（未包含离群点）的 KDE 结果。

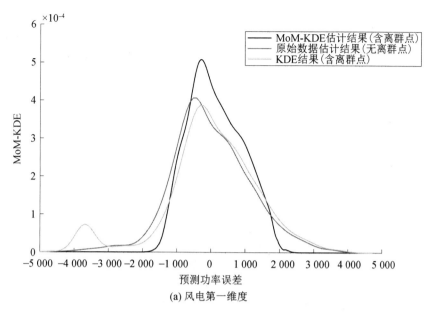

(a) 风电第一维度

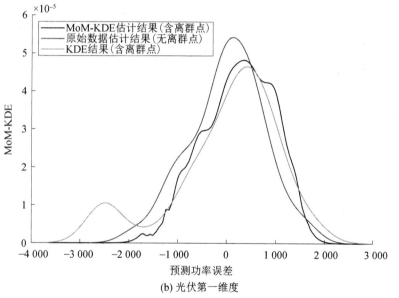

(b) 光伏第一维度

图 8.6　　第一维度下的 KDE 结果

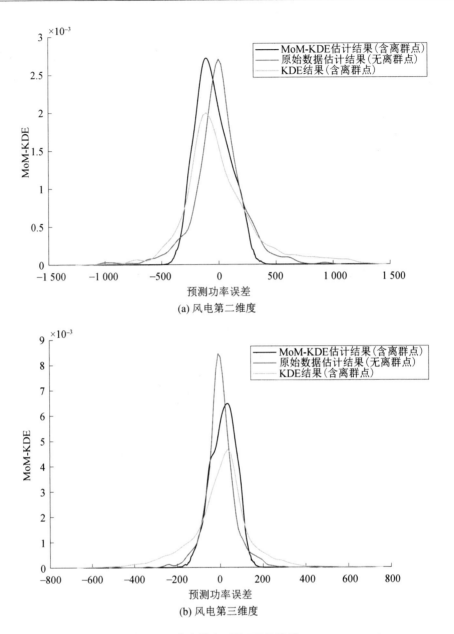

(a) 风电第二维度

(b) 风电第三维度

图 8.7　其余维度下的 KDE 结果

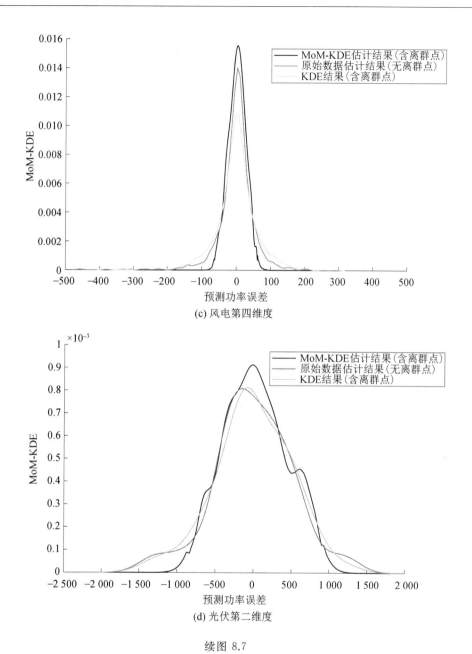

(c) 风电第四维度

(d) 光伏第二维度

续图 8.7

　　根据 MoM-KDE 方法所得到的关于风电和光伏出力预测值的不确定性集合,其可视化对比图如图 8.8 所示。经过 MoM-KDE 方法的出力,引入稀疏离群点对不确定性集合的构建并无显著影响。这是由于 FCM 本质上是一种基于距离的聚类方法,从而会将稀疏离群点与正常的数据纳为一类。 当该类群中正常数据的数量占比较大时(占比超过50%),则可利用 RPCA 和 MoM-KDE 进一步消除稀疏离群点对密度估计结果的影响。图 8.6 和图 8.7 MoM-KDE 的估计结果相较于 KDE 偏于保守,因而根据其密度估计值所计算得到的风电和光伏出力预测误差的集合范围会丢弃部分极端场景下的数据,这也将进一步保证协同优化结果的经济性。将不同不确定性集合建模方法下的 DNO 的利润结果进行对比:通过本章不确定性集合优化出的 DNO 利润为 7 936.7 美元;通过经典多面体不确定集合优化出的 DNO 利润为 7 133.9 美元;不考虑不确定性集合所优化出的 DNO 利润为 8 240.3 美元。在构建风电和光伏出力预测误差集合的过程中,不仅考虑了配电网中风电和光伏各自在空间维度和时间维度上的相关性,筛除部分极端的数据场景,还通过数据驱动方法,削弱稀疏离群点对不确定性集合边界范围的影响。故而,相较于经典的多面体不确定集合,根据 8.2 节的方法所构造的不确定性集合,其产生的协同优化策略会为 DNO 带来更多的经济效益,在权衡两阶段鲁棒协同优化模型的鲁棒性与经济性上的表现更佳。

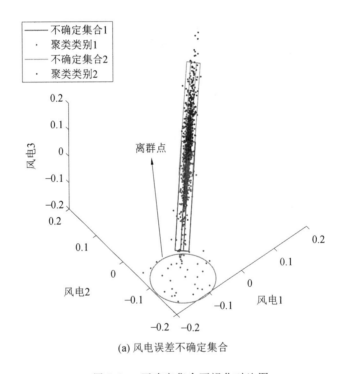

(a) 风电误差不确定集合

图 8.8　不确定集合可视化对比图

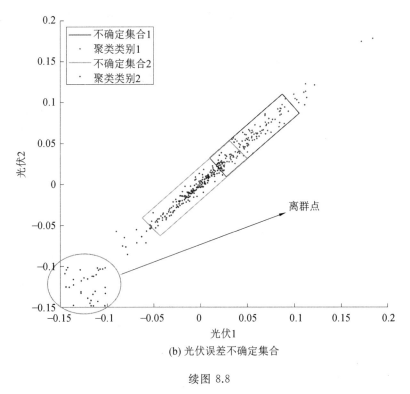

(b) 光伏误差不确定集合

续图 8.8

通过调节风电和光伏在空间维度和时间维度上的不确定预算 Γ_w、Γ_{pv}、Δ_w 和 Δ_{pv},可进一步观察本章构建的两阶段鲁棒模型在经济性和保守性上的变化。在不同不确定性预算的参数组合下,相应的 DNO 利润优化结果见表 8.5。

表 8.5　不确定性预算对优化结果的影响

(Γ_w, Γ_{pv})	系统利润 / 美元			
	$(\Delta_w, \Delta_{pv}) = (3,3)$	$(\Delta_w, \Delta_{pv}) = (4,4)$	$(\Delta_w, \Delta_{pv}) = (5,5)$	$(\Delta_w, \Delta_{pv}) = (6,6)$
$(1,0)$	7 936.7	7 873.2	7 822.8	7 789.2
$(1,1)$	7 552.9	7 492.5	7 493.0	7 457.0

无论是空间维度还是时间维度上的不确定性预算数值增加,都会致使协同优化模型的经济性下降,保守度上升。其本质原因是不确定性预算的增加,会导致集合内囊括的数据场景数量增多,配电网系统在优化调度过程中必须牺牲一定的经济性换取保守的调度策略以应对未来可能出现的极端恶劣场景。在实际的优化调度操作中,表 8.5 中的结果也反映了调度决策者从风险偏好到风险厌恶的转变过程,DNO 需根据系统的实际需求筛选合理的不确定性预算参数组合。

8.6　结　　论

针对高比例可再生能源配电网中存在严重的弃风弃光问题,本章提出了一种结合配电网动态重构与 MESS 经济调度的协同优化方案,通过建模和仿真分析,可得出如下结论。

(1)融合等效负荷先验信息的重构时段划分结果在保障配电网安全经济运行的同时,极大地缩减了两阶段鲁棒优化问题的规模。

(2)本章构建的不确定集合对含稀疏离群点的样本数据具有更强的鲁棒性,据此优化出的 MESS 调度策略具有良好的经济性。

(3)由于运行调度的灵活性,MESS 能适应配电网络结构的动态变化,二者的协同作用能为配电网带来更大的经济效益。

本章参考文献

[1] 赵静翔,牛焕娜,王钰竹.基于信息熵时段划分的主动配电网动态重构[J].电网技术,2017,41(2):402-408.

[2] SONG X G, SHI M L, WU J G, et al.A new fuzzy c-means clustering-based time series segmentation approach and its application on tunnel boring machine analysis[J].Mechanical systems and signal processing, 2019, 133:106279.

[3] WU K L, YANG M S, HSIEH J N.Robust cluster validity indexes[J].Pattern recognition, 2009, 42(11):2541-2550.

[4] NING C, YOU F Q.Data-driven decision making under uncertainty integrating robust optimization with principal component analysis and kernel smoothing methods[J].Computers & chemical engineering, 2018, 112:190-210.

[5] HUMBERT P, BARS B L, MINVIELLE L. Robust kernel density estimation with median-of-means principle[C]. Baltimore, Maryland, USA:Proceedings of Machine Learning Research, 2022:9444-9465.

[6] 范刘洋,汪可友,李国杰,等.计及风电时间相关性的鲁棒机组组合[J].电力系统自动化,2018,42(18):91-97,176.

[7] BARAN M E, WU F F.Network reconfiguration in distribution systems for loss reduction and load balancing[J].IEEE transactions on power delivery, 1989, 4(2):1401-1407.

[8] ZENG B, ZHAO L.Solving two-stage robust optimization problems using a column-and-constraint generation method[J].Operations research letters, 2013, 41(5):457-461.

[9] LEI S B, HOU Y H, QIU F, et al.Identification of critical switches for integrating

renewable distributed generation by dynamic network reconfiguration[J].IEEE transactions on sustainable energy, 2018，9(1)：420-432.

[10] LÖFBERG J.YALMIP：A toolbox for modeling and optimization in Matlab[C]. Taipei，China：IEEE International Symposium on Computer Aided Control Systems Design，2004.

[11] Gurobi Optimizer. Gurobi optimizer reference manual[EB/OL]. [2024-11-04]. https://www.gurobi.com/documentation/current/refman/index.html.